复旦大学新闻学院教授学术丛书

总主编 米博华

传学的哲思

孟 建 著

复旦大学出版社

丛书编委会

主任 米博华

委员 米博华 张涛甫 周 晔 孙 玮 李双龙 杨 鹏
     周葆华 朱 佳 洪 兵 张殿元

总　序

米博华

今年是复旦大学新闻学院(系)创建九十周年,老师们商量策划出版一套教授学术丛书,为这个特殊的日子送上一份特殊礼物,表达对学院的崇敬和热爱。

九十年,新闻学院人才济济,俊杰辈出。教学与科研传承有序,底蕴深厚,著述丰赡,成就卓越。这套丛书选取的是目前在任的十五位老师的作品。老师们以对职业的敬畏与尊重,反复甄选书稿,精心修订文字,意在以一种质朴而庄重的方式,向九十年的新闻学院致敬。

作为学院一员,回顾历史,与有荣焉。我们这个被誉为"记者摇篮"的复旦大学新闻学院崇尚新知,治学严谨,站立时代潮头,引领风气之先,创造了诸多第一:老系主任陈望道首译《共产党宣言》全本,创办了中国第一座高校"新闻馆";新闻学系第一个引入了公共关系学科,发表了第一篇传播学研究论文,出版了第一本传播学专著,主编了第一套完整的新闻学教材,创建了国内第一家新闻学院,在国内第一家开设传播学全套课程,建立了国内首个新闻传播学博士后流动站,第一家实现部校共建院系……在各个历史时期,新闻学院为中国新闻传播学科的发展,为中国新闻事业的进步,不断贡献非凡力量。

九十年是历史长河一瞬,但对新闻传播学科来说,其变化之巨是任何一个时代都不能比拟的。从铅铸火炼报纸印刷,到无像无形空中电波;从五彩缤纷电视屏幕,到无处不在互联网络;从无远弗届移动终端,到不可思议5G传奇。科技进步驱动新闻传播学科迭代更新、飞跃发展，令人目不暇接。这套丛书力图从一个侧面展示新时代新闻传播学研究的进展，探讨未来新闻传播学科发展趋势和走向，回答新闻传播学理论和实践的紧迫课题。

大家知道，长期以来有"新闻无学"的说法，这种说法并不科学。与其他人文社会学科如哲学、历史、文学等相比，新闻传播学是近现代产物。实践探索、学术积累、研究成果都不够丰富、厚实。从某种意义上说，新闻传播学术大厦的构建还在进行之中，已经完成的工程也还在完善之中。但不能否认，新闻传播学是当代新兴文科发展最快、影响最大、应用最广、前景最为明亮的重要学科，没有之一。如信息产业方兴未艾一样，新闻传播学很可能成为这个世纪独步一时的最前沿学科。

我们看到的这部教授学术丛书，规模不算很大，涵盖的方面也是有限的。但我们从中看到了复旦大学新闻学院教授们不计功利的良好学风和独立思考的学术追求。特别是，老师们以海纳百川的胸怀与视野，从不同方面努力回答了基础和应用、理论和实践、传承和创新等诸多与时代切近的问题，令人读后启示颇多。

首先，新闻传播学具有高度应用价值，但不意味着这个学科发展可以离开牢固基础。不能把新闻传播学教育看成是一种简单的劳动技能或专业培训，其背后是政治、经济、文化、社会等诸多学科交叉的庞大学术体系。这也决定了只有把新闻传播学的基础夯实，才能不断增强其应用价值和效能。缺少体系性就没有专业性。其次，理论来自实践，而实践在理论指导下才能得到提升。未经过梳理的实践，有时可能就是一团没有头绪的随想，或者是一堆杂乱无章的感觉。只有通过系统、科学的理论研究，才能对事物规律性有更加深刻的认识。从这个意义上讲，新闻传播学是一门科学，是有学问的。再次，新闻传播学一以贯之的守正之路，就是要促进人类社会的和平友好、文明和谐、向善进步，新闻传播事业担当的使命不能变，也不会变。同样地，新闻传播学又是一门崭新的学科，必须回应互联网时代的云计算、大数据、人工智能等新课题，这是一个应该构建新闻传播学新高峰的大时代。

掩卷沉思，眺望未来：从大地重光的拨乱反正，到实现民族复兴的新时代，由业界到学界，由采写编评到教书育人，经历了我国新闻事业蓬勃发展的四十年，更感到"虽有嘉肴，弗食，不知其旨也；虽有至道，弗学，不知其善也。是故学然后知不足，教然后知困"。回望复旦大学新闻传播学教育光荣历史，阅读老师们呕心沥血的学术新作，自问：一个人一生能够做多少事？很有限。无非是培上几锹土，添上几块砖。个人作用远没有自己想象的那么大，但一代一代复旦大学新闻学院师生累积起来的知识和力量，可以为后人留下一份丰厚的精神财富。我们将继续努力！

是所望焉，谨序。

2019年6月16日

序 言

童 兵

孟建教授的第二本学术论文自选集《传学的哲思》就要出版了。孟建执拗地还是要让我来为他的这本学术论文自选集写个序言,我也就允诺了。

按理说,我是要为孟建写个全新的序言,因为从2014年他出第一本学术论文自选集《言说的跬步》起,又过去了整整五年。这五年来,他在教学上又增添了新的荣誉,获得了新闻传播界的很高殊荣——范敬宜新闻教育良师奖;他在学术上又有了新的建树,出了一些新书,写了一批新文;他在工作上又担任了新的职务,出任复旦大学国家文化创新研究中心主任……但是,我却有个奇想,这序言要多保留些我第一次序言的感受和表达,因为我期待与更多读到这篇序言的人分享。

孟建是我在复旦大学新闻学院的同事,我们都是2001年作为引进人才来到复旦的。我从中国人民大学来复旦,他从南京大学来复旦,转眼,我们一起工作快20年了。孟建也是我多年的老邻居,打从到上海起,从住周转房到买商品房,我们两家就一直住同一个小区。

我和孟建都属马,我大他一圈,12年。"弹指一挥间",转眼孟建今年也已经65岁了。像孟建这样的年纪,有像他这么复杂的人生经历的人并不太多。1966年"文化大革命"开始,12岁的孟建小学毕业刚进入初中,他的家庭就遭遇到"文革"的猛烈冲击,孟建随父母到农村去"劳动改造"了。1969年,15岁的他开始到工厂做工,这一做就是整整八年,好多工种他都干过。1977年我国恢复高考,仅是小学毕业的他凭借文革10年"落难"时的自学,作为"文革"后首届"77级"大学生考入了南京师范大学。自1982年本科毕业留校至今,他先后在南京师范大学、南京大学和复旦大学三所大学任教,其间还在江苏省文化厅、江苏省电视家协会等部门工作和任职。不同寻常的人生阅历,积淀和折射到他的学术研究中,带来了难得的"生活体悟""社会视野""业界经验"。这真可谓孟子所云"天将降大任于斯人也,必先苦其心志,劳其筋骨,饿其体肤"。巧合的是,孟建恰恰是孟子的后裔,他是孟子第71代"昭字辈"的后裔,孟子的坚忍和胸怀在他身上似乎有着许多体现。

闲聊时,孟建跟我讲,他大学毕业后有过多次"从政"的"佳机",可是他都拒绝了这些诱惑。他最终还是选择了到大学执教的路子。孟建这本学术论文集,收录了孟建近年来有代表性的学术论文20余篇,内容主要集中于"文化传播""新闻传播""国际传播"三个领域。这些学术论文,虽然不能反映近年来孟建学术发展的全部,但是毕竟可以"窥斑见豹",得以看到他近几年学术研究路径的走向、学术研究风格的嬗变。

依我对孟建的了解和观察,他在近几年的学术研究中,主要呈现以下三个特点。

首先,对学术的真挚热情。尽管孟建有着较强的组织管理能力和社会参与能力,也曾经在南京大学和复旦大学担任过多年的院系领导职务。但是,就其内在追求而言,他还是对学术研究充满着热情。他的研究,有着强烈的社会现实指向,胸怀家国天下。近年来,孟建的研究热情更多地集中于文化传播领域。《传播的逻辑:寻求多元共识的亚洲文明对话》深入分析了文明对话的特征和逻辑,立足于中国在亚洲文明对话中的角色和重要作用,探讨亚洲文明对话的现实基础与发展困境,提出促进亚洲文明对话的路径。《数字人文:媒介驱动的学术生产方式变革》从传播学媒介研究的视域出发,将数字人文研究置于历史的维度,在学术场域中审视这一变化,阐发了"数字人文研究是一场彻底的学术生产方式变革"思想。这些研究主题宏大,锐意创新、力追前沿,可谓发力于文化传播研究的深层律动。近年来,孟建的学术影响力仍然保持很好的发展态势,根据

CSSCI、CNKI数据库的多次统计,孟建学术论文"发表数"和被"引用频次"(含被外部学科引用的频次)指标,多次居全国学者中的高位。

其次,对现实的强烈关照。孟建的学术研究,涉猎多个领域。从孟建这本学术文集的编撰体例可以看到,孟建近年来在"文化传播""新闻传播""国际传播"三个研究领域均有较多拓展。虽然孟建在不同时期的研究兴趣有一定变化,但透过他的学术研究成果总能让你感到他始终关注研究对象与社会现实的密切互动。早年的电影研究、电视研究,以及后来的视觉文化研究、数字人文研究,莫不如此。孟建的这些研究绝非仅仅是追逐社会研究热点的随意"跳跃",而是其间深深透发着他对当前"跨学科"(他本人近年来提出了"超学科"的概念)趋势的执着践行。就此而言,孟建学术研究兴趣的"转换",其实凸显了他学术研究与社会脉动的"同频共振"。

最后,对思想的不断超越。学术"创新"与学术"突破"是孟建孜孜不倦的精神追求。例如,在文化传播领域研究中,《传播的逻辑:寻求多元共识的亚洲文明对话》发表于2016年,他对"亚洲文明对话"问题很早的学术关注与持续的学术研究,使得他在"亚洲文明对话"研究领域处于超前和穿透两个特殊维度。这也使得他在2019年中国召开的极为重要的"亚洲文明对话"大会上拥有相当的学术话语权。《数字人文:媒介驱动的学术生产方式变革》发表于2019年,这是数字人文研究领域一篇"高屋建瓴"的重要学术论文。这篇论文敏锐捕捉到了数字时代学术生产方式的重大变革,其将产生的学术影响力不可小觑。实际上,在"新闻传播"领域研究中,孟建在许多现在成为"显学"的领域都曾是"先行者"。例如,早在许多年前他就率先发表了《媒介融合粘聚并造就新型的媒介化社会》,他在若干年前又率先发表了《倾力构建我国国际传播力的全新体系》等学术论文。

就我所知,仅以获得的国家社科基金项目数而言,孟建恐怕也是全国最多的学者之一了。仅国家社科基金重大项目,孟建就先后两次申报成功,这在全国尚属少见。更何况,他还承担了2008年北京奥运会、2010年上海世博会、G20杭州峰会、金砖厦门会晤等许多省部级项目和中央有关方面特别委托项目。通过他和他的团队的不懈努力,这些重要研究项目都源源不断地产出了高质量的丰硕成果,使得他和他的团队多次受到表彰。

当然,对于孟建今后的学术研究,我也感到需要有些提醒。孟建对学术前沿发展有着敏锐的把握,对跨学科甚至是超学科的"跨界"也有着很好的践行,但目前看来,孟建也要注意"集中精力打歼灭战",要争取出更好的"标志性"学术成果。

孟建过往的人生经历是他宝贵的人生财富。他强烈的使命感,他敏锐的观察力,他执着的学术劲,使得我对65岁的"小老弟"依然充满信心。谁知道这位好同事、老邻居、小老弟还会给我怎样的惊喜呢?让我,让我们大家拭目以待吧!

目 录 Contents

第一辑　文化传播的视域

传播的逻辑：寻求多元共识的亚洲文明对话 …………………… 3
数字人文：媒介驱动的学术生产方式变革 ……………………… 14
网络视听的文化向度 ……………………………………………… 27
场域与传播：中国世界文化遗产的"话语网络" ………………… 40
新媒体文化：人类文化的全新建构 ……………………………… 51
数字知识传播：创造、生产、消费、边界
　——关于互联网时代认知盈余与知识变现问题的学术思考 …… 61
中国大众传播事业的发展与中国社会民主化进程 ……………… 69
新的电影观念和我国当代电影 …………………………………… 86
视觉文化传播：对一种文化形态和传播理念的诠释 …………… 99

第二辑　新闻传播的审视

政治传播视野中的习近平对外传播思想研究 …………………… 119
我国公众对警察形象的认知与传播
　——基于大数据分析的警民公共关系研究 …………………… 136
试论中国特色新闻发布理论体系的全面构建 …………………… 159
中国政府新闻发布制度建设与国家形象建构 …………………… 171
融入国家治理体系的中国新闻发布事业 ………………………… 180

中国新闻管理制度的历史性进步
　　——我国实施"北京奥运会外国记者采访规定"的理论阐释 …… 185
媒介融合：粘聚并造就新型的媒介化社会 ……………………… 192

第三辑　国际传播的阐发

跨文化传播视域：中国形象的建构与传播 …………………… 203
跨文化对话：中国形象的"主体间性"与三维构建 …………… 210
中国对外传播的迷思与拐点
　　——试论中国对外传播的"区隔化"传播 ………………… 219
城市形象建构与传播战略的思考与发现
　　——基于"G20杭州峰会"为例的研究 …………………… 231
城市广播电视台如何做好对外传播 …………………………… 243
中国梦的话语阐释与民间想象
　　——基于新浪微博16万余条原创博文的数据分析 ……… 252
中国城市软实力评估体系的构建与运用
　　——基于中国大陆50个城市的实证研究 ………………… 275

第一辑

文化传播的视域

传播的逻辑：寻求多元共识的亚洲文明对话[*]

英国著名哲学家伯特兰·罗素曾言："不同文明的接触，以往常常成为人类进步的里程碑。"[①]人类文明发展的历程就是文明碰撞与交流的历程。进入21世纪，在全球化、多元化、网络化的洪潮中，文明间的碰撞和交流不断呈现出新的形态。按照阿诺德·汤因比、萨缪尔·亨廷顿等学者根据地理空间和历史发展对文明的分类，代表性的亚洲文明主要有"中华文明""印度文明""伊斯兰文明"等，这些文明在发展中都对周边其他地区产生了重要影响，并繁衍出新的文明。习近平在2014年3月的联合国教科文组织总部的演讲中指出"文明是多彩的，人类文明因多样才有交流互鉴的价值……文明是平等的，人类文明因平等才有交流互鉴的前提……文明是包容的，人类文明因包容才有交流互鉴的动力……让文明交流互鉴成为增进各国人民友谊的桥梁、推动人类社会进步的动力、维护世界和平的纽带"[②]，他于2015年3月在博鳌亚洲论坛年会上倡议召开"亚洲文明对话大会"，以促进亚洲"迈向命运共同体"，共同开创"亚洲新未来"[③]。亚洲文明在不断面临新挑战的同时也迎来新的契机，如何促进亚洲文明的

---

[*] 本文为孟建与于嵩昕合作，原文发表于《现代传播》2016年第7期。本研究系国家社会科学基金重大项目"国家形象建构与跨文化传播战略研究"（项目批准号：11&ZD027）的研究成果。

[①] ［英］罗素：《中国问题》，秦悦译，学林出版社1997年版，第146页。

[②] 习近平：《在联合国教科文组织总部的演讲》，载《人民日报》2014年3月28日。

[③] 习近平：《迈向命运共同体开创亚洲新未来》，载《人民日报》2015年3月29日。

发展繁荣,是亚洲各国人民永恒的话题。"传播"是研究"对话"与"交流"的重要维度,本文将围绕传播的逻辑和规律在亚洲文明对话中的呈现展开讨论,以探究亚洲文明对话的理念、问题和路径。

一、多元逻辑:从传播到文明对话

(一)传播作为意义的生成过程

罗伯特·克雷格(Robert T. Craig)在1999的文章《作为一个领域的传播理论》("Communication Theory as a Field")中,将传播学研究领域划分为七个传统,分别为:修辞学传统、符号学传统、现象学传统、控制论传统、社会心理学传统、社会文化传统和批判传统[①]。传播研究的兴起,使认知和改变社会增加了一个新的"传播"维度,而传播如此众多的研究向度为传播建立了一种"多元视阈",使传播可以深入社会的各个层面。表面看来,这是传播研究、领域或学科的不聚焦,传播过于宽泛。然而,正是这种贯穿整个人文社会科学领域的特性,让传播的维度在当下变得炙手可热、不可或缺。这符合当今多学科、跨学科的潮流,或也预示着人文社会科学研究在经历了"语言学转向""文化转向"之后,或许暗涌着"传播转向"。

从领域和学科范畴的横向分析拓展了传播的研究视阈,但克雷格无法从各个研究向度的具体实践中构建出对传播的共通性理解,这是其分析视角的局限。对传播的认知,需要在社会历史中探讨传播与意义生成本身的关系。传播常常被用来解释某个领域中的信息传递或者是主体间的沟通或交往实践,但传播作为"意义"的生成过程却被忽视了。在社会实践中,不同主体的相遇产生了意义,同时,不同的意义也在相遇中进行交流,并产生新的意义,传播就是意义的生成和交流过程。然而,这并非是说意义依附于空间与时间的桎梏,比如,中国学者可以去解读几千年前的西方经典著作而创造新的意义,这是超越时空的想象中的主体相遇,或更确切地说,这是超越时空的"意义相遇",是中国现代"意义"与西方古典

---

① Robert T. Craig,"Communication Theory as a Field",*Communication Theory*,1999(2),pp. 119-161.

"意义"的交流,这个过程也是典型的传播过程。从意义生成的角度看,社会实践就是"传播实践",传播是以一种新的视角对社会的理解和认知。

作为意义生成过程的传播呈现了多元主体和多元意义的存在,它们在克雷格的多元视阈中被表达和研究,形成了不同的领域。传播的这种特征可以借用文艺批评家朱丽叶·克里斯托娃的"多元逻辑"来描述。她用多元逻辑来形容语言活动的主体在产生的过程中一直处于他者的否定性割裂中,她认为一元逻辑和异质逻辑的持续对话是意义生成的历史过程[①]。传播的多元逻辑意味着主体的多元、意义的多元以及意义生成过程的多元。

(二) 文明发展的传播逻辑

文明的意义在于人类的生存与发展,传播的多元逻辑是解释文明的意义的重要视角。文明的发展是多元的文明体在相遇与交流中生成多元意义的过程,不同文明体内部的多元和外部的多元以及文明历史的多元让文明的发展呈现出多元逻辑的特征。中华文明的发展历史更是典型的例证。华夏几千年文明始于不同部落文明的冲突和融合,封建帝国的统一与更迭伴随着与周边民族的战争和交流,多民族融合与统一、少数民族夺取政权的历史也是不同文明碰撞与交流的历史。近代西方文明的强行侵入是文明相遇的痛苦回忆。中华文明被众多学者称为"儒家文明",但今天我们的儒家文明与千年前的儒家文明已经大有不同,今天的"中华文明"是中国多民族文明兼收并蓄、融合发展、继承了儒家文明的历史、汲取了马克思主义、借鉴了西方现代文明、吐故纳新的产物。当代中国的快速崛起也正是中华民族在文明的多元逻辑中适时地传承与否定、变革与发扬的结果。

亚洲文明本身就是多元的,亚洲共有 40 多亿人口、48 个国家、1 000多个民族,亚洲文明的发展历史充斥着不同民族的冲突和融合。亨廷顿的"文明冲突论"曾饱受争议,当代学者多对文明间的共通之处情有独钟,然而,不同文明间的差异性是客观存在的,遭遇他者的否定性必然会引发

---

① [日]西川直子:《克里斯托娃:多元逻辑》,王青、陈虎译,河北教育出版社 2001 年版,第167 页。

冲突,同时也会带来接受和融合,这是多元逻辑的特性,两者只是一体两面,并不矛盾。而且,冲突和融合具有相对性,正如中华民族由56个民族历经几千年的冲突与融合逐渐形成,而人口最多的汉族也有不同文化、习俗、发展历史的差异。亚洲文明虽然并未形成一个统一体,但其发展的历程已经说明文明的发展必须遵循其规律和逻辑,亚洲各国、各民族必须在文明的对话中正确认识并接受文明间的冲突和融合,才能推进各自文明及整个亚洲文明的全面进步。

(三) 文明对话的多元过程

文明的对话过程,正是文明的传播过程。英国历史学家迈克尔·罗伯斯1976年在《哈钦森世界历史》一书中将文明解释为"所收多于年耗,温饱之民喜有积余,于是谋生之外,复有创造。创造的方法各异,品用不同,各制其物,共尽其美,于是有多姿多用的文明",中国学者许国璋译注并概述为"吃剩有余,始有文明"[1]。也就是说,文明是人类历史发展到一定阶段的产物。这与美国人类学家路易斯·摩尔根1877年在《古代社会》一书中的观点一致,后者讲述了文明前期的六个人类历史阶段,而文明是指文明前期的文化进入一定历史时期的呈现[2]。意义生成过程包含着不同历史主体的相遇,文明发展的本身就是不同的历史进行对话的过程,现代永远处于与传统的相遇与交流过程中。同时,处于共时态的不同文明通过经贸、政治、文化等领域进行沟通,也有战争与冲突。文明发展的历史,就是文明对话的历史。文明的对话呈现出共时态和历时态文明之间的相遇和交流,在具体的社会历史语境中,呈现出多元的形式。

西方学者认为人类社会进入文明社会之后所创造的一切都是人类文明的产物,这与中国学者将文明分类为精神文明、物质文明、政治文明等是相通的。现代社会中,不同国家、地区、民族、文化的对话和交流都可以视为文明的对话,这使文明的对话呈现出多维度、多层次、多元化。从对话的时间性来看,可以分为共时态和历时态的文明对话。从对话的主体

---

[1] 许国璋:《文明和文化——西方文化史选读讲演之二》,载《外语教学与研究》1990年第2期。
[2] [美]路易斯·摩尔根:《古代社会》,杨东莼等译,商务印书馆1981年版,第3页。

来看,可以分为国家间、民族间、地区间等,或官方、非官方等。从对话的领域来看,可以分为经济领域、政治领域、文化领域、科技领域、军事领域等。从对话的形式看,可以分为国际会议、学术论坛、参观访问、展览、演出、赛事等。从对话的效果来看,可以分为利益的契合与价值的共识,前者表现为浅层的对话,而后者则是深层次的交流。

二、亚洲文明对话的现实与传播过程的困境

(一) 中国与亚洲文明对话

中国改革开放以来,在亚洲文明对话及国际交流与合作方面起到了重要的作用,中国和亚洲各国、各个文明的经济、政治、文化交往都日益密切。具有代表性的组织形式如:中国积极参与的"亚洲相互协作与信任措施会议"(简称"亚信会");2001年创立的"博鳌亚洲论坛";2001年创建的"上海合作组织";2008年发起的"太湖世界文化论坛";2010年创办的"尼山世界文明论坛"等。其他的亚洲政治、经济对话还有"东盟10+1/10+3"等。而官方及民间的国际体育赛事、文化交流活动等,也极大地促进了亚洲各国、各文明间的对话和交流。习近平2015年11月7日在新加坡国立大学所做的"深化合作伙伴关系共建亚洲美好家园"指出"亚洲是世界经济发展高地,宏观经济基本面稳定向好,同时受内外因素影响,承受了较大下行压力。亚洲政通人和、社会稳定,是全球格局中的稳定板块,同时安全问题十分复杂,恐怖主义、极端主义、跨国犯罪、网络安全、重大自然灾害等非传统安全挑战增多。亚洲绝大多数国家的政策取向是通过协商谈判处理矛盾分歧,同时一些国家互信不足、时有纷争。亚洲国家相互依存日益加深,地区一体化进程不断加速,同时区域合作路径不一,安全合作长期滞后于经济合作"①。这"四个正负面"的陈述基本上概括了亚洲文明关系的现状。

(二) 文明的"断裂"与西方"他者"

亚洲及中国文明发展在近现代面临的最大挑战是自身传统在传播过

---

① 习近平:《深化合作伙伴关系 共建亚洲美好家园》,载《人民日报》2015年11月8日。

程中的历时性"断裂"。中国学者许国璋曾在西方文化史演讲中言道:"文化没有先进与落后之别,但是文明却有"①。近现代的亚洲文明遭遇了西方先进的经济体制、政治制度、教育、科技、军事等方面的全面入侵,整个亚洲文明都在与西方文明的遭遇中面临断裂并艰难重生。英国社会学家安东尼·吉登斯在《现代性的后果》一书中论述道:"现代性代表的是一种现代制度与传统社会的'断裂',而现代性的最根本后果之一就是'全球化'。"②也就是说,传统与现代的"断裂"被"全球化"带到了全世界。不过,西方的"断裂"产生于内,是历史变革和新陈代谢的结果;而亚洲文明的"断裂"源于其外,是一种被强迫的"断裂",这种断裂留下的巨大罅隙对于许多国家都难以立即填补,只能寄希望于文明意义的重构。当产生强制断裂的外力逐渐消退后,断裂留下的罅隙必然呼唤传统的重拾。这意味着亚洲文明必须面对断裂,并完成现代文明的意义建构。因而,对亚洲文明而言,第一个艰巨的任务是如何在传统与现代、亚洲与西方的复杂关系中重构文明的意义。

西方的入侵带来的直接后果是西方文明成为最主要的甚至是唯一的参照和"他者"。美国学者爱德华·萨义德在《东方学》中批判西方霸权、西方话语、西方建构的东方③,但冥冥之中将西方确立为一个如影随形的参照,而名义上的"东方"却并非一个整体,其内部各自为政,且都以西方为"他者"。完全拒绝西方文明已经无路可走,但西方文明似乎又无法解决亚洲自身的问题。吉登斯将西方的"现代性"比喻成"猛兽",它在实现了现代化的同时所带来的经济、社会、环境以及地区局势等各方面问题已经使之难以"驾驭"。这意味着亚洲文明还面临着第二个艰巨的任务,即如何在借鉴西方实现现代化的同时避免现代性的后果。但是,事实上,亚洲各国已经逐渐被这种后果所累,且短时间内难以脱身。即便是发达的日本和韩国,以及崛起的中国也难以蔽之。

(三) 亚洲共识的缺失

传播的过程是意义生成的过程,也是冲突与共识产生的过程。在文

---

① 许国璋:《文明和文化——西方文化史选读讲演之二》,载《外语教学与研究》1990年第2期。
② [英]安东尼·吉登斯:《现代性的后果》,田禾译,译林出版社2011年版,第4、152页。
③ [美]爱德华·萨义德:《东方学》,王宇根译,生活·读书·新知三联书店2013年版。

明的传播和交流中,冲突和共识是相辅相成的,但却并非是始终平衡的。亚洲文明的历史和现实使亚洲各文明体之间并没有形成统一体,且困于各种利益冲突,阻碍着亚洲文明的发展。同时,亚洲文明疲于应对与西方文明的关系,亚洲文明内部的对话却被置于次要地位,这无益于亚洲文明寻找自身发展的出路。西方势力往往和历史遗留问题有着千丝万缕的关系,并利用各种借口不断介入,这些都使亚洲各处地区局势显得错综复杂。米歇尔·福柯在《必须保卫社会》中强调了人类社会发展过程中战争和斗争具有永恒性[1],西方摧毁地区平衡后形成的中东乱局可能会印证福柯的观点,而美国标榜的维护南海航行自由、避免南海"军事化"也更加让我们担心美国是否会让南海"中东化"。这些都让共识的取得异常艰难。在具体的文明对话活动中,共识也难以觅得。例如,"太湖世界文化论坛"虽已初具国际影响力,但过于重视中国主导和中国文化的主体性,官方色彩也过于浓厚;"尼山世界文明论坛"则过于突出中国传统儒家文化,忽视了现代文明及其他文明的维度,很容易成为儒家文化的寻根和中国传统的独角戏。因此,在亚洲的现实环境中,如何建立推动亚洲共同发展的亚洲共识是亚洲文明对话的重要目标。

三、传播与建构:亚洲文明对话的路径

(一)传播"多元共识"与"命运共同体"的建构

文明的发展遵循着"多元逻辑","多元逻辑"指向的是"多元共生、多元共识",也就是要"承认多元、尊重多元、理解多元",基于"多元"建立"共识"。"多元共识"的传播需要在亚洲文明对话中将此理念本身打造成为一种共识,并基于此,去共同探讨亚洲文明的发展之路。亚洲各国在地理上接近、近现代的历史遭遇类似、谋求发展的心理和道路选择相通,这些使亚洲各国可以形成"命运共同体"。2011年《中国的和平发展》白皮书首次提出"'你中有我、我中有你'的命运共同体"[2],2015年在博鳌亚洲论坛

---

[1] [法]米歇尔·福柯:《必须保卫社会》,钱翰译,上海人民出版社1999年版,第45页。
[2] 《〈中国的和平发展〉白皮书(全文)》,人民网,http://politics.people.com.cn/GB/1026/15598619.html。

的主旨演讲中,习近平以"亚洲新未来:迈向命运共同体"为主题,阐述了"亚洲命运共同体"的基本思想,"迈向命运共同体,必须坚持各国相互尊重、平等相待……必须坚持合作共赢、共同发展……必须坚持实现共同、综合、合作、可持续的安全……必须坚持不同文明兼容并蓄、交流互鉴"①。"命运共同体"并非一元整体,它是源于文明发展的"多元逻辑",并于"多元共识"的基础上建立起来。"多元共识"与"命运共同体"不仅仅是利益契合的浅层共识,也是价值理念的深层共识。

(二)传播"中国经验"与"发展共识"的建构

中国的成功带来了"中国经验",它的传播将构建亚洲文明的"发展共识"。中国的崛起为亚洲文明探寻自身的发展道路提供了一个良好的范例,而且强大的中国并非如西方那样强制推行价值理念和政治体制,中国展示的,不是控制与霸权,而是有益于亚洲整体发展与繁荣的"中国经验";中国提供的,不是一种绝对的"标尺",而是一种有益的"借鉴";中国与他国的交流与合作,是谋求"多元共识",而非强行推广或植入。关于这一问题,前国务院新闻办主任赵启正先生认为用"中国共识"的言辞代替"华盛顿共识"是一个很大的"陷阱"。他认为中国与许多国家,特别是与亚洲的周边国家,由于社会制度、意识形态等方面的差异,不可能达到社会制度、意识形态等层面的同一。"中国共识"的提法是在仿照强制推行自身制度和价值观的"华盛顿共识",这无疑会给中国及亚洲其他国家的认同带来麻烦。"中国模式"虽然稍显合理,但暗含着需要他国效仿。因此,赵启正先生提出"中国经验"。

日本是亚洲最早步入现代化的国家,它在古代接受了中国的儒家文明,在近代又接纳了西方现代文明,成为文明融合的典型案例。但是,日本无法给亚洲文明的未来发展提供一条有益的道路。正如英国学者赫伯特·威尔斯在《世界史纲》中所评价,日本"与世隔绝的文明对于人类命运总的形成没有很大贡献,它接受了很多,但付出的很少"②。威尔斯的评价出于20世纪20年代,今天看来可能过于苛刻。但是,由于地理、地缘的

---

① 习近平:《迈向命运共同体开创亚洲新未来》,载《人民日报》2015年3月29日。
② [英]赫伯特·威尔斯:《世界史纲》,吴文藻等译,广西师范大学出版社2001年版,第876页。

局限,日本无法直接带动亚洲其他国家和地区的发展;由于侵略的历史及其态度,日本无法得到他国的充分信任;由于其成功主要基于近代的全面西方化和"二战"后的美国支持,这两种方式让亚洲其他国家无法获得或借鉴,也就意味着其成功经验难以成为亚洲发展的共识;而且,日本在20世纪90年代之后的经济停滞问题已历经20多年无法解决,新世纪以来其政治右翼抬头、政府持续性低,这些使亚洲其他国家无法在最紧迫的经济发展和政治稳定方面向日本求取经验。

中国经验的重要价值在于中国可以为亚洲的发展提供全方位的借鉴和帮助。中华文明历经百年动荡,而后重新崛起,这也是亚洲其他文明梦寐以求的;中国独特的地理位置连接东亚、中亚、南亚,"一带一路"战略更是贯通整个亚洲,亚洲其他国家将从中国的发展中直接获益;中国奉行"独立自主"的发展战略,顶住了苏联、欧美的霸权,继承了自己文明的优良传统,借鉴了西方文明的有益成果,这些正是亚洲各国所需要的;中国成功实现经济改革与稳步增长,保持了长期的政治稳定,并拥有弗朗西斯·福山所言的"强大政府"[1],这些经验都是亚洲其他国家所渴求的。亚洲文明的进步需要各国在亚洲文明对话中充分交流"中国经验"以促进自身的发展,进而形成亚洲文明的"发展共识"。

(三)文化传播推进文明对话

"文明"与"文化"之间的复杂关系在学界一直争议颇多。许多西方学者认为在时间维度上文化的范围更广,俄国学者凯费利也接受这种观点。他在《文化与文明》一文中论述说:从时间上看,文化的容量比文明要更大一些,它包括蒙昧和野蛮人的文化财富;但他进一步论述道:从空间上看,文明是许多文化的结合[2]。由此可见,文化与文明有极大的重合之处,正如英国人类学家爱德华·泰勒在《原始文化》一书中将两者同时定义:"文化,或文明,就其广泛的民族学意义来说,是包括全部的知识、信仰、艺术、

---

[1] Francis Fukuyama, *Political Order and Political Decay: From the Industrial Revolution to the Globalization of Democracy* [Kindle Edition], Farrar, Straus and Giroux(New York),2014, p. 11.
[2] [俄]凯费利:《文化与文明》,黄德兴译,载《现代外国哲学社会科学文摘》1998年第8期。

道德、法律、风俗以及作为社会成员的人所掌握和接受的任何其他的才能和习惯的复合体。"①泰勒主要强调文化和文明的精神层面以及作为一种特殊生活方式的意涵,之后的英国文化学者雷蒙德·威廉斯在《文化与社会》一书中综合了文化在精神层面和物质层面、有关人类一般发展和特殊生活方式的意涵,将文化概括为"一种整体的生活方式"②,这也意味着,文明的交流是不同民族生活方式的整体性交流。

在这种整体性交流中,文化价值理念、伦理道德、文学艺术等层面的交流与传播触及了最深层次的精神交流,涉及了不同民族对人类生存和文明发展的共通性理解。思想与理念总是润物细无声,其交流的效果不如物质层面的交流会立竿见影,但却更加深刻而持久。文化交流是一种弱化了"政治性"的交流,不似经济、政治、军事方面的交流具有浓厚的意识形态色彩,而且更容易获得民间和学界的共鸣,因此,文化交流及文化共识在文明对话中显得格外重要。

(四)网络传播建构文明对话新形式

网络化是这个时代的最重要特征之一,以互联网为代表的新兴媒体深刻地改变了人类的生活方式、生产方式和思维方式,也改变了传播的方式和文明对话的方式。美国学者曼纽尔·卡斯特在《网络社会的崛起》一书中论述道:"网络社会代表了人类经验的性质变化"③,也就是说,网络给人类带来了根本性的变革。我们或许可以认为,新兴媒体带来的是一场伟大的"人类交往革命"。当今世界的一切都被这场"人类交往革命"所浸染,文明的对话也不例外。习近平在2014年提出了"互联网思维"的概念④,互联网已经在深刻地影响着人类的认知和思考,如何在网络时代构建亚洲面向未来的文明形态是亚洲文明需要共同面对的问题。同时,不同国家和地区的政府与民众如何在网上加强联系和互动并规避网络风

---

① [英]爱德华·泰勒:《原始文化》,蔡江浓译,浙江人民出版社1988年版,第1页。
② [英]雷蒙德·威廉斯:《文化与社会》,高晓玲译,吉林出版集团有限责任公司2011年版,第6页。
③ [美]曼纽尔·卡斯特:《网络社会的崛起》,夏铸九、王志弘等译,社会科学文献出版社2001年版,第577页。
④ 《习近平:强化互联网思维 打造一批具有竞争力的新型主流媒体》,新华网,http://www.xinhuanet.com/zgjx/2014-08/19/c_133566806.htm。

险、如何在不同国家和地区打造亚洲特色的网络交流平台、如何通过网络实现文化资源的共享等问题,也是未来亚洲文明对话的重要议题。

四、结语

亚洲文明对话会促进亚洲文明的传播,也会加快中国的发展。基于"多元逻辑"的亚洲文明对话可以达成"多元共识",并在经验交流中形成"发展共识"。在这个过程中,需要突出"先建秩序、再谋发展""先谈认同、再谈合作""先谈他利、再谈共赢"的实践理念。亚洲文明对话需要通过对话的常态机制来践行这一基本理念。同时,亚洲文明对话的推进需要区分政治、经济、军事领域中的对话与文化艺术对话,民间的文化艺术对话会让亚洲文明对话在"润物细无声"中产生有益的效果。文明之间的冲突和融合在历史长河中从来就没有中止过,亚洲各文明之间需要加强对话和交流、互相借鉴有益经验、合作应对各种危机与挑战、寻求快速发展与共同进步之路。

数字人文：媒介驱动的学术生产方式变革*

一、引言

2000年，斯坦福大学英文系教授弗朗科·莫瑞蒂（Franco Moretti）在《新左派评论》（*New Left Review*）发表了《世界文学的猜想》（"Conjectures on World Literature"）一文①。莫瑞蒂是美国知名的现代小说研究专家，他在文章中谈到了研究中的一个困惑——为了研究世界文学，我们究竟要读多少书才够？莫瑞蒂感叹自己研究1790～1930年间的西欧叙事文学时就已经感到自己像个"假内行"，面对数百种语言的文献靠传统的"细读"（close reading）来研究显然是不可想象的。这一问题实际上是很多学者，无论是人文还是社科领域的学者经常面对的难题，现在的研究对象越来越多，资料堆积如山，仅凭个人有限的研究能力只能望洋兴叹。莫瑞蒂没有止步于感慨，他提出了一个方案，认为解决问题的出路就是"远读"（distant reading）。相对于针对少数经典文本的"细读"方法，"远读"可以借助一些手段来忽略细节信息，从更为宏观的层面来把握文学作品的结构和意义。莫瑞蒂的"远读"概念迅速在人文研究领域得到了广泛的传播，产生了重要的影响。虽然，他没有在《世界文学的猜想》中提到用计算

---

* 本文为孟建与胡学峰合作，原文发表于《现代传播》2019年第4期。本文系国家社会科学基金重大项目"网络与信息时代增强中华文化全球影响力实现途径研究"（项目编号：18ZDA311）的研究成果。

① Moretti F., "Conjectures on World Literature", *New left review*, Vol.1-2, 2000, pp. 54-68.

机来实现"远读",但是这一概念很快成为当时刚刚兴起不久的"数字人文"(Digital Humanities,DH)研究的重要理论基础之一。

数字人文是最近20年来迅速崛起并在世界范围内产生广泛影响的学术研究领域。它最初的一个核心特征,就是使用计算机来解决传统人文研究中遇到的、传统手段无法解决的问题。在大数据、云计算、人工智能等数字技术概念风行一时之际,数字人文研究的影响正在全球范围内不断扩大。近10年来,这一研究潮流开始在中国勃兴,人文研究领域、图书情报领域对其异常重视,新闻传播学界也开始关注数字人文。就国内外现有研究来看,虽然回顾性、反思性乃至批判性的资料已经不少,但是对数字人文研究方兴未艾的内在机理、可能产生的影响和意义的思考还很不够,无论赞同的声音还是反对的意见都体现出对数字人文的理解还不够全面和深入。本文将从传播学媒介研究的视域出发,通过分析作为媒介的数字技术在人文学科研究中的作用来理解数字人文研究产生、发展的逻辑,在历史维度聚焦于学术场域,阐述其对学术生产方式所产生的深刻影响,同时就其对新闻传播、影视艺术研究的价值进行简要评估。

二、数字人文研究的发展与内在特质

"数字人文"概念是在2004年才被提出并逐渐为该领域的多数学者接受的,最初学者们把它称为"人文计算"(Humanities Computing)[①]。鉴于数字人文还处在一个快速发展变化的过程中,对"数字人文"这一概念还没有统一的认识。总的来说,有四种不同的理解:一是把它看作一种研究方法,通过引入计算机工具来处理传统人文研究中长期存在的问题;二是把它视为一个研究领域,是跨学科的、文理交叉的新兴研究领域;三是认为它已经成为一个学科,在欧美的很多高校已经进入正式的教育体系,成立了相关的教育机构,开设了从本科生到研究生的系列课程;四是把它理解为一种实践,是充分运用计算机技术开展的合作性、跨学科的研究、教学与出版的新型学术模式和组织形式,是一组相互交织的实践活动。

---

① 王晓光:《"数字人文"的产生、发展与前沿》,载全国高校社会科学科研管理研究会编:《方法创新与哲学社会科学发展》,武汉大学出版社2010年版。

数字人文学者通常把意大利耶稣会修士罗伯特·布萨（Roberto Busa）1949年起和IBM合作开展的把中世纪神学家托马斯·阿奎那（St. Thomas Aquinas）的全部著作以及相关作者的文献制作语词索引的项目作为人文计算或数字人文的起点①。如此算来，数字人文的历史到2019年正好是70年。有研究者把2004年以前人文计算在欧美的发展分为四个阶段进行了较为详细的历史回顾②。目前，国外已经成立多家数字人文研究中心，比如坦福大学人文实验室、南加利福尼亚大学数字人文研究中心等，其他的数字人文研究机构和组织还有牛津大学数字研究中心、伦敦大学学院数字人文研究中心等；国际上已经形成了两个主要的数字人文研究联盟，分别是国际数字人文机构联盟（The Alliance of Digital Humanities Organizations，ADHO）和数字人文中心网络（CenterNet）；国外主要的数字人文学术期刊有《数字研究》（Digital Studies）、《数字人文期刊》（Journal of Digital Humanities）、《数字人文季刊》（Digital Humanities Quarterly（DHQ）、《数字人文学术研究》（Digital Scholarship in the Humanities（DSH））等。

2009年前后，"数字人文"作为舶来概念进入中国学界③。虽然，在此前国内已经有了数字人文实践，比如复旦大学与哈佛大学合作的"禹贡"（CHGIS）项目，以及台湾"中研院"的"中华文明之时空基础架构"（Chinese Civilization in Time and Space，CCTS项目），但是无论在研究机构、学术刊物、研究项目、参与学者、研究成果方面均和国外尤其是欧美相比有较大差距。到目前为止，国内大陆地区仅有武汉大学一家数字人文研究中心，学术刊物、出版专著的数量都是个位数。从中国知网检索的数据来看，从2012年起国内才开始有相关主题的论文发表，但是数据库中所有相关文献总数只有150篇左右。文献中的很大部分是对国外研究的综述和介绍，绝大多数文章发表在图书情报与数字图书馆领域的期刊上。由

---

① 戴安德、姜文涛、赵薇：《数字人文作为一种方法：西方研究现状及展望》，载《山东社会科学》2016年第11期。
② Hockey S., "The History of Humanities Computing", in Schreibman S, Siemens R, Unsworth J., *A Companion to Digital Humanities*, Blackwell (Oxford), 2008, pp. 4-17.
③ 陈静：《当下中国"数字人文"研究状况及意义》，载《山东社会科学》2018年第7期。

此可以看出,国内采用数字人文研究理念开展的研究以及对数字人文本身的研究还处在起步阶段。

回顾数字人文研究的发展历程,考察其研究实践,我们认为,数字人文是研究者采用数字技术来解决人文领域研究问题的一系列方法构成的跨学科实践。这一理解突出了数字人文研究的四个关键特质。首先是"数字",即数字技术(主要是计算机网络技术,也可称为信息技术)在所有数字人文研究当中的充分使用,这是数字人文最为关键的特征;其次是"人文",到目前为止,绝大多数的研究主题还是集中在传统人文学科(文学、语言学、历史、地理、宗教等)范围内,数字人文的主要影响也局限在人文领域;再次是"方法",在最微观具体的层面上,使用计算机软件工具来进行量化、统计分析以及视觉呈现是数字人文的核心方法;最后是"实践",虽然把数字人文视为一个"研究领域"和"学科"自有其合理之处,但是它引起的争议更多,而数字人文无疑是一种已经产生一系列成果并取得重要影响的学术生产实践,是技术主导的以行动和产出为指向的全球范围的研究活动。

三、媒介研究视角下的数字技术

尽管不少学者已经对数字人文强大的影响力和未来前景做了充分的肯定,也意识到了技术在数字人文发展中的关键作用并为其辩护,但是在很多反对者尤其是传统人文学者看来,数字人文无非是科学主义思维对人文领域的强势入侵,是自然科学实证量化方法对人文社会科学理解诠释方法的全面替代,由这一点出发,就可以连接到对现代性的批判以及技术对人文精神的侵害。这种对待数字人文研究的批判立场虽然不是多数,但是他们提出的关于技术的问题却是数字人文的倡导者必须认真面对的。传播学媒介研究在近年来取得了诸多进展,对技术尤其是新媒体技术、数字技术、网络技术等开展深入研究,形成了一系列理论概念和阐释框架,可以为回答技术与人文的关系提供新的观察视域,为我们理解数字人文所带来的变革提供理论基础。

数字技术是"数字人文"研究得以可能的前提条件。这里的数字技术无疑指的是计算机技术和网络技术。现代计算机自 20 世纪中叶诞生以来,就是处理数字的机器,具体而言就是处理"0"和"1"两个数字的机器。计算机通过将信息转化为二进制代码来利用高速芯片进行数值和逻辑计算,以产生软件预设的结果。二进制计算不仅可以进行数学运算,还可以对文字、图像和声音等对象进行处理,其原理不外是将这些信息转换为二进制数值来进行,这就是"数字化"。

在技术哲学家伊德看来,技术是人类存在的前提条件,是人类存在的基本特征,不存在没有技术的人类"伊甸园"①。当然,工业革命以来的"大机器"技术给人带来了很多难以消除的负面效应,使得哲学家埃吕尔(Jacques Ellul)认为技术已经脱离人类控制,具有自主性,而哲学家海德格尔把现代技术视为座架(Gestell),成为摆布人的力量,使得人丧失其本来的生存论地位。不过,这一对人和技术关系的悲观看法并非技术力量的全部。

从传播学媒介研究的视角来看,技术就是媒介(Media)。"媒介"是传播研究的关键词,一般指报刊、广播、电视等发送新闻、娱乐或其他信息的技术形式和媒介机构,但究其根本,媒介是一种能使传播活动得以发生的代理(agency),是拓展传播渠道、扩大传播范围或提高传播速度的一项科技发展②。具有中介作用的媒介具有自身的能动性,它实际上是建构社会关系、生成社会意义的枢纽和节点。尽管"媒介"和"技术"两个概念颇有差异,但是传播学媒介研究一般持有大媒介(big media)的观念,实际上将媒介和技术放在几乎同一的角度来理解。麦克卢汉以"媒介即讯息"理论把媒介至于人类传播的中心位置来考虑,他的媒介观就是广义的,电光源、铁路和飞机都是媒介。德布雷也把中介(媒介)理解为:符号表示的整体过程(清晰连贯的话语、书写符号、类似的图像等);社会交流规范(说话者或者作家所使用的语言);记录和存储的物理载体(石块、羊皮纸、磁带、胶带、光盘);同流通方式相对应的传播设备(手抄本、影印本、数字版)③。

---

① [美]唐·伊德:《技术与生活世界:从伊甸园到尘世》,韩连庆译,北京大学出版社2012年版,第12页。
② [美]约翰·费斯克等编:《关键概念:传播与文化研究词典(第2版)》,李彬译,新华出版社2004年版,第161页。
③ [法]雷吉斯·德布雷:《媒介学引论》,刘文玲译,中国传媒大学出版社2013年版,第37~38页。

媒介涉及意义的建构,与政治、经济、社会或整个人类世界的联系如此紧密,就不能"把媒介当作物件、文本、感知工具或者生产过程"[1],要将媒介实践置于更宽阔的社会和世界背景中来考察其影响。

在媒介研究领域,新近兴起的"媒介化"研究范式提出了自己对数字媒介的全新观点,他们关注媒介技术影响社会的过程。克罗兹将媒介化视为与全球化、个人化概念类似的一个元过程,它是一种动态变化的社会力量,能够深刻地影响社会与文化景观,并与全球化和个人化的浪潮产生共振[2]。舒尔茨将媒介化是一个延伸(extension)、替代(substitution)、融合(amalgamation)和接纳(accommodation)的过程[3]。其中,延伸是指媒介技术延伸了人类沟通和传播的能力,使得人们可以突破时空限制并产生互动;替代意指媒介部分或者全部取代了社会行动以及社会机构的职能,改变了这些行动或者机构的形态;融合则是指媒介行动与非媒介行动之间的界限开始模糊,媒介渗透到了日常生活以及专业化领域之中;接纳则表明经过了一个适应的过程人们更加愿意在媒介构成的环境下行动,各种不同专业领域的组织或者个人必须按照媒介操作信息的方式进行互动。

由此看来,数字技术对于人文学科实际上就是一个"媒介化学术"的元过程。数字技术"延伸"了人文研究者获取资料和相互交流的能力,使得基于跨域时空的数据库的计算分析成为可能,同时数字技术作为沟通媒介实现了跨越时空的协作;数字技术使得传统图书馆的角色被"替代",而图书馆是传统人文学者依赖的核心资源,实际上,不仅图书馆,档案馆和博物馆的角色也发生了巨大变化;数字技术使得学术研究和非学术研究的界限趋于"融合",无论从资料的获得、加工、分析,还是研究者活动空间的改变,以及学术成果的产出都越来越失去专业化色彩;如今,无论是否从事数字人文研究,学者们都已经被纳入数字化、网络化逻辑之中,"接

---

[1] [英]尼克·库尔德利:《媒介、社会与世界:社会理论与数字媒介实践》,何道宽译,复旦大学出版社2014年版,第38—39页。
[2] Krotz, Friedrich, "The Meta-Process of 'mediatization' as a Conceptual Frame", *Global Media and Communication*, Vol. 3, 2007, pp. 256-260.
[3] Schulz, Winfried, "Reconstructing Mediatization as an Analytical Concept", *European Journal of Communication*, Vol. 19, 2004, pp. 87-101.

纳"了各种数字化带来的社会改变。从历史发展来看,数字人文研究走过了一条伴随计算机网络技术发展而演进的由简单到复杂,由单一走向多元的过程。计算机(computer)最初的发明仅是作为一种计算的工具,布萨最初的人文计算研究也正是利用了计算机快速计算数值的能力。但是,计算机很快发展成为一种通用的信息处理设备,而网络使得计算机成为一种传播媒介。越来越多的印刷文本被数字化,从早期的图像扫描到转换为文字,依靠快速进步的计算机语义识别能力,人文计算或数字人文学者可以处理更大量的文本数据从而发现文本中潜藏的宏观结构,甚至确定作者的写作风格用来协助鉴定作者身份。随着计算机的多媒体化,即不仅能处理文本对象,也可以处理图像、声音,同时用大规模数据库来存储和管理这些多媒体信息,更多的语料库、声音和图像数据库被建立,与此同时,研究者所阅读的历史文献材料和新近产生的研究文献大部分被数字化了,整个数字人文研究的基础发生了革命性的变化。计算机不仅是文献数字化的工具,它还是通讯、协作、讨论、出版的媒介,不仅可以自动化的处理文本、图像、音频、视频,还能高度智能化的进行模拟,建立模型,并在一定程度上实现初级的人工智能。

四、数字媒介驱动的学术生产变革

学术是人类认识自然和社会的特殊而重要的方式之一。其特殊性体现在它是人类文明发展到一定阶段后的产物,社会分工导致了一部分人开始专门从事研究性的事务并保存、传承和累积其成果,这些成果就是知识。其重要性正是通过知识来体现的,知识转化为改造自然、社会乃至人类自身的实践,最终推动了人类社会的发展。近代以来,从西方发端的体制化知识研究和传承方式以高等教育体系的形成为根本标志,塑造了今天我们所见的学术生产方式。这种学术生产方式以研究主体的专门化、职业化,研究机构的制度化、组织化,研究对象的广泛性、多样性,研究成果的学科化、专业化为主要表征。学术生产是人类群体中一小部分经过长期而严格的专门训练的"学者"主要在高等院校、科研院所以职业化的方式所从事的针对自然、社会的系统化、规范化的研究行为;其研究的成果主要通过期刊、书籍的出版来发表和传播,通过高等教育体系的教学为主来进行传承;学术生产的影响则通过与学术"场域"之外的政治、经济、社会、文化的复杂互动来改变人类世界的表面和深层结构。

历史上,媒介在改变学术生产方式上起到了革命性的作用。15～17世纪欧洲的"印刷革命"就带来了知识生产的变革①。现代西方人文学发端于文艺复兴时期,其兴起和文本资料的抄写、翻译、阐释分不开,印刷术推动了人文主义文化资料的标准化传播,彻底变革了人文学乃至所有研究领域的知识生产方式。很多学者认为,数字技术的出现是可以和印刷革命相提并论的另一场媒介技术变革。与印刷媒介相比,数字媒介驱动的学术生产变革充分体现了融合的特征。数字人文研究所依赖的数字技术是一种"元技术",它保留和延续了所有之前的媒介特性,将它们整合在一个统一的软硬件物理平台上,在这个意义上,数字技术实现了真正的"媒介融合"②。

第一,学术生产资料的数字化整合。计算机能够处理的只能是二进制数据,利用计算机来开展人文研究的基础就是要将文本、图像、声音、影像等数字化。以文学研究为例,虽然可以通过人工阅读纸质书籍资料来收集和分析可量化数据,但是面对大量的文本,人工操作将无比枯燥与费时。将文本进行数字化,以计算机的快速、准确特性来处理数据则能极大提高效率。如今,通过平面和立体扫描、智能文本识别可以将过去遗留的所有印刷文本和手稿甚至艺术品、建筑等数字化,数字录音、摄影、摄像技术可以将早期模拟时期产生的声音、影像资料数字化。从技术角度而言,几乎人类迄今产生的一切符号形式都可以数字化,这些研究资料加上数字时代原生的数字资源构成了数字时代学生生产方式中的生产资料。它的技术形态是单一的,即全部由二进制数据构成,以数字形式被编码、存储和处理,但它的内容形态是融合的,文本、图像、声音、影像等媒介形式

---

① [美]伊丽莎白·爱森斯坦:《作为变革动因的印刷机:早期近代欧洲的传播与文化变革》,何道宽译,北京大学出版社2010年版,第42页。
② [丹]克劳斯·布鲁恩·延森:《媒介融合:网络传播、大众传播和人际传播的三重维度》,刘君译,复旦大学出版社2018年版,第67～74页。

可以在一个平台上获得，从时间维度上来讲，漫长历史时期所形成的所有资料都存储在网络上，理论上只需一台计算机就能获取和处理。数字化整合的学术生产资料减少了学者搜集资料的工作量，也扩展了研究的范围，使得随时获取资料成为可能。虽然就现实情况而言，并非所有的资料都能够并已经数字化，不是所有数字化的资料都可以免费自由的获取，但是在技术提供的可能性上，学界正在向建立理想化的数字学术生产资料方向努力。数字人文研究中图书馆、档案馆、博物馆领域对基础数据建设正在发挥重要的作用。

第二，跨学科研究领域的广泛涌现。数字人文研究体现和引发了跨学科研究的新一轮热潮。数字人文研究在起源阶段就是人文研究领域与计算机研究领域的交叉融合，并且这一融合是建立在现代学术生产方式根深蒂固的专业化所引发的自然科学、社会科学、人文学科长期对立和割裂的基础上的，它所引发的巨大争议和产生的广泛影响使得数字人文研究的跨学科思想更显可贵。数字人文研究的学术版图体现了强大的包容性，涉及的学科范围从传统人文学科逐渐向社会学、经济学和文化研究等领域渗透，凸显较强的学科交叉性。研究表明，数字人文研究论文分布在102个学科领域之中，主要学科领域集中于文学、计算机科学、信息科学与图书馆学、语言学、历史学、社会学、艺术学以及文化研究等[1]。在数字人文研究内部，计算机研究领域和传统人文学科，比如文学、历史、艺术等都形成了各具特色的交叉，因为计算机技术的通用特性，人文领域内部如历史和地理也形成了"历史地理信息化"研究领域，而历史与文学、文学与艺术等人文学科之间的交叉研究也在计算机技术的中介下有了更多的可能性。正是数字媒介的中介化作用，人文学科领域日益走向以问题为导向的学术生产格局，打破了专业化的思维惯性，根据研究问题本身的特性来采用多为的研究方法，不再局限于定量和定性的分野，试图充分发挥量化和质化研究的长处，在多维视野中探索问题的解决方案。当然，跨学科研究自身的发展还面临很多理论和现实的问题，这既是长期专业化造成的

---

[1] 柯平、宫平：《数字人文研究演化路径与热点领域分析》，载《中国图书馆学报》2016年第6期。

后果,也是跨学科研究本身融合机制的内在问题,这都是要在未来需要不断发展完善的。

第三,学术生产的项目化、团队化。因为人类自身学习能力的限制,也因为学术生产长期专业化的影响,在跨学研究中,任何一个学者都不可能掌握所有的知识和技能,这就需要开展广泛的合作。传统人文学科具有个人自主探索的刻板印象,但数字技术逐渐渗透人文学者的学术交流中,提供了包含现有的工具与可能的学术共同体的新途径,协同工作不仅扩展研究网络,也让交流与沟通渠道更加透明,形成开放的学术文化。数字人文研究在此方面已经积累了较为丰富的经验,并且把项目化、团队化的学术生产作为自己的内在特色。数字人文研究通常是团队合作的结果,比如"莱比锡开放碎片文本序列"项目(Leipzig Open Fragmentary Texts Series,LOFTS)就是由莱比锡大学数字人文中心(Humboldt Chair of Digital Humanities,University of Leipzig)、美国塔夫斯大学珀尔修斯数字图书馆(Perseus Digital Library,PDL)和哈佛大学希腊研究中心(Center for Hellenic Studies,Harvard University)联合开发的[①]。此类项目显然对于任何一个学者个体,乃至一个研究机构也是难以完成的任务。项目化、团队化的学术生产方式需要有效的管理,更重要的是有效的沟通,而数字媒介的传播特性为有效的团队合作奠定了基础。数字人文学者往往是较早使用并充分发挥计算机网络通信工具的研究者,电子邮件技术刚一出现,数字人文研究者就建立了自己的邮件列表、新闻组,开始了跨国界的通信合作;万维网的出现使得学术信息的交流更为便捷,数字人文学者很快建立了自己的网站,并随着技术的发展通过论坛、及时通信软件、博客、微博、社交媒体等媒介技术开展广泛交流。除了媒介技术中介的交流,数字人文学者建立了跨国界的研究机构并定期召开学术会议,充分利用网络时代的多种沟通形式进行协作。

第四,学术产出的多样化、开放化。印刷技术主导的制度化学术生产方式的最终成果是通过公开出版的专著和期刊向同行和公众提供的。这

---

① 赵洪雅:《数字人文项目"莱比锡开放碎片文本序列"(LOFTS)探究》,载《图书馆论坛》2018年第1期。

一产出方式已经通过印刷技术的媒介逻辑在学术评价、商业利益、个人发展之间形成了复杂的互动模式,至今依然发挥着强大的影响。学术成果除了是对新发现知识的总结和报告,也是学者在机构中晋升的主要途径,而由此机制形成的印刷出版利益格局更是决定了知识传播和扩散的方方面面。作为元媒介的数字技术除了是量化研究的工具,也是新形态出版的工具,它使得学者可以不依赖传统的印刷出版机制而通过网站、博客、社交媒体等直接发布自己的研究成果。这一变更并非看起来那么简单,它意味着传统印刷出版对学术产出数量控制的进一步消失,对制约学术成果传播的政治、经济壁垒的进一步打破。很多数字人文学者都同意开放获取(Open Access)的理念并参与其中,很多数字人文机构和期刊都在自己的网站上发布学术研究成果,越来越多的商业数据库在开放获取运动的推动下也逐渐向学者甚至公众提供更为廉价或免费的学术资料获取服务。另外,数字人文研究倡导产出的多样化,成果本身并非一定要通过程式化的学术文本型论文来体现,它也可以通过在线访问的信息系统和数据库(比如中国历代人物传记资料库)以及多媒体交互形式的历史地理信息系统、虚拟在线游戏的形式呈现。这种多样化的产出实际上模糊了学术成果和大众文化产品的差异,使得学术产出的影响可以在公众中产生更多影响,这一开放性也使得更多的公众有机会参与学术活动,进一步改变整个学术生产领域的面貌。应该说,数字人文研究所提倡的学术产出方式还远远不够广泛和深入,至少在中国国内它还远不是为学者和公众接受的模式。制约因素除了有学术场域内部的评价机制,还有场域以外的资本力量。但是,按照媒介化的逻辑,这一转变必将得到显现。

五、结语

从媒介研究的视角来看,数字技术对人文学科乃至所有学术生产的持续深入影响是不可避免的。当然,这并非是要用"技术决定论"或"媒介决定论"来塑造数字人文研究未来发展的某种神话,如果需要强调媒介或技术的重要性,它更多体现了一种"最初决定论"。数字人文研究绝非数字技术在人文学科的简单应用,它是可以和印刷媒介引发的革命相提并论的一场彻底的学术生产方式变革。这一变革不仅是对旧范式的更新，更以包容的姿态对实证与诠释两种方法论取向进行整合，力图超越学科"文化"之间的壁垒。数字人文研究的实践提示我们，量化统计与意义阐释两种方法论范畴是可以相容的。华康德在梳理布迪厄的社会学思想时曾提出过"双焦解析透镜"①(实践与反思：7)的隐喻。布迪厄认为社会本身就是复杂的，是"过着双重生活"的，既有可以客观考察的结构、功能，也有需要意义阐释的行为意图、价值判断，研究社会现象本身就需要双重解读，这类似"双焦解析透镜"，在揭示"社会宇宙"的深层结构时，需要吸收两种解读方式长处又要避免其短处。布迪厄的思想和数字人文研究的内在理念是一致的。回到莫瑞蒂面临的世界文学研究问题上来看，可以发现文学作品本来就是拥有双重品格的研究对象，所以文学研究需要"细读"和"远读"这个"双焦解析透镜"来考察，而数字技术为这种方法论的融合创造了新的契机。

在中国高等教育体系的学科体制中，新闻传播学被归入文学门类，和中国语言文学、外国语言文学并列。这一划分有着诸多历史和现实的考虑，并不能准确地从学科自身发展的脉络中反映学科性质。新闻学作为面向新闻职业的研究领域，在传统上从文学领域中派生而来，以新闻写作和评论作为主要研究内容，在印刷时代和文学研究有很多相同之处，从这一角度看，新闻学的人文研究色彩是最浓的。而传播学则主要是从美国引进的经验学派，有很强的偏向自然科学的社会科学色彩，强调通过客观的调研和量化研究来考察大众传媒的传播效果。随着广播电视的崛起而产生的广播电视学也被纳入新闻传播学的范围，与其相关的广播影视研究则具有更多的跨学科的特征，既是现代传播媒介的产物，也是艺术表达的媒介。近半个世纪以来，新闻传播学、广播电视学、广播影视研究等学科或领域都在快速发展媒介环境下发生了很多变化，尤其是传播研究领域从对主流学派"抽象经验主义"的批判，引入了文化研究和传播政治经济学，最近又将焦点转入媒介研究，在方法上除了保留原有的量化实证传

---

① [法]皮埃尔·布迪厄、[美]华康德：《实践与反思——反思社会学导引》，李猛、李康译，邓正来校，中央编译出版社1998年版，第7页。

统,也越来越重视定性的阐释。从以上的简要分析可以看出,新闻传播学作为学科自身就具有跨学科的内在秉性,人文色彩浓厚的新闻学、影视研究领域实际上面临和文学、历史领域一样的学科发展转型,而数字人文研究的理念无疑可以提供极为重要的参考。新闻学以及传播学中对媒介文本的量化内容分析方法和数字人文的研究方法在网络时代几乎是同构的,虽然分析的对象有文学作品、历史文献、新闻作品之分。广播影视研究在研究对象上具有特殊性,它们不是字符文本,传统研究依然依靠"细读"式的人工分析,但是现在声音和影像都被数字化,虽然目前计算机对声音和图像的分析、挖掘手段还很少,但随着人工智能技术的发展,对大规模声音、影像进行"远读"的可能性在迅速增加。目前,新闻传播学科对数字人文研究的关注还很少,这正是在这一学科从事研究的学者需要从数字人文的研究实践中获得借鉴从而推进研究发展的重要时机。

网络视听的文化向度*

从文化的角度来理解社会是一个重要途径。雷蒙·威廉斯看到了这一点并将其付诸实践,在《文化与社会》一书中他认为,理解巨变中充满危机的世界,"一个主要方法便是详尽全面地思考文化问题,因为在每个阶段文化都发挥着积极活跃的作用"(前言)。身处 21 世纪初叶的我们,同样面对一个巨变中充满危机的时代:信息科技革命的影响不亚于工业革命,网络时代的崛起重构了社会的所有方面;全球化的发展充满曲折,核危机的阴影尚未散去,世界性的文化冲突此起彼伏;发展中的中国在政治、经济、社会、文化、生态的所有方面均面临着严峻的挑战;身处其中的人们面对无处不在的技术、商品、信息往往产生一种迷失的感觉。

在本文写作的这段时间内,中国政府加强了对网络信息的管制。2018 年 4 月,传播未成年人怀孕、生子乱象的短视频应用"快手"和今日头条旗下的"火山小视频"被主管部门要求整改,活跃用户达两亿的网络应用"内涵段子"因传播低俗文字和视频被监管部门永久关停[①]。这些管制措施受到广泛关注,"低俗"的网络文化再次成为舆论的焦点。理解中国所处的"新时代",网络视听文化将是一个重要的切入点,在建构"小康社会"的进程中,究竟什么样的文化才是这个共同体的目标所在值得

---

* 本文为孟建、胡学峰向中国高等院校影视学会和南京艺术学院主办"首届中国高校网络视听论坛"提供的学术论文。
① 《国家广播电视总局责令"今日头条"网站永久关停"内涵段子"等低俗视听产品》,国家新闻出版广播总局网站,http://www.sapprft.gov.cn/sapprft/contents/6582/365922.shtml。

深入研究。

一、网络视听文化在视觉文化时代的主导性地位

在近10年来,以网络广播、网络电视、P2P、视频分享、播客、短视频等为代表的网络视听媒体迅速发展,极大地满足了各类网民的节目创作欲望和收视收听需求,影响也越来越大。中国网络视听节目服务协会发布的《2017年度中国网络视听发展研究报告》表明,网络视听产业用户规模和使用率进一步提升,网络视频成为用户最主要的网络娱乐方式,其中手机视频用户的规模占据了主要部分。数据显示,截至2017年6月,中国网络视频用户规模达到5.65亿,其中手机视频用户规模达到5.25亿。以腾讯视频、爱奇艺、优酷等为代表的综合性视频网站为网民提供了主要的视频内容。值得关注的是,短视频、音频、直播移动端市场的发展迅速,移动短视频应用如快手、秒拍、抖音等吸引了大量的用户,以喜马拉雅广播、荔枝FM等为代表的网络广播应用依然受到很多人的欢迎。在内容方面,网络自制节目比如网络剧、网络电影、网络综艺、网络动画片等数量大幅度增加,精品节目频现。在用户观看行为方面,对新闻资讯的获取排在电影、电视剧、网络综艺之后,搞笑幽默类的影视作品最受欢迎,其次是动作、科幻、战争、武侠等类型的节目[①]。

作为当今世界上互联网发展最快的国家之一,中国的网络视听发展也是世界网络发展的一个缩影,智能手机的逐渐普及、网络视听服务的繁荣发展让视听媒体所传播的海量内容影响了每一个人的日常生活。按照一种对"文化"概念的理解,网络视听媒体已经在人们的日常生活层面形成了一种"网络视听文化",这种文化是人类进入视觉文化时代以来的最新表现形态。早在21世纪初,互联网在中国刚刚起步之时,学者们就认为我们已经进入一个视觉文化时代,在现代传播科技的推动下,作为文化发生场所的传播媒介起了翻天覆地的变化,接触媒介和使用媒介已成为个人与社会交往的重要方式,并且视觉文化符号传播系统正在成为我们

---

① 《2017中国网络视听发展研究报告》,搜狐网,http://www.sohu.com/a/207483283_683129。

生存环境的更为重要的部分,"视觉因素特别是影像因素占据了文化的主导地位"①。网络视听文化的发展充分印证了视觉文化传播发展的理论前瞻性。

网络视听文化作为当今占据主导性地位的视觉文化形态具有四个显著的特征。第一是覆盖人群的多样性。因为视听传播有相对于文字传播的优势,通过直观易懂的图像和声音,几乎可以让所有的人参与到传播过程而不需具备如文字学习般的长期学习过程。集成了最先进的信息网络技术的智能手机价格普遍下降,在传播技术和成本上降低了门槛,绝大多数人可以通过智能手机接收、拍摄和传播高质量的视听信息。第二是传输范围的全球性。这一点得益于互联网的全球覆盖、网络带宽的迅速提高和使用费用的大幅下降。在中国,无处不在的WiFi网络和高速的4G移动网络使得随时获取网络视听节目成为可能。第三是节目内容的丰富性。除了传统影视制作系统大规模向互联网延伸的电影、电视、广播节目,还有网络原生的视听节目,更有网民自制的各类短视频。在网络视听文化中,用户创造的内容(UGC)正在形成重要的影响。第四是传播方式的互动性。用户在收听收看网络视听节目的同时可以随时进行互动,互动的方式也日趋多样,基于节目的评论已经是较为传统的方式,弹幕和内嵌式的社交媒体转发正在成为流行的互动模式。

网络视听文化的发展虽然迅速,但是围绕网络视听文化的争议始终存在。正因为网络视听传播所具有的民主性质、开放性质和用户参与性质,网络视听文化被很多人贴上了"低俗"的标签。这一标签在普通民众、知识分子和政府官员等各个阶层中占据了相当的分量。对普通民众而言,围绕青少年健康成长而对网络视听产品进行指责是最为常见的例子,2017年中国主流媒体对著名网络游戏"王者荣耀"的批判实际上代表了很多普通民众的观点,网络游戏实际上是网络视听文化中较为特殊的一类,当然,这一类批评主要指向的是媒体自身,即技术本身导致的人的沉迷。《人民日报》就认为《王者荣耀》"对孩子的不良影响无外乎

---

① 孟建:《视觉文化传播:对一种文化形态和传播理念的诠释》,载《现代传播》2002年第3期。

两个方面：一是游戏内容架空和虚构历史，扭曲价值观和历史观；二是过度沉溺让孩子在精神与身体上被过度消耗"①。对知识分子而言，对网络视听文化的批判一般指向其市场运作所带来的商品化、标准化，追求利益的动机结合网络视听的感性特征导致的结果就是娱乐化和低俗化，比如有的学者就认为"在当今大众文化所主导的消费主义中，获取直接的感官体验永远是第一位的，因而休闲娱乐往往成为影像产品获取最广泛受众的首要手段，而要达此目的，影视艺术那'蛊惑人心'的魅力就必须被充分发掘。对于大众来说，艺术经验首先是一种感官的愉悦，也即娱乐，继而才是情感的满足和思想的共鸣。因而，在以影像为中心的媒体景观中，'娱乐'成为最为显现的特征"②。对政府管理者来说，网络视听文化的内容本身成为关注对象，近年来中国政府出台的一系列管理制度、管制措施和行动主要针对所谓"三俗"内容。以下表述颇具代表性，"目前境内网络视听节目业务发展无序，部分网站片面追求经济效益，无视政府法规，各种节目鱼龙混杂，大量播放、链接淫秽色情、暴力等不良内容的节目严重污染了网络社会环境，毒害了群众特别是青少年的身心健康，影响恶劣"③。

从某种意义上说，高雅的网络视听文化似乎是民众和政府想要实现的一个理想，而相关的媒介企业在市场逻辑的推动下为迎合民众的娱乐需求持续不断地制造低俗产品。理解这一体现在网络视听文化中的矛盾是我们理解当前社会的重要入口。围绕文化高雅和低俗的论争并不始于今日，论争的内容也并不限于媒介内容本身。自工业革命以来，围绕大众媒体的出现，对大众文化的雅俗之争就已展开，在传播研究视域中，回顾哥伦比亚学派、法兰克福学派、文化研究学派的历史性分析将有助于我们更为透彻的理解网络视听文化。

---

① 《评〈王者荣耀〉：是娱乐大众还是"陷害"人生》，人民网，http://opinion.people.com.cn/n1/2017/0703/c1003-29379751.html。
② 朱凌飞：《视觉文化、媒体景观与后情感社会的人类学反思》，载《现代传播（中国传媒大学学报）》2017年第5期。
③ 李文明：《论网络视听节目的监督与管理》，载《现代视听》2009年第9期。

二、媒介与文化的历史性分析

(一) 大众媒体与流行品味

在传播研究领域,哥伦比亚学派的著名学者拉扎斯菲尔德、默顿合作并发表于1948年的《大众传播、流行品味与有组织的社会行动》("Mass Communication, Popular Taste and Organized Social Action")是引用率颇高的一篇论文。多数学者对该文的关注在于它对大众传播社会功能的经典表述,即大众传播具有授予社会地位(the status conferral function)、促进社会准则的实行(the enforcement of social norms)以及麻醉精神(the narcotizing dysfunction)三大功能。在这篇论文中,两位研究者也关注了大众媒介对流行品味(Popular Taste,也译作大众鉴赏力)的影响[①]。他们的观点主要包括:绝大多数大众媒介(广播、电影、杂志以及部分书籍报刊)主要以娱乐为目的,势必会对流行品味形成影响;具有一定文学和美学修养的人一般都认为大众媒介传播的公式化的通俗作品降低了大众的流行品味以及审美鉴赏力;公众流行品味的低下这一结论虽然正确但并不中肯,在社会背景中考察会发现大众传播媒介实际上扩大了文艺作品的普及面,文化受众结构的变化导致大众"平均审美水平和鉴赏力"的下降;至于大众媒介在内容方面是否降低了大众的流行品味还不能确定。

以拉扎斯菲尔德为代表的哥伦比亚学派在传播学研究中被认为是"有限效果论"的代表,其经验功能主义的研究范式自20世纪60年代以来就遭到不断的批判。拉扎斯菲尔德、默顿对大众媒介与流行品味间影响关系的评价似乎也存在"有限效果"的嫌疑,因为它既不符合一般人的认知,也不符合对社会运行结构的普通分析。无论在20世纪上半叶的美国,还是21世纪初期的现在,虽然媒介环境发生了巨大的改变,但是普通人依然会有这样的感觉,即多数人所欣赏的文化产品同质化严重,品味不高。在网络视听领域,这种印象也是存在的,典型的例子是大量同质化的

---

① Lazarsfeld, P. F., Merton, R. K. (1957), "Mass Communication, Popular Taste and Organized Social Action", in Rosenberg, B., White, D. M. (Eds.), *Mass Culture: The Popular Arts in America*, The Free Press(NY), pp. 457-473.

网络综艺节目以明星、搞笑为卖点,却吸引了大量的粉丝,在网民自制的短视频中,低俗搞笑题材的观看次数往往超过严肃题材。如今,稍有媒介素养的人都知道,大众文化产品的主要目的是获利,观众喜欢什么就生产什么,在大多数观众品味不高的情况下,大众文化产品自身的水准也不会很高。但是,一般的经验印象往往并不等同于事实,正如拉扎斯菲尔德、默顿所言,这些意见"正确但不中肯"(sound but irrelevant)。大众媒介和流行品味之间的关系需要仔细的分析而不是简单的定性。在讨论流行品味的问题时,拉扎斯菲尔德、默顿也提出了几个值得思考的问题:首先,大众的理解力水平确实存在等级差异,很多人可以阅读但是不能深入的理解,这一点在视觉文化时代更值得关注,因为非文字的视觉信息更是诉诸感性而非理性的;其次,从传播者角度而言,尝试提高播出节目的艺术水准往往遭遇观众的反对,导致受众流失;再次,即使再有可能实现严格的审查制度,规定大众媒介只能介绍"世界上最好的思想和言论",其是否能够提升大众的审美鉴赏力也是未知数。

拉扎斯菲尔德、默顿对流行品味的分析给我们研究网络视听媒体提供了分析问题的框架和思路。第一,要把网络视听文化纳入宏观的社会背景中进行分析,考察"大众"这一群体概念的历史性变化,区别其组成和性质,不能笼统地讨论。第二,要考察视觉文化时代的网络视听媒体在提升大众审美能力方面究竟有何影响,对这一点的研究在今天已经有了很大的发展,感性媒介并不意味着理性能力的绝对丧失。第三,简单地弘扬高雅文化、遏制低俗文化是否能够取得预计的效果?

(二)文化工业与大众欺骗

霍克海默、阿多诺在著名的《启蒙辩证法》一书中批判了启蒙思想的理性逻辑,作为法兰克福学派的领袖,他们认为"启蒙思想的概念本身已经包含着今天随处可见的倒退的萌芽","随着财富的不断增加,大众变得更加易于支配和诱导。社会下层在提高物质生活水平的时候,付出的代价是社会地位的下降,这一点明显表现为精神不断媚俗化"[①]。两位学者

---

① [德]马克思·霍克海默、西奥多·阿道尔诺:《启蒙辩证法》,渠敬东、曹卫东译,世纪出版集团、上海人民出版社,第4页。

第一次系统论述了"文化工业"对大众文化的影响,正如他们的文章标题所言,这种影响是"大众欺骗的启蒙"。他们关于文化的观点包括:作为文化的媒介(电影、广播和杂志)已经变成商品,文化的生产和消费构成了"文化工业","电影和广播不再需要装扮成艺术了,它们已经变成了公平的交易,为了对它们所精心生产出来的废品进行评价,真理被转化成了意识形态"[①];技术标准被移植到文化生产中,标准化的大众生产诞生了大批量同质化的文化产品,"只要电影一开演,结局会怎样,谁会得到赞赏,谁会受到惩罚,谁会被人们忘却,这一切就都已经清清楚楚了"[②],这种一致的风格彻底否定了传统艺术的独特性;商业资本控制着文化生产的各个环节,"资本变成了绝对的主人"[③];文化工业迫使大众不得不接受它们的产品,而且文化工业产品具有强大的传播效果,"有声电影远远超过了幻想的戏剧,对观众来说,它没有留下任何想象和思考的空间,观众不能在影片结构之内作出反应,他们尽管会偏离精确的细节,却不会丢掉故事的主线;就这样,电影强迫它的受害者直接把它等同于现实"[④];文化工业造成的"民主"假象对消费者而言是一种灵魂上的控制,"普通人更需要米老鼠,而不是悲剧性的嘉宝;更需要唐老鸭,而不是贝蒂·布普"[⑤];文化工业的消费者主要出于娱乐的需求,它是资本主义再生产的一部分,"晚期资本主义的娱乐是劳动的延伸。人们追求它是为了从机械劳动中解脱出来,养精蓄锐以便再次投入劳动"[⑥],但是快乐并不等于幸福,快乐工业"把笑声当成了施加在幸福上的欺骗工具","在虚假社会里,笑声是一种疾病,它不仅与幸福作对,而且把幸福变成了毫无价值的总体性"[⑦],快乐让大众逃避反抗,也降低了他们的智商,"公众愚蠢化的速度并不亚于他们智力增长的速度"[⑧]。

---

① [德]马克思·霍克海默、西奥多·阿道尔诺:《启蒙辩证法》,渠敬东、曹卫东译,世纪出版集团、上海人民出版社,108页。
② 同上书,第112页。
③ 同上书,第111页。
④ 同上书,第113页。
⑤ 同上书,第120页。
⑥ 同上书,第123页。
⑦ 同上书,第127页。
⑧ 同上书,第131页。

霍克海默和阿多诺对晚期资本主义文化工业的批判可以用冷酷无情来形容，他们更通过大量的例证（其中许多电影的案例）论证了文化变成商品后对高雅文化的冲击，对大众的欺骗与愚弄。他们的批判带有强烈的精英主义和怀旧主义色彩，在今天看来，虽然依然能够给人警醒，但是他们的结论却值得商榷。当然，时代环境已经发生了巨大的改变，晚期资本主义依然是当今世界活跃的力量，"文化工业"概念也演变成了"文化产业"，法兰克福学派的批判精神也为传播政治经济学研究深化，文化商品化对大众文化的影响也得到了进一步的细化研究。权力、资本、文化的三重结构错综复杂地交织在一起，共同塑造了今天的媒介文化形态。回顾霍克海默和阿多诺对文化工业的论述是要表明，今天我们对网络视听文化的批判研究需要重新思考他们曾给出否定答案的问题：第一，网络视听文化作为一种商品是否可能，它是否造成了精英文化的没落以及大众文化的平庸？第二，网络视听文化对大众的价值究竟何在，其娱乐属性是否对大众形成了一种欺骗？第三，网络视听文化是否存在多样性和个性化的可能？

（三）生活方式与共同文化

作为英国文化研究学派的核心人物，威廉斯对文化的研究影响了后续的大批学者。在《关键词》一书的导读中，译者刘建基总结了威廉斯对文化的观点，他认为威廉斯对文化精英主义颇有微词。对威廉斯而言，"文化"的意涵是广义的，可以指涉全面的生活方式，包括文学与艺术，也包括各种机制与日常行为等时间活动；文化是由各个阶级共同参与、创造、建构而成，并非少数精英的专利。威廉斯"反对任何利用文化观念来贬抑社会主义、民主、劳工阶级或大众教育"[①]的主张。威廉斯追溯了"文化（culture）"一词的词源。它最初意指"对自然成长的照管"，之后它演变为对人类的训导；到了19世纪，它转变为一种自在之物，表示"心灵的普遍状态或习惯"，与人类完美的观念有密切联系，同时它也意指"整个社会智性发展的普遍状态"以及"艺术的整体状况"；19世纪末，文化产生了一个新的意义，那就是"包括物质、智性、精神等各个层面的整体生活方式"[②]。

---

① ［英］雷蒙德·威廉斯：《关键词：文化与社会的词汇》，刘建基译，三联书店2005年版，第3页。
② 同上书，第4页。

威廉斯认为,文化观念的历史是我们在思想上和情感上对共同生活状况的变迁所作出的反应,也就是说,我们不同的文化观念实际上来自对社会的不同认知。以广播、电影、电视为主的现代传播技术的发展形成了"大众传播"(mass communication)的概念,由此也出现了大众文化(mass culture)或流行文化(popular culture)的概念,对"大众"概念中群氓意涵的指认都集中在流行文化上:现在存在着大量低劣的艺术、娱乐、新闻、广告、说法,这些表明大众就是群氓,大众文化就是低俗文化。可以看出,关于流行品味的低下的问题并不仅仅出现在今天,其表现出的态度惊人的一致。威廉斯没有否认在社会生活中缺失存在这些现象,但是通过分析他指出这一标签式的认知是精心搜集证据的结果,对"大众"的先见导致了误判,而这些低俗的大众文化并不是所谓大众自己的产物,往往是别有用心的社会精英受到商业利益的驱使迎合人类本能欲望的产物,并且,这些"叫卖小贩"生产的产品并不仅仅针对所谓社会中低阶层的大众。一些"老式民主人士"站在对人性的理性希望角度批判大众文化实际上和"叫卖小贩"形成同盟,以"大众"概念的偏见误判、日益普及化的教育和发达的传播造就的新文化。作为深受马克思主义影响的文化批评家,威廉斯站在工人阶级的立场肯定了大众流行品味中高雅、积极的一面,对存在问题也不回避,但他指出应该通过教育和民主化来提升工人阶级的文化品位。在大众传播是否导致流行文化的低俗问题上,威廉斯明确地指出,紧靠单向的传输是不可能取得效果的,是"人们整体的经验"而非大众传播才是对信念产生决定性影响的东西,在获得人生的智慧方面,精英认为的阅读和所谓高雅的文艺活动并非唯一道路,"只有经验能教导人"[①]。在形成共同文化的过程中,威廉斯敏锐地指出,哪怕是当代民主共同体中"支配性的传播态度"也占据重要位置,它带着对大众的不信任采取一种强迫的态度来获得表面的顺从,这并不是一种有效的手段。即使是从共同体的共同利益出发,如果本着对共同体成员作为群氓的"大众"认知,依然不可能形成共同文化。

---

① [英]雷蒙德·威廉斯:《关键词:文化与社会的词汇》,刘建基译,三联书店2005年版,第3、328页。

威廉斯的研究促使我们反思，今天我们看待网络视听文化应该采取什么样的态度。显然，继续把网络视听文化的受众看作"大众"是不合适的，尽管我们现在还多少必须使用这个词语，如果不摒除这一概念中所含有的"群氓"意味，将导致我们理解网络视听文化的受众出现偏差，就会错误地认为他们是由那些无名的、文化水平低下、品味低劣、行为奇怪的人组成的群体，正是他们自己的低俗创造了视听文化内容的低俗，对他们除了采取压制没有任何更好的办法。

通过回顾三个学派围绕"流行品味"所做的分析，我们可以开始将网络视听文化置于社会共同体的建构中来理解。

三、社会共同体中的网络视听文化

文化作为人类的创造物并不是一个独立自足的系统，它和人的实践、社会的发展紧密结合在一起，文化概念所反映的正是以人为本的价值追求。人是社会的人，文化也是社会的文化，社会共同体的目标和发展路径制约着个体的发展，个体也通过文化的传播来参与社会共同体的建构。

"社会"（society）和"共同体"（community）是两个紧密相关却有所区别的概念。德国社会学家滕尼斯曾对这两个概念做过经典的界定①。他认为"共同体"主要是基于自然意志，比如情感、习惯、记忆以及血缘、地缘和心灵而形成的社会组织，包括家庭、邻里、乡镇或村落；而社会则是基于理性意志经过深思熟虑的抉择为特定的利益而结成的各种团体，比如规模不等的城市和国家。在共同体中，人们结成有机的整体，相互依存，关系亲密，不存在独立的个人；而社会的参与者是独立性质的个人，根据主观判断而行动，靠契约来维持团结，关系是疏离的。滕尼斯对共同体和社会的划分是在工业化前夕的西方社会背景下进行的，在社会学研究中，这两个概念都发生了复杂而多样的演变②。20世纪初，以芝加哥学派为代

---

① ［德］斐迪南·滕尼斯：《共同体与社会——纯粹社会学的基本概念》，林荣远译，商务印书馆1999年版。
② 陈美萍：《共同体（Community）：一个社会学话语的演变》，载《南通大学学报（社会科学版）》2009年第1期。

表的美国社会学研究以城市社区(community)作为研究对象,滕尼斯意义上的自然共同体概念演变为城市社区的概念,这一概念也深刻影响了中国当前的社会治理实践。杜威在现代社会的基础上建构了一个新的共同体概念。他认为,"不论存在怎样的联合行动,只要其结果被所有参与的个体认为是善的,同时善的实现达到了某种程度以至激发出一个积极的意愿和努力去维系这一联合行动时"①,一个共同体就出现了。杜威的共同体概念已经不同于滕尼斯,基于现代社会结构的共同体已经不是自然形成的了,但是这个新形态的共同体依然具有滕尼斯意义上的道德与情感联系,不过它同时具备了社会的主要特征,包括独立的个人、民主体制等,杜威认为现代民主就是共同体生活观念本身。

本文所说的"社会共同体"概念基于杜威的界定,同时将网络社会的新形态纳入这个概念。网络时代的社会共同体是基于现代社会和网络社会并通过新媒介形态所建构的人类命运共同体。这一概念包含三个重要的方面。首先,计算机网络的发展极大拓展了社会的内涵,它不仅是活动在物理空间中的人类关系,同时是存在于虚拟空间中的人类联合体。其次,网络时代的个人既是现实生活关系网络中的节点,也是虚拟社会中的网络节点,个人的意义在超时空的维度得到了新的拓展。再次,社会共同体不仅突破了地域的限制,也重构了基于社会地位、经济条件、教育水平所划分的阶级、等级。因此在某种意义上,网络时代的社会共同体更趋向于聚合而不是离散。

社会共同体的建构需要有能力、有意愿的个体的积极参与,需要充分互动的传播,同时需要民主体制和多元价值取向的保障。杜威的"伟大共同体"和威廉斯基于"团结观念"的共同体在实现共同体的途径上是一致的,杜威强调了传播的重要性,即"社会需要沟通作为前提条件",而威廉斯强调了文化的重要性。由此,网络视听文化在今天的社会共同体建构中将发挥重要的作用。

围绕这一目标,我们需要彻底转变来自大众社会形态的"高雅文化"

---

① John Dewey,"Search for the Great Community", *The Public and Its Problems*, Gateway Books, 1946, pp. 325-350.

与"低俗文化"的二元对立观念,确立一种多元与包容的理念,通过对政治民主、个人自由、法治保障、文化多样性的体制建构来追寻一种较为理想的社会形态。第一,在观念上突破精英、低俗的简单二元认知。作为视觉文化时代主导性的网络视听文化,在内容上已经容纳了传统精英文化和通俗文化的几乎所有内容,除了少数不符合现今法律和道德规范的内容,很多有争议的文化产品体现了更多样化的生活样态和价值追求,以怀旧主义的心态用传统的标准来衡量网络文化已经不合适了。同时要看到,法律和道德的规范也在迅速发生变迁,对文化的规制也必将产生新变化。另外,在网络视听文化所覆盖的用户层面上,已经将社会的所有阶层纳入其中,靠用户区分来指责网络视听文化的低俗已经没有显示的基础。第二,基于共同体的个人自由观念需要被拥护。这种个人自由是网络视听文化创新和走向高雅的基本源动力。当然,个人自由从来不意味着脱离他人和社会,在事实上也不可能做到。越是独立的人越需要寻找文化认同和归属感,在共同体的互动中,不仅是认识他人,更是认识自己。这一参与共同体的内在需求始终随着科技与社会的进步而加强。网络视听文化所表现出来的强烈互动和交往意识充分说明了这一点。第三,要通过民主的教育机制来引导而不是强制网络视听文化的发展方向。对个体的教育是杜威和威廉斯都认可的实现共同体的一个重要手段,这本身也是重要的传播。这一理念的核心基础是坚信个人的主体意识与能动性,网络视听文化的受众并非群氓意义上的"大众",但是也并非每个人都有基础和可能获得较高的知识和文化素养,问题的解决不是压制,而是教育。第四,通过推进政治民主来建构体现共同体意志的管制措施。中国当前的一些管理措施符合国际通行的方式,比如谁制作谁上传,谁播出谁担责,强调网络剧、微电影也是有内容"底线"和内容"边界"的,所有当事人都具有内容"看门人"的义务,都要为内容的"不当性""违规性""违法性"承担相应的责任。当然,管制措施并非十全十美,在要求制作播出"适合网络传播、体现时代精神、弘扬真善美、人民群众喜闻乐见的网络剧、微电影"的时候,也需要意识到社会文化的多元性、多样性、多层性往往会导致人们文化价值观上的很大差异,我们应该允许在社会转型期、在新媒体层出不穷的时候,尽量以"无害"为底线,包容更多的文化差异,网络文化同样需要一定的分层和多样①。

威廉斯认为,找到共同文化的契合点只有在物质共同体中有充分的民主才有可能实现。每个人在文化共同体中只能参与一部分,但是这种千差万别的参与和文化共同体并行不悖。这是长期的过程。要保证既获得多样性又不导致疏离,就需要在共同信念中"留出空间、容许变化、甚至不同意见存在"②。在实践中,思想与言论自由不仅是自然权利,更是共同需要。"任何体制或任何强调,如果不能容许真正的灵活性,不能容许其他选择途径,都必然有所欠缺。否定这些实际的自由便是烧毁了共同的种子。"③"工人阶级运动中,虽然那紧握的拳头是一个必要的象征符号,但握紧拳头并不意味着不能摊开双手,伸出十指,去发现并塑造一个全新的现实世界。"④

美国社会学家米尔斯曾认为,无论记者、学者、艺术家、科学家或者普通公众,都需要具备一种"社会学的想象力",这种想象力是一种心智的品质,拥有它的人能够"看清更广阔的历史舞台,能看到在杂乱无章的日常经历中,个人常常是怎样错误地认识自己的社会地位的"⑤,"个人只有通过置身于所处的时代之中,才能理解他自己的经历并把握自身的命运,他只有变得知晓他所深处的环境中所有个人的生活机遇,才能明了他自己的生活机遇"⑥。在当今的网络化社会,每一个人已经成为社会网络的一个节点,节点的意义既在于具有独立的个性,更在于和整个社会网络的链接。网络视听媒体所构建的跨越时空的共同文化是网络社会共同体建构的关键机制,处于这个社会不同阶层的人群需要具备"社会学的想象力",在相互理解中秉持多元文化理念,才有可能维护一个健康的、可持续的人类命运共同体。

---

① 尹鸿:《网络视听:寻找管好与管活的平衡点》,载《唯实(现代管理)》2014年第4期。
② [英]雷蒙德·威廉斯:《文化与社会:1780~1950》,高晓玲译,吉林出版集团有限责任公司2011年版,第345页。
③ 同上。
④ 同上。
⑤ 米尔斯:《社会学的想象力》,陈强、张永强译,三联书店2016年版,第3页。
⑥ 同上书,第4页。

场域与传播：中国世界文化
遗产的"话语网络"*

人类的历史是文明的历史，文明为人们提供了最广泛的认同①。文明的繁盛、人类的进步，离不开求同存异、开放包容，离不开文明交流、互学互鉴。2013年，习近平在莫斯科国际关系学院的演讲，传递了"命运共同体"的理念。其中"坚持不同文明兼容并蓄、交流互鉴"成为实现"人类命运共同体"的现实路径之一。历史呼唤着人类文明同放异彩，不同文明应该和谐共生、相得益彰，共同为"人类命运共同体"的发展提供精神力量。一个矛盾的现象是，一方面人类文明在多种文化的交流中形成，另一方面现代主义以及技术的发展却带来标准化与规范化。于是，将视野重新拉回到产生特色与风格的文化上，在这之间走一条文明对话的中间道路成为实现"人类命运共同体"的关键。世界文化遗产正是实现不同文明交流互鉴的重要媒介。

2018年7月，中国申请的世界自然遗产项目"梵净山"在第42届世界遗产大会上获准列入世界遗产名录，成为中国的第53项世界遗产和第13项世界自然遗产。至此，中国拥有的世界遗产项目数达到53项，遗产数量位居意大利（54项）之后，列世界第二位；中国的世界自然遗产总量达到13项，位居全球第一。至2018年，中国已有40项被列入非物质文化遗产

---

* 本文为孟建与史春晖合作。
① ［美］Huntington, Samuel P.：《文明的冲突与世界秩序的重建》，周琪译，新华出版社1998年版，第23页。

名录。其中,人类非物质文化遗产代表作名录32项、急需保护的非物质文化遗产名录7项、非物质文化遗产优秀实践名册1项。中国成为世界非物质文化遗产最多的国家。在2017年中国厦门鼓浪屿成功申遗之后,习近平总书记就作出了重要指示,要求总结申遗成功经验,借鉴国际理念,健全长效机制,把老祖宗留下来的文化遗产精心守护好,让历史文脉更好地传承下去。这对实现中华民族的伟大复兴,促进世界文明的交流互鉴,提升我国的软实力都具有十分重要的意义。因此,如何从提高国家国际竞争力与对整个人类的未来前景提供智慧和启迪的双重贡献角度,系统研究中国世界文化遗产作为民族和国家软实力的突出优势,是为中华民族的伟大复兴提供坚实的文化基础,也是为人类共同价值创立提供一种独特的文化依据的重要问题。可以说,中国世界文化遗产一方面因其世界文化遗产的身份勾连起不同国家、不同文明对于文化的认同,另一方面又能够在文明交流中寻找到沟通对话的中国话语。

一、世界文化遗产谱系与中国的世界文化遗产

(一) 我国世界文化遗产研究的现状

世界文化遗产的概念是在联合国教科文组织(UNESCO)于1972年通过的《保护世界文化与自然遗产公约》的背景下被推广开来的。世界遗产分为"文化遗产""自然遗产"以及"混合遗产",指的是不可移动的遗址、运河或建筑,但不包括非物质文化遗产以及可以移动的馆藏文物[①]。自此之后,"世界遗产""文化遗产"的概念得到不断的研究与调试。2003年,《保护非物质文化遗产公约》使得世遗公约中基于不可移动的物质文化遗产的概念得以扩充。"非物质文化遗产"的提出将人的概念纳入进来,使得世界文化遗产的概念经历了由"物"到"人"再到"整合"的轨迹。世界文化遗产的概念正在不同学科领域的共同努力下朝着一种整合的视角迈进[②]。本文的世界文化遗产的概念既包括世界遗产,也包括非物质文化遗

---

① 郭旃:《世界文化遗产的标准及申报方法和程序》,载《中国名城》2009年第2期。
② 宋奕:《"世界文化遗产"40年:由"物"到"人"再到"整合"的轨迹》,载《西南民族大学学报(人文社科版)》2012年第10期。

产,基于这样一种整体观视角下的"世界文化遗产"展开讨论。

我国世界文化遗产的研究目前主要是从两个层面展开的。一是对世界文化遗产的概念定义进行历史的梳理。这一类研究主要从不同的入射角分析世界文化遗产的概念演变,如从文化意涵层面理解世界文化遗产[①],从"物""人""整合"的视角演变的层面来分析其40年来的概念演变[②],在此基础上分析世界文化遗产概念存在的局限性等[③]。二是抛开概念的范围与界限的框定展开研究。从旅游地的创新发展[④]、遗产在地方政府与文化精英之间的话语建构[⑤]、博物馆的设计规划[⑥]、世界遗产的申报程序等方面分析世界遗产的现状,认为其数量逐年增加但空间分布很不均衡[⑦],存在对文化遗产的重要性认识不够、片面追求经济效益、产权不明晰以及成本难以核算等问题[⑧]。进而,评析其存在的价值,研究关于中国世界文化遗产的保护与发展。

(二) 我国世界文化遗产研究应具的"文化自觉"

通过文献梳理,我们发现,由于入选《世界遗产名录》对遗产地的知名度有很大的提升效益,并且伴随着知名度的提升带来可观的经济效益,于是遗产的申请便与经济效益和政绩挂钩,由此引发了"申遗热"。"申遗热"带来的问题就是当地政府申报世界遗产之后便发展旅游业,而忽视了遗产保护的前提是合理的利用[⑨]。这也就失去了最本真的对于传统文化

---

① 高丙中:《从文化的代表性意涵理解世界文化遗产》,载《清华大学学报(哲学社会科学版)》2017年第5期。
② 郭旃:《世界文化遗产的标准及申报方法和程序》,载《中国名城》2009年第2期。
③ 喻学才、王健民:《关于世界文化遗产定义的局限性研究》,载《云南师范大学学报(哲学社会科学版)》2007年第4期。
④ 邓小艳、刘英:《符号化运作:世界文化遗产旅游地创新发展的路径选择——以湖北武当山为例》,载《经济地理》2012年第9期。
⑤ 杨熊端、熊仲卿:《非物质文化遗产的话语构建——以白族"绕三灵"为例》,载《文化遗产》2015年第5期。
⑥ 王蕴智:《创建一座富有中华文明特色的文字博物馆》,载《郑州大学学报(哲学社会科学版)》2005年第5期。
⑦ 李如生:《中国世界遗产保护的现状、问题与对策》,载《城市规划》2011年第5期。
⑧ 鄢志武、李江敏、柴海燕:《我国"世界文化遗产"现状分析及对策研究》,载《科技进步与对策》2003年第21期。
⑨ 阮仪三先生在"复旦大学国家文化创新研究中心"2017年11月11日举办的"镌刻人类文明的路线图——世界文化遗产谱系中的中国话语"学术论坛上讲道:"我们改革开放以后就全国人民从上到下犯了一个严重的错误,没有注意保护的前提是合理的利用。"

以及精神的坚守。同样,目前遗产学术研究大多偏向于应用性,主要是从利用与保护、申报程序层面来展开讨论。理论性研究则大部分侧重于公约文本解读、概念谱系梳理和理论反思。而立足本土,系统深入分析世界文化遗产谱系中的中国话语,也即中国世界文化遗产对于国家在国际舞台上的形象和软实力的展示,以及在人类文明交流双重视角下的地位与作用仍旧存在着"意识淡漠""理论匮乏"等弊端。

  关于中国世界文化遗产的研究需要一种理论视角的自觉。世界遗产的问题涉及非常复杂的元素,包括联合国的体系、国家政府与地方政府的政策与运作;传承人的运作;媒体、公众的支持与关注等。也就是说,世界遗产的运作构成了自身的话语网络,整个话语网络就类似于一个文明生态系统。从这一层面来讲,欧洲媒介理论为中国世界文化遗产的研究提供了切入视角。"遗产存在的物质和社会条件是什么?带着这种好奇心,媒介学家才开始展开工作。"[①]一个时代的媒介实践构成了特定的"话语网络"。"话语网络"是欧洲媒介理论代表性学者基特勒的核心思想。他从技术与文化的关系出发,认为不同的媒介与话语网络构造了不同的文明。他给我们的最大启示是,"从媒介出发,以关联化的视角关照整体文化实践"[②]。从话语构建的层面研究世界文化遗产在部分论文的研究中已经初露端倪,此类研究有各自的不同视角。例如,从《保护非物质文化遗产公约》与文化共享机制的关系展开讨论,认为这一"公约"的设计为人类文明确立了文化共享的公共机制,差异文化成为国际社会共享的文化遗产[③]。也有基于白族"绕三灵"的申遗文本在地方文化精英与外族学者之间进行话语分析[④]。我们则从媒介实践与文明的视角出发,分析中国世界文化遗产如何成为形塑国家形象以及人类文明交流对话的构成性力量?其话语网络是什么?寻找中国话语,主要是寻找中国世界文化遗产体系的内在

---

① [法]德布雷:《媒介学引论》,刘文玲译,中国传媒大学出版社2014年版,第20页。
② 张昱辰:《媒介与文明的辩证法:"话语网络"与基特勒的媒介物质主义理论》,载《国际新闻界》2016年第1期。
③ 高丙中:《〈保护非物质文化遗产公约〉的精神构成与中国实践》,载《中南民族大学学报(人文社会科学版)》2017年第4期。
④ 邓小艳、刘英:《符号化运作:世界文化遗产旅游地创新发展的路径选择——以湖北武当山为例》,载《经济地理》2012年第9期。

逻辑安排,即中国特色的话语框架。我们在以中国世界文化遗产保护的经验作为经验材料的基础上,进而研究中国世界文化遗产在人类文明的交流中,在命运共同体的建构中扮演着什么样的角色? 如何从属于其所属的功能? 探讨是什么样的机构、媒介使得其作为文明交流对话的媒介实践成为可能,试图为中国世界文化遗产的保护与利用,为我国的遗产体系在世界人类文明图景中的话语地位和国际传播提供卓有成效的实践路径。

二、中国世界文化遗产的传播逻辑

世界文化遗产的价值已成共识。申报世界文化遗产既代表着国家形象,也带动着当地经济发展。中国对世界文化遗产的认识从起步到发展经历了30多年的实践。这30多年是中国现代化进程必不可少的一部分。中国于1985年12月正式加入世界遗产公约。第二年,国家向教科文组织提交的世界遗产预备名单中便有六项列入《世界遗产名录》,中国世界遗产的实践正式开始起步。2004年,第28届世界遗产大会在苏州召开。自苏州大会之后,中国掀起了关注世界遗产的热潮。时至今日,世界遗产公约对中国世界遗产的保护产生了重要的影响,遗产申报机制也不断完善。上海博物馆馆长、复旦大学文史研究院杨志刚教授认为当下研究我国的世界文化遗产,应当具有"新意识与新课题"的双重紧迫性①。中国世界文化遗产从起步到发展正是遵循着自身的传播逻辑,在实践中不断成熟与完善,同时也面临许多有待解决的重要课题。

(一) 政府机构的倾力作为与传播实践

地方政府的话语力量主要体现在两个方面:一是对中国世界文化遗产意识、申报、保护、利用的推动;二是积极发展旅游经济带来的认识偏差。随着中国工业化完成进入新的阶段,传统的工业化形式面临新的转型。与此同时,社会对于文化的需求有了前所未有的增长。于是,世界遗产和非物质文化遗产成为地方政府发展经济的重要抓手。遗产对于地方

---

① 根据杨志刚教授在"复旦大学国家文化创新研究中心"2017年11月11日举办的"镌刻人类文明的路线图——世界文化遗产谱系中的中国话语"学术论坛上的发言整理。

政府来讲是文化的宝贵资源,对于遗产的保护是荣耀的象征,其独一无二的特性具有重要的价值意义。所以,地方政府积极推动遗产的申报便自然而然。例如,福建土楼从其申报历程来看,首先是地方政府成立申报机构,按照"世遗公约"及申报要求积极展开申报工作。而在申报之后一个非常有意思的现象是,都会在第一时间发展旅游业。因此,地方政府的大力推动为世界遗产的保护和利用带来了积极的影响,文化走出去的同时带动旅游经济的发展。但是,这种模式却往往弱化了世界文化遗产申报最本质的意义,即回归对于传统文化的坚守。

表1 福建土楼的申报工作

时间	内容
1998年	永定县成立了土楼申报世界遗产机构
1999年	呈报《关于请求将永定客家土楼列入〈世界遗产名录〉的请示》
2000年	福建省人民政府决定"福建土楼"申报世界遗产
2006年	国家文物局将"福建土楼"列为我国2008年度申报唯一项目
2008年	通过ICOMOS的正式评估
2009年	永定县启动福建土楼永定景区申报5A级旅游景区工作

以地方政府为主导的这样一个运作模式,是目前世界文化遗产申报工作开展的主要模式。这一模式推动保护世界文化遗产意识提升的同时也走到了历史的临界点,遇到一些新的课题,即如何在文明交流对话的同时保持我们本民族的文化特色?如何处理普遍性与特殊性的问题?所谓中国话语,就是说我们在这样一个普遍性和特殊性的缝隙中间,怎么去寻找一个既和这个体系相容纳,但又创造出一套有本土性话语的这样一个过程,在这个过程中怎么样创造我们内在评估的一套话语,这还是一个巨大挑战①。

(二)媒体传播的认知获得与历史责任

文化是民族的根本,世界文化遗产是民族国家增强认同感的重要媒介。世界文化遗产的内在传播逻辑首先是地方政府的主导运作,在这过程中带

---

① 根据张颐武教授在"复旦大学国家文化创新研究中心"2017年11月11日举办的"镌刻人类文明的路线图——世界文化遗产谱系中的中国话语"学术论坛上的发言整理。

动了媒体的积极报道。习近平总书记反复强调,要让收藏在博物馆里的文物、陈列在广阔大地上的遗产、书写在古籍里的文字都活起来。考古遗址或者博物馆作为世界文化遗产拥有的巨大价值毋庸置疑,但如何让其价值发挥出应有的作用却仍未清晰。怎样把我们的遗产融入生活当中去,把知识的东西趣味化,使其在传播沟通中活起来是当下世界文化遗产保护面临的重要课题。媒体在申遗的过程中扮演的是宣传者的主要角色:一方面为中国文化走出去做好报道宣传;另一方面提升民众对于世界文化遗产的认识,提高保护世界文化遗产的意识,通过这一文化符号凝聚认同感。当然,地方政府对媒体宣传报道的带动,往往凸显了媒体的"造势"水平。2001年,中央电视台连续多日对乐山大佛"洗脸"的跟踪报道,其广告方面的经济效益为有关人士津津乐道,社会效益却少有褒词①。所以,世界遗产的特殊性往往要求媒体的责任感。2017年12月,中央电视台、央视纪录国际传媒有限公司承制的《国家宝藏》获多方认可。央视与九大博物馆进行合作,宝藏是由民众甄选出来的,同时,每件宝藏都有自己的"国宝守护人"。这类文博探索类节目,通过节目的形式让公众真正参与到文物的欣赏与保护中间,了解中华文明的精神内核,真正做到了在媒体与公众层面让博物馆的文物活起来。

(三)政府行为与媒体行为中的迷思

世界文化遗产的申报往往是由政府首先推动,政府推动带动媒体的积极报道。这样一来,中国世界文化遗产的内在传播逻辑就形成了一种具有本土性的框架。一方面我们投入大量的精力去申请、保护,另一方面遗产申报背后的经济思维使得遗产的保护面临诸多问题。保护与利用的关系是目前中国世界文化遗产面临的最主要的问题。阮仪三先生在"镌刻人类文明的路线图——世界文化遗产谱系中的中国话语"学术论坛上指出,申遗是为了抢救与留存,抢救物质性城镇遗产空间,为人类留存一种伟大而独到的生存聚居环境;申遗是为了在发展中坚守,是中国走向现代化的同时,又不失去本民族文化传统的见证②。他认为我们保护城市遗

---

① 周瑾、谭星宇:《世界遗产与媒体:思考和责任》,载《对外传播》2004年第5期。
② 根据阮仪三先生在"复旦大学国家文化创新研究中心"2017年11月11日举办的"镌刻人类文明的路线图——世界文化遗产谱系中的中国话语"学术论坛上的发言整理。

产就是为了留住我们的家国情怀,留存传统生活的空间,续写地域文化的生命力。新时代带来新发展与新要求,呼唤新的历史担当。既然,中国的世界文化遗产遵循其内在的传播逻辑到了一个历史的关口,把申遗看为政绩,把世遗当作城市名片,只能让世界遗产的价值走得越来越远,那么我们在认识论上该如何来看待世界文化遗产?认识论上的改变是在实践层面保护世界文化遗产的第一步。

三、中华文化的守望发展与世界文明的交流互鉴

传承的第一步是传播,却比传播走得更远。传播指的是在空间中传递信息,在同一个时空范围内进行。传承是一个整体性的"我们",它是一种相互关系、具有认同感的结构。它在不同的时空范围内进行,将这里那里连接起来,形成网络的同时也将以前和现在联系起来,形成延续性[1]。因此,我们需要从传承的层面来看待世界文化遗产。研究世界文化遗产不仅仅是研究其传播逻辑,更重要的是传承的使命。传承的主要特点是其延续性。文化是一个国家和民族的灵魂,我们寻访祖先文化创造的踪迹,珍藏保护和发掘先贤的精神财富,是为了给今天的前行汲取营养和力量,这些正是实现民族复兴中国梦最坚实的纽带。

(一)传承人:联结历史与现在的纽带

非物质文化遗产的载体是人而不是物。也就是说人类文明走到现在,是人在传承人类的文化。非遗的传统传承方式是师徒、家族点对点传承。由于代表性传承人老龄化现象严重,因此,对于传承人的保护是非物质文化遗产保护中的重中之重。基于此,对于传承人的保护已成全社会的共识,是非物质文化遗产保护机制的核心。传承人因其历史与现在的双重身份成为文化延续的重要纽带。

苏州在2016年有一个非常有特色的工作便是展开了对苏州市级以上的传承人的评估。苏州目前有世界级非物质文化遗产代表作项目六项,国家级32项,省一级124项,市级以上的159项。传承人市一级334

---

[1] 鄢志武、李江敏、柴海燕:《我国"世界文化遗产"现状分析及对策研究》,载《科技进步与对策》2003年第21期。

位,在世的301位,年龄结构普遍比较大。苏州的整个评估工作首先是于2014年出台了自己的非遗保护条例,为传承人评估工作奠定了法治基础。并在评估之前委托第三方机构对部分市一级传承人工作现状进行了调查,制定出标准。主要基于生产或者表演活动、资料收集情况以及公益性传播这几个方面来评估传承人的工作。通过评估,发现传承人工作开展的相对比较差的就是公益性传播类,但传播推广对非遗本身的保护非常有用①。苏州关于传承人的评估,就把非遗中的人的因素凸显出来。但是,非物质文化遗产如果不能得到传承,便只能在传承人的手里无法转换为社会公共财富。因此,对于传承人的评估与保护是工作的重点,而其传承与延续则迫在眉睫。

文化部2015年提出了一个中国非物质文化遗产传承人群研培研修计划,和教育部联手在全国78所高校联推。把大量的代表性名录的代表性传承人送到高校里面进行培养,扩展了师徒传承或者是家族传承的精耕细作的模式,扩大了普及覆盖面②。因此,关于传承人的保护要打开思路,丰富传承方式。让非遗传承活动扩大到学校、社区、楼宇、园区等各层面,激发大众,特别是年轻人群的兴趣。基数越大,人才涌现的概率越高,非遗的宣传教育要做到眼中有人,不仅要关注传承人,更要关注潜在人群和潜在的市场,平台和发展的空间,让更多人愿意走进非遗③。

(二) 传播者:讲述好中国故事与世界故事

回顾历史,支撑我们这个古老民族走到今天的,支撑5 000多年中华文明延绵至今的,是植根于中华民族血脉深处的文化基因。文化是民族生存和发展的重要力量。人类社会每一次跃进,人类文明每一次升华,无不伴随着文化的历史性进步。联合国教科文组织认定的中国世界文化遗

---

① 根据苏州市非物质遗产保护管理办公室主任李红在"复旦大学国家文化创新研究中心"2017年11月11日举办的"镌刻人类文明的路线图——世界文化遗产谱系中的中国话语"学术论坛上的发言整理。
② 根据上海市公共文化处杨庆红女士在"复旦大学国家文化创新研究中心"2017年11月11日举办的"镌刻人类文明的路线图——世界文化遗产谱系中的中国话语"学术论坛上的发言整理。
③ 根据上海文广局尼冰在"复旦大学国家文化创新研究中心"2017年11月11日举办的"镌刻人类文明的路线图——世界文化遗产谱系中的中国话语"学术论坛上的发言整理。

产总量跃居世界最前列,从最权威的"世界标准"向世界表明,中国是真正的5 000多年文明史,源远流长。而且我们是没有断流的文化。人类命运共同体的理念要求我们以文明交流超越文明隔阂。世界文化遗产正是国家形象建构与文化交流互鉴的重要媒介。

近年来,中国积极扩大中华文化的影响力,推动对外文化遗产的交流与合作。习近平总书记在故宫博物院接待了美国总统特朗普,巍峨的宫殿、精美的编钟、中国的乐器,集中展示惊艳了全世界,展示了文化的独特魅力和中国话语的巨大穿透力。中国与哈萨克斯坦、吉尔吉斯斯坦联合申报"丝绸之路"世界遗产成为文明交流互鉴的亮丽名片。丝绸之路促进了亚欧众多国家之间的商品贸易,推动了人类文明的交流与繁荣。促进了亚欧众多宗教信仰、思想和知识的交流,推动了人类精神文明的互动与交融、发展与繁荣,其丝绸之路精神需要我们大力的传播与弘扬。

从这一层面来讲,世界文化遗产成为中国古老文明的象征,其蕴含的中国精神需要我们传承。同时,它又是中国文化的亮丽名片,是我们与其他国家和平往来、平等交流、互学互鉴、互利共赢的重要媒介,是增加文化认同感、国家认同感、民族认同感的重要纽带。"一带一路"要求民心相通,民心相通的本质就是文化相通。我们应该秉承"丝绸之路"精神,文明对话、兼容并包、互利共赢。通过中国的世界文化遗产的保护与宣传,一方面传承中国精神,另一方面加强文化交流,共同构建人类命运的共同体。

(三) 整合力:让中国世界文化遗产成为中国独特的软实力

如何让收藏在博物馆里的文物、陈列在广阔大地上的遗产、书写在古籍里的文字活起来? 这是习近平总书记反复强调,也是我们在世界文化遗产的保护过程中、在人类文明交流对话的过程中需要反复拷问的问题。

中国世界文化遗产有其内在的传播逻辑,遵循以政府为主导的这样一个运作模式。政府主导为中国世界文化遗产的保护与利用带来积极的作用毋庸置疑,同时政府的主导带动了媒体的报道,但这种运作模式又带来保护与利用失衡的重要问题。此外,世界文化遗产在对外交流的过程中成为极具中国传统文化象征意义的符号,成为人类文明交流对话的重要媒介。这样一来,中国的世界文化遗产体系形成了独具特色的"话语网络"。这个"话语网络"是包含了政府、媒体、传承人、公众,包含了对内传播与保护、对外交流与实践的这样一个具有中国本土性的"话语网络"。

  目前,中国的话语网络主要是按照前人制定的规则。文化遗产是向后的,也是面向未来的。因此,我们应该从传承的视角来看待中国的世界文化遗产的实践,制定我们自己的话语规则。中国有非常丰富的遗产,包括世界遗产与非物质文化遗产。我们应该不仅仅遵循这个游戏规则,更应该制定我们的游戏规则,让我们的文化遗产在世界上展示。党的"十九大"在关于文化、文化遗产的保护中讲到"加强文化保护力度和文化遗产的保护传承"。遗产不仅仅是保护,也不仅仅是利用,更重要的是展示遗产背后的中国智慧、中国精神与中国价值,彰显中国独特的软实力。在坚持保护的前提下,推动其合理利用与传承发展,进而为国家在国际舞台上的形象提升与人类文明交流贡献力量。因此,作为人类文明交流互鉴的重要媒介,从认知层面来讲,其传承的使命是我们在遗产保护中首先要考虑的问题。从实践层面来讲,构建世界文化遗产谱系中的中国话语首先应该是构建中国内在传播逻辑的话语网络,在这种合力的作用下,担负起中国形象建构与文化走出去的重担。

  2017年的《国家宝藏》节目可以说承载了以上讨论的诸多元素,也是让博物馆里的文物活起来的极具特色的尝试。它用传播的形式传达了一种传承的理念,其中国宝守护人的角色让我们看到了人的作用,看到了在文物与人之间建立联系的尝试。我们应该努力构建专业化的、符合中国特色的文化遗产传播体系。同时,我们也应该走得更远,做好人类文明精神的坚守。我们应该坚持世界是丰富多彩的、文明是多样的理念,让人类创造的各种文明交相辉映,编织出斑斓绚丽的图画。

新媒体文化:人类文化的全新建构*

新媒体文化作为基于信息技术引发的全球性文化现象,它带来了人类思维方式、行为方式和生活方式的巨大革命。人类从来没有像今天这样在这种新媒体文化的"裹胁"下,进行着前所未有的社会变革,推动着大千世界的社会进步。也许,改革开放的中国正好契合了新媒体文化的特殊历史机遇,以极其敏锐和十分积极的态度拥抱了新媒体文化。新媒体文化是一种以技术发明为起点进而被形塑的文化,是一种代表着先进生产力的创新型文化。这种新型的文化在构成要素、基本特点、生产机制及传播方式均不同于传统的媒体文化,它是对人类文化的全新建构。

一、新媒体文化的构成要素

一种全新文化的出现,最主要的是它的构成要素发生了重大变化,纵观媒介(媒体)与人类文明史,人类文明的巨大变革无疑与新的媒介(媒体)的出现有关,而这些新的媒介(媒体)均存在着构成要素的变化,如文字的出现、印刷机的发明、电子在传播中应用等,均构成传统媒介(媒体)文化的要素。

(一)技术

新媒体文化是基于数字技术而发展起来的新型文化,显而易见,技术

---

* 本文为孟建与祁林合作,原文发表于《新闻爱好者》2014年第6期。

是新媒体文化中最重要的要素。在新媒体世界,谁把握了数字世界图像传播的奥秘,谁就赢得先机。"windows"系统替代"DOS"系统证明的也是这个道理。此后,新媒体软件技术的每一次进步,都是从拓展人类既有的欲望和需求开始。从 e-mail 到各种社交软件,其背后是人类交往的需求——从满足功利的目的到满足情感的渴望;从 ebay 到淘宝网,其背后是人类便捷购物的需求,进而,是人类消费和占有"物质"的欲求;从网络视频网站到各种手机视频 APP,其背后既是人们观看想象世界和理念的欲求,也是人们好奇和消遣等娱乐欲求的体现。从本质上看,所有的新媒体技术都可以还原成信息传播技术,这类技术有两方面的功能:第一,它们能改变或优化人们的交往结构和交往模式,进而形塑全新的共同体。第二,所有的信息传播技术又是所谓的符号生产和消费技术,作为符号,它们既能表征一个真实的世界,又能建构一个虚拟的世界;既能帮助人们认知客观现实,又能给他们真实世界所没有的虚拟体验。换言之,新媒体技术一方面让人类的联系方式越来越多元、丰富,另一方面给人们的视听则带来越来越多的新鲜体验。这种体验有两条路径:一条通向真实世界,即帮助人们理解客观真实世界的运作逻辑,满足人们"认知"的需求;另一条则是通往一个理念的、想象的世界,激发人们的梦想,拓展他们的想象空间①。

(二) 信息主体

文化的核心元素是相应性质的主体的出现,就新媒体文化来说,就是相应的新媒体信息主体的出现。在新媒体文化中,人作为互联网节点的人,他本身就是信息及意义的载体,无处不连接,时时在表达是其数字化生存状态。人一方面接收信息,享受信息给自己带来的诸多益处——知识增益、感情润泽、社交面变宽等;但另一方面,他自己也会反过来被信息的传播逻辑所重新塑造,这就是所谓的信息主体的出现②。在互联网诞生之前,人类社会出现过电视主体、广播主体、言情小说主体等一系列信息主体,而新媒体主体是人类社会最新出现的,也是当下社会最具普遍意义

---

① 彭兰:《中国网络媒体的第一个十年》,清华大学出版社,2005年版,第32页。
② [美] N. 尼葛洛庞帝:《数字化生存》,胡泳、范海燕译,海南出版社1997年版,第26页。

的主体。相对于电视主体等之前的信息主体,新媒体主体有如下两个独具性质:第一,新媒体主体和自己面对的信息世界,它们之间的关系不再是一个"传播/接收"的关系,而是"主体施为/客体承受"的关系。从这个意义上说,新媒体文化中主体的塑造遵循的机制是"you are your doing",是两个世界信息乃至能量彼此交换的中介在新媒体的界面上,所有的信息所激发的主体反应都是"互动",即有所作为(doing),而不仅仅是单纯的"理解"或"接受"。如果说,新媒体世界是一个"询唤"(interpellation)结构,那么,相对于之前人类所有视觉文本所形塑的主体,它询唤的主体是一种生机勃勃的主动性极强的主体,新媒体的主体总是意欲向新媒体世界做出一些事情,与之互动,或者改变这个世界。换言之,信息主体的主动性是新媒体世界对人类主体性改变的最大功绩。第二,新媒体主体在处理信息的时候,其面对的是一个真实而非虚拟的世界,这大大拓展了人类的生存空间,也拓展了人们的生存和发展的欲望。自现代媒介技术诞生以来,信息世界一直被认为是一个虚拟世界。新媒体技术诞生之初,人们认为新媒体世界(刚开始的电脑世界,后来的互联网世界)也是一个超真实的世界,进而还是用"真/假"这样的逻辑判断去评估这个世界。但是,随着新媒体技术的进化,这一世界愈发体现出真实世界的逻辑。这首先表现在其无所不在的"互动性"方面,"互动"导致人们不仅仅沉浸在想象性的符号世界里,而是真实世界的主体就会因为"互动"而发生变化——这完全是真实世界的逻辑①。其次,这还体现在新媒体世界呈现出越来越强大而坚实的物质基础,最典型的就是网络购物。网络购物不再仅是符号的交流和交换,而是依托庞大的生产性产业以及顺畅的物流服务,网络购物平台和实体经济紧密联系在一起。同样,微信中的人际交流不再是与虚拟的符号的交流,而是与真实生活中的亲朋好友的互动。从这个意义上说,拜新媒体技术所赐,主体的身体、神经、情感、精神等全方位地得到了"延伸"②。这是人作为"主体"的一次本质的革命,也是人类社会的一次千

---

① 熊澄宇、金兼斌:《新媒体研究前沿》,清华大学出版社,2012年版,第78页。
② [加]马歇尔·麦克卢汉:《理解媒介:论人的延伸》,何道宽译,商务印书馆2000年版,第18页。

年未见之变局。

（三）文本

新媒体平台上的所有产品、呈现、结构、行为等也都最终可被还原成文本，也就是可被读解的信息，从这个意义上说，新媒体文化归根到底还是一种信息文化。与传统媒体文体不同，新媒体文化的载体——文本是数字化的，它可以被快速复制，不断丰富和完善，再生产再传播，是一个不断分享创造的过程。从总体上来看，新媒体文化的文本可被分为三个层次：第一，表征性文本。所谓的新媒体的表征性文本，是指在新媒体世界具有特定的含义的信息或信息系统，它们是传统意义上的文本在新媒体世界的延续。值得注意的是，由于新媒体技术呈现出前所未有的"兼容性"的特色，故而人类历史上几乎所有的文本都可以在新媒体技术的平台上被实现。第二，行为性文本。所谓行为性文本，是新媒体技术独有的一种文本形态。即人们在新媒体平台上会制造或生产某一类型的文本，但他们生产或使用这类文本的目的不是（或不仅是）读解文本背后的含义，而是他们要用这些文本去和别的主体或社群互动，这类文本存在的意义不在于其表征含义（或者说，其表征含义是稳定甚至恒定的），重要的是用户对它的使用行为。第三，结构性文本。所谓的结构性文本，是指某一种新媒体行为得以施展和运作的新媒体的结构性空间。网站、论坛、APP等是典型的新媒体文化的结构性文本，它们是新媒体文化得以有效运作的基本平台和空间。结构性文本决定某种新媒体文化的类型、功能，以及用户使用相关新媒体技术的行为模式和习惯。设计结构是新媒体文化的创业者最重要也是最核心的任务。几乎所有新媒体文化的革新都是从结构性文本的革新开始。新媒体文化最极端的革新是发明结构性的新媒体技术装置，苹果产品就是典型的例子。从某种意义上说，我们可以把一台苹果手机当成一个结构性文本，它拥有特定的系统操作性平台，在这些平台上，有一些特定的APP软件的组合，进而形成相应的软件系统。这类文本最典型的是聊天软件中的各种表情符号，它们是典型的行为性文本。

二、新媒体文化的基本特征

（一）新媒体文化的最显著特点是互动性

在传统媒体的传播关系中，传统媒体与受众是僵化的生产与消费者的关系，很少有互动交流的环节。而在新媒体中，信息的传播与消费者的界限越来越模糊，在一个给定的传播交流中，它不但一定程度上联系着更早的信息传播与交流，而且也不是这个信息传播的终点，这个信息还将在被复制、评论、再生产再创造，进入下一节的交流中。这种互动性不再是传统意义性的信息生产者对于消费者简单回馈，而是强调一种变化，强调信息多大程度上在传播过程中改变或者被改变。这种新型的信息传播过程，也塑造了全新的传播关系，人在新媒体中不再作为沉默的大众，而是被赋予更多的主体性，集信息生产、传播、接收、再生产、再创造于一体。新媒体互动的维度是从多方面展开的，如信息技术推动传播反馈机制的形成、反应的速度和即时性加强、反馈的频率互动的信息内容拓宽、交互的程度加深等，这开启人类全新的"对话时代"。这种互动性意味着"意义"的互通互联，是文化的再生产与再传播。

（二）新媒体文化的重要特点是去中心化

首先，是文化生产的去中心化。与传统媒体不同，新媒体是构造了一种全新的传播关系，传统的由点到面的传播模式被点到点、多点对多点等自由传播方式所替代，被称为"所有人对所有人传播"，已经颠覆了刚兴起不久的所谓"大众传播时代"。它使得信息表达的草根性和平民化成为普遍可能，它消解了传统媒体在信息生产的权力中心地位。新媒体赋予了个体"自主性"，开创了个体传播的新时代，人人都可以成为内容的提供者，人人皆有表达的权力，每个人都成为文化的创造者与推动者。如果工业社会的核心要求是"效率"，要求整体系统的配合，它的媒体文化精神文化内核都是宏大的、系统的、整体的，而人本身则被淹没于这种系统与整体之中。以新媒体为标志的信息社会的核心要求就是"信息"，人生活的全部内容皆有可能成为信息，每个人都参与信息的生产和传播，它的文化精神内核是生活的、个性的或者是碎化的。这种文化精神与宏大无关，它关注人类的日常生活,每个人在新媒体中都能找到了"存在感",即人因意义互联而存在。其次,是文化价值的去中心化。由于文化生产中心的地位受到挑战,其所代表的价值中心地位同样受到挑战。新媒体给沉默的大众提供了一个发声的平台,"人人都有麦克风,人人都是记者,人人都是媒体负责人"传播的主体纷呈,使得个体意识和感性表达得到张扬,"众声喧哗"的背后是多元价值的呈现[①]。再次,是文化疆界的去中心化。随着互联网技术及新媒体的发展,人类的交往冲破国家地域的限制,促使了人类更大规模的跨界交流,这就冲破传统以国家为中心的文化疆界。"网络空间""网络主权"等全新的概念,不只是见诸理论探讨,而且正在逐渐成为全新的"现代国家意识"和"国际法律规范"。

(三)新媒体文化的本质特点是创新性

随着新的技术不断涌现,新的媒体形式不断推陈出新,媒体与人连接更加紧密,人的主体性越来越得到充分彰显,新的互动方式及文化产品层出不穷。因此,媒体文化本质上是一种"创新性"的文化。首先,是文化生产主体的变化,创造文化产品的文化符号不再是由掌控知识、资本及政治资源的社会精英或媒体组织,而是网络大众。新技术创造人与人之间信息交往互动性的可能性,互动性的背后是人的能动性,人人皆在网中,人人皆参与文化的创造和分享。并且,这种文化的创新还突破了时空的限制,时刻在线、处处连接是人的基本生存状态,各种碎片化的时间也被充分利用,用于阅读、听音乐、看视频、刷微博、刷微信,这也意味着文化消费和生产不断刷新。从内容上来看,新媒体文化信息传播载体不再是单一的文字,而是图像、声音等非语言符号的传播,在此过程中,这种文化载体不断被复制、创造、转发,不断处于创新之中。其次,新媒体文化内容创新,还表现为各种文化的不断交流、碰撞与融合,在此过程中,新的文化符号、价值观念、文化产品得以产生。它加快了与世界文化接轨,新的文化价值符号得以呈现,不同的文化观念价值得以交流、碰撞、整合。新媒体还激活了传统文化,使传统文化与现代技术相结合,以新的方式呈现,如

---

① 胡泳:《众声喧哗》,广西师范大学出版社2008年版。

互联网对于文化习俗的激活——如"微信拜年""网上祭祀"等。新媒体文化,似乎正在不断创造出属于自己"文明地图"。

三、新媒体文化的生产机制

新媒体作为一种全新的文化,它有着自己独特的生产机制。这种新的生产机制,与新媒体的文化生产的环境,或者文化生产的体制也有很大关系。

新媒体文化的体制并非是由技术给定的,而是特定的政治制度和经济制度的产物。比如,美国实施的是自由的资本主义制度,那么,纯粹的商业体制必然就成为新媒体文化技术机制的核心构成因素。在这种制度下,资本的力量最为强大,任何技术的创意都必须得到资本市场的认可才能获得社会认可,进而在民众中得到普及。微软、谷歌、脸书等新媒体世界中的巨头们,其发迹轨迹有一点是类似的。中国实施的是社会主义市场经济体制,其体制内涵中有"市场经济"的因素,因此在资本层面,中国的新媒体文化运作机制和美国也是能够对接的。比如,百度公司的崛起和美国诸多新媒体巨头的崛起并无二致,即都和美国华尔街之间有着难以割舍的关系。百度总裁李彦宏先是获得了华尔街投资大家蒂姆的青睐,他在全球经济不景气且互联网领域遭受寒冬的 2002 年为百度注资。而且,百度发展起来之后,又来到华尔街上市,从而获得更多的市场资源。但是,我国毕竟是社会主义的市场经济,"社会主义"的意识形态和制度因素在新媒体文化建设中也一定会得到体现。比如,各级政府官方微博、微信的开通,为民众的"网络问政"提供了崭新的通道。人民网、新华网、中国网络电视台等网站也是主流媒体,其发布的新闻、评论等信息也代表官方立场,这些网络机构及其相应的网络文本具有相应的权威性,因此也担负着相应的道德责任和社会责任,这形成了我国社会独特的新媒体主流文化,或者叫主导性文化(dominant culture)。当然,新媒体世界的日新月异,也不断会对主导性文化提出新的要求,有的时候甚至是敦促新媒体主流文化必须调整和变革。比如,面对以"滴滴打车"为代表的网络打车软件,相关政府部门的制度变革同时也是新媒体文化变革的决定性机制。

综合以上新媒体文化要素分析,我们不难归纳新媒体文化的生产运作机制,即这种机制是新媒体文化构成诸要素互动运作的结果(参见图1)。首先,任何新媒体文化的诞生之地都不是空中楼阁,而是在一个既有的文明生态中,我们称为"旧文明生态"。在这个生态中,技术发明和革新是新媒体文化建构的起点和发动引擎,而一旦技术得到社会认可进而有普及的前景之后,政治权力和资本权力就会来规训或干预技术的发展和使用,这二者构成新媒体文化的约束机制,成为技术逻辑之外

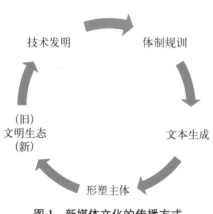

图 1　新媒体文化的传播方式

的、新媒体文化发展必须遵循的约束性力量①。然后,新媒体文化会蓬勃发展,其发展的路径就是不断地生产各种文本,先是表征性文本和行为性文本,进而诸多文本构成结构性文本,此时,新媒体文化形成了自身的结构性因素,这些因素具有主体询唤功能,进而形塑相应的新媒体主体。"主体性"是文化塑造的核心因素,这导致"新人"的出现,"新人"的出现是一种新的文明生态出现的标志,至此,新媒体文化进化成新媒体文明,这种文明正在开启人类文明的新世纪。

传统的大众传播媒体基本上是以内容为中心导向,透过新闻、节目内容、广告来吸引听众并吸引商机,因此大众媒体的首要任务是创造具有吸引力的内容来服务观众,一旦观众群建立,市场、品牌也随之建立。而新媒体文化,基本上是以交流平台为中心,透过不同的交流平台,让一群熟悉程度相对较低的使用者集结为网络的社群。新媒体时代,消费者要求免费且个性化的内容而且也同样要求资讯取得便利性的管道,所追求的是即时性和无所不在的资讯体验。以微博、微信、手机 APP 登各种新媒体平台为代表的技术发展所建构的新的文化形态,呈现出一种不同以往

---

① ［美］伊丽莎白·爱森斯坦:《作为变革动因的印刷机:早期近代欧洲的传播与文化变革》,何道宽译,北京大学出版社 2010 年版,第 89 页。

的传播范式。具体地讲,新媒体文化的传播方式更加突出情感性、社交性、扁平化。

新媒体传播的显著特点是传播的个性化、分众化和多元化。新媒体文化基本上是以交流平台为中心,透过不同的交流平台,让一群熟悉程度相对较低的使用者集结为网络的社群,在彼此信任的基础之下相互联结、彼此分享。新媒体用户不用再关注信息的发布者是谁,因为他们自己每天都可以扮演信息生产者、发布者和接受者的角色,而是更注重成员间信息的分享与交流,因此具有更强的凝聚力。另外,新媒体使用者在不断群体交互过程中,也营造了一种前所未有的虚拟交往的真实感。在网络空间中每一位参与者都可以根据自己的需要和兴趣选择性地参与交流,都能够发表观点并得到响应或批评,就是说,网络传播的传受双方对信息交流过程拥有平等的控制权。

信息传播的多向性也是新媒体文化传播的重要特点。新媒体文化,通常不遵循传统的线性传播方式,而是非线性的传播方式。在网上大量的信息发布源传播着或真或假、来自各种立场的信息。受众不再处于统一传播口径的某一种或某一系传媒的影响之下,他们可以听到来自多方面的声音,并根据自己的判断和利益来进行评判,甚至完全忽略。受众所接受的关于某一新闻事件的报道,无论在事实还是在态度上都不再是前后连贯、首尾一致的线形状态,受众面临的信息超量情况下的众说纷纭、意见不一。受众也再不是统一的整体,而是分散状态下各新闻发布者争夺的对象。传播者自由度的提高,以及网络的非线性的传播方式更可能强化网络受众的"个人主义"倾向。

另外,新媒体传播还具有保护机制,使得受众在文化传播中具有足够的安全感。从新媒体方式的传播技术来看,在固定的文化交流互动进程中,新媒体拥有不实名的独特特点,所以能够从根本上破除传统人员身份的束缚,在不暴露自身信息的特征下可以和陌生人进行沟通交流。在隐私通常能得到保护的情况下,受众更倾向于吐露自己最真实的内心想法,进行自我信息披露,从而有效率地进行互动交流,文化传播在质量上和效率上都会有所提升,能够不断地增强文化传播者之间的凝聚力。

从传播效应来讲,网络传播中文化信息量的内容形式会引起传播效应,既有正比效应,又有反比效应。网络文化信息的传递内容与表达方式越是符合受众所事先所预想的,通常对受众的信息量就越小,传播效应与信息传播量成反比关系;反之,发布的网络文化信息给予受众富有奇特变化并意想不到的内容和表现形式越多,那受众接受的信息量就越大,文化信息传播的效应也就越大,此刻的传播效应与信息传播量就构成正比关系。在网络文化信息传播中,原创性的文化信息创意往往是奇异新颖而引人入胜的,它凭借自身独特的吸引力和最有差异性的冲击力而激发受众的兴趣,往往产生比较好的传播效应。

四、结语

新媒体文化正以速不可挡之势袭向人类的日常生活,它是关于人类个体"生活"的文化,它反映人类个体的生存状态,它远离宏大与超验,它使文化回归于人本身,使个体价值得以体现,人人皆在网中,人人都是织网者;人人皆是媒体,人人都是文化的创造者,即新媒体使每个人的存在意义化,"我"就是存在,存在就有意义,符号不断被创造,新的话语不断流行,新的文化产品不断涌现①。可以说,新媒体文化正不可逆转地改变着人类文化的发展方向,建构着一种新型的文化。当然,面对人类一种崭新文化的建构,也必须呈现一个完善的过程,也必然会存在某些的误区。诸如,这种新媒体文化能够安顿好人类的精神世界吗?它会不会使人类陷入亲手所织的网中并为之所困?人们对技术的过度依赖会不会使这种新媒体文化缺乏"韧性"、缺乏"纵深"?如果是,我们如何来加以弥补,加以重构?这些,都需要我们进一步去深深地思考、好好地去探究。

---

① [美]詹姆斯·W.凯瑞:《作为文化的传播》,丁未译,华夏出版社,2005年版,第102页。

数字知识传播:创造、生产、消费、边界*

——关于互联网时代认知盈余与知识变现问题的学术思考

早在2010年,美国学者克莱·舍基就提出了"认知盈余"(Cognitive Surplus)这一概念,用以描述互联网时代的知识分享现象,在克莱·舍基看来,个体因互联网的使用摆脱了之前电视时代人们彼此分割的原子社会,个人的碎片化时间与个人的创造性行为通过互联网连接起来,使人们的行为"从单纯对媒介的消费中转变过来",进而有可能形成一场由平庸走向卓越的知识革命①。而一旦这种认知盈余对接了社会中的潜在需求,知识、闲暇和分享的热情就可以缔造出一种全新的利用业余时间进行知识生产及消费方式的行为——知识变现。尽管业界一直在探索如何将"百度知道"、知乎之类的平台进行货币化操作,但直到2016年以"值乎""在行""分答"等为代表的付费知识平台如雨后春笋般的涌现,才使得认知盈余的货币化成为互联时代的一种媒介景观。

一、互联网时代的认知盈余与知识传播

互联网时代,新媒体技术连接一切的能力使无数个体的碎片化时间被汇集成一个庞大的整体,它与之前原子化社会的人们观看电视、阅读书报等

---

* 本文为孟建与孙祥飞合作,原文发表于《新闻爱好者》2017年第5期。
① [美]克莱·舍基:《认知盈余》,胡泳等译,中国人民大学出版社2012年版,第14页。

媒介使用行为有着截然不同的使用效果：第一，观看电视或阅读书报是一种消极性的娱乐活动，它并不带有任何创造性的行为，但互联网时代的媒介使用行为则空前地放大了用户的主体性，为消极性的消费行为转变成为带有生产色彩的行为提供了可能；第二，观看电视或阅读书报往往是孤立的行为，它独立于社会协作，带有很强的个人化、个性化色彩，而新媒体使用者则可通过便捷的在线、及时沟通手段实现集体性的协作，共同完成一些原本在传统社会借助传统方式无法完成的工作；第三，互联网时代的这种积极性的媒介使用行为并不以增加精力和物质成本为依托，利用的是互联网用户的碎片化时间，换而言之，八小时之外的闲暇时间以及茶余饭后的休闲时间存在于任何时代，但只有在互联网时代能够通过聚合发挥出其最大价值。

克莱·舍基所提出的"认知盈余"指的是"全世界受教育公民的自由时间的集合体"。它的形成依赖于公众所具备的四个条件，即专业领域的知识、自由支配的时间、接入互联网的条件和主动分享的热情。现今互联网的快速发展使每个人都可以通过互联网进行知识的分享和传播，高等教育的普及和专业化的社会分工使每个接触互联网的用户均具备了专业性的知识，而八小时之外的弹性时间以及互联网用户普遍具有的表达欲望都使得认知盈余现象具备了可能性。这种认知盈余实际上是一种个人碎片化时间的集合体，它借助互联网在线互动的机制使大量的个人的碎片化的时间集合起来共同创造有助于社会进步的财富。比如，大量的网络用户利用自己的闲暇时间、专业知识、分享的热情及在线联络手段共同参与词条的创作、更新，从而缔造了全民共享的"维基百科"。

曹晋等人认为，"全体网民正在赛博空间里演绎着格外光鲜的文化，自觉自愿参与信息生产与消费"[①]。用户的这种自觉参与原本是"行为本身就是回报"（兴趣及表达的满足感）的内在动机，以被"点赞"、被邀请等外在动机为支撑维持其可持续性和相对稳固性，而市场化运作机制介入这种基于兴趣、专业知识、分享热情和弹性时间的知识分享之后，提问者的收入就成为一种刺激认知盈余现象发展的推动力量，在刺激用户以更

---

① 曹晋：《新媒体、知识劳工与弹性的兴趣劳动》，载《新闻与传播研究》2012年第5期。

为积极的姿态进行知识分享的同时,也由此诞生了基于认知盈余的盈利模式——知识的有偿分享。

二、"分答":一个典型的知识付费样本

自 2005 年"百度知道"以"基于搜索的互动式知识问答分享平台"[①]出现在公众的视野中,截至 2016 年 6 月,"百度知道"11 年来累计解决了 4.13 亿个问题,累计产生超过 1 400 万高质量问答。作为一款免费的知识分答平台,"百度知道"能够在 11 年的时间内解决 4.1 亿个问题,除了中国网民数量庞大之外,一个不容忽视的原因就是用户基于"分享即是回报"的机制进行知识和经验的无偿分享。正是基于这种即便免费分享依然有大量用户主动参与的考虑,以"值乎""分答"等为代表的知识问答平台引入付费机制,建立起有需求的用户和具备认知盈余特征的用户之间的关联,从而实现认知盈余的货币化。

知识的有偿分享或者知识付费现象在 2016 年经由"值乎""在行""分答"等产品的尝试而备受学界及业界关注,甚至有不少媒体称 2016 年为"知识付费元年",而备受瞩目的付费语音问答产品"分答"则成为 2016 年上半年唯一的"现象级"和"生态级"的产品——5 月上线的产品在 42 天后完成 A 轮 2 500 万美元融资并被估值超一亿美元。该平台于 2016 年 5 月 15 日下午推出,用户在可以自我介绍或描述擅长的领域,设置付费问答的价格,其他用户感兴趣就可以付费向其提问,对方用 60 秒的时长来回答。问答环节结束后,"游客"若感兴趣,可以支付一元钱"偷听",所付的钱将由提问者和回答者平分。

"分答"以知识付费问答为形态,通过基于特定问题的"提问者—回答者—偷听者"关系,以及替回答者收费、提问者付费、偷听者支付少量费用的方式各自付出、各自获利,平台运营方将从回答者和提问者的收益中获得 5% 的抽成,一种全新的知识传播方式由此而生:第一,答主和提问者、

---

① "百度知道",百度百科,http://baike.baidu.com/link? url = 5hPHHDlzLVjoIQZSHTRLM0FdK2rhpSUmCcZZdhv0DZdJUVuPSQCYBwZTPc00arPDHrYY128ZIxfdMBuT_SoaL-TIDMl4vkNVFEdNKd8Ip5s21T47WjfL6TeD4m6jqS9c。

答主与偷听者之间基于擅长领域和问题分别建立起一对一和一对多的知识传播路径,实现了知识的扩散;第二,这种模式实现了平台、用户的多方共赢,平台获得抽成,答主获得回答和"偷听"收益,提问者获得答案和"偷听"收益,"偷听"者以极低的成本获得了感兴趣的答案。

"分答"与维基百科在知识生产上有着很大的不同之处。第一,维基百科的词条均由用户无偿奉献自己的专业知识和闲暇时间,并且与感兴趣的编辑者共同参与协商、讨论来完成知识的生产,而在"分答"这一平台中,分享知识的不再是主体之间,不再有共同的协作,而是由提问者和答主共同完成一项简单的知识加工任务——由提问者提出问题,由"答主"来贡献答案,问题和答案共同组合成一项相对完整的知识。第二,"分答"用户关于知识的分享已经不再是无偿的行为,其根本的动机已经不再是"分享即为回报"的简单逻辑,而变成了有偿,一旦由免费走向有偿,不管是平台、提问者还是答主都在试图想尽一切办法增加人气,尽可能地增加收入。第三,"分答"中的知识生产不再是一种可以面向所有互联网用户的撒播,它更像是一种有针对性的窄播,内容也比"百度知道"、知乎等开放性的平台更加精准,可以满足不同用户对特定知识的需求。

三、知识的边界:知识传播与知识娱乐

当知识分享的评价机制由以邀请、点赞为代表的"分享即是回报"的评价机制转变为付费之后,知识的稀缺性就让位于注意力的稀缺性,提问者对知识的需求就变成了通过提问来变现的需求。在这种转变之下,能够在付费知识问答平台中获得收益的不是真正拥有纯粹知识的群体,而是那些原本就拥有庞大注意力资源的用户,而提问者和回答者也更倾向于关注那些能够让更多人感兴趣的问题。由此,在知识传播的评价机制由知识需求导向转变成为用户兴趣导向,知识就退回到单纯的消解信息不对称的阶段,它与20世纪出现的"信息娱乐"的概念高度相似。所以,在以"分答"为代表的知识问答平台中,那些能够凭借平台的"关注—提问—偷听—获益"机制来获得收益的群体就变成了以王思聪、柳岩、章子怡等在互联网中原本就已经有较高关注度的答主,以至于普通的"答主"

回答一个纯粹的知识性问题,只能获得三五元的收入,而王思聪回答一个关于自身的八卦问题就能获得数千元的收入。

当认知盈余被货币化之后,"知识传播"的格局就发生了很大的变化:首先,知识分享退回到信息娱乐状态,用户对知识的需求就变成了资本的需求,披着"知识"外衣的娱乐信息大行其道;其次,克莱·舍基所期待的"创造性"的新媒体使用也不复存在,主导知识问答平台的知识共享最终变成了对娱乐、八卦和隐私等猎奇性信息的消极消费;再次,知识吸收过程由获取、评价和内化三个阶段构成,问答平台中的"知识传播"仅仅停留在以消解不对称为结果的"获取"阶段,除却部分专业领域及小众化的知识,很难能够将所获取的知识内化纳入自己的认知模型。

正是由于以上的诸多变化,以"分答"为代表的付费知识问答平台变成了一个汇集明星八卦、娱乐隐私等的伪知识传播平台,以至于这种拥有"一对一精准传播"特性的知识分享平台变成了被嵌入"优衣库视频""陆家嘴视频"等低俗话题的"娱乐知识"。当猎奇性、庸俗化甚至是低俗化的信息铺天盖地席卷而来之后,这一平台本身的发展走向了传播知识的反面,以至于在8月10日下午两点多,"分答"无法登录,此后一直采用图片的方式告诉用户正在维护,直至9月27日晚"分答"再次回归。有媒体评论称,"分答"可能正在进行某些调整,而内容审查和敏感词过滤是这次调整的核心。在"分答"停摆期间,各类知识付费平台如"格问""赤兔""见地"等数十个类似产品纷纷登台,借势营销,形成了多家争鸣的局面。正如媒体所预见的那样,回归之后的"分答"淡化了娱乐色彩,此前被提问者反复追捧的问题也已经很少见到,关于答主的分类也由之前的若干种细分简化成了健康、职场与科普三类,提问者和回答者参与热情以及提问者和回答者的收入已大不如前。重新返场之后的"分答"增添了敏感词过滤等内容审查手段,一旦出现敏感、低俗、争议的提问,提问者将无法提问或回答之后问题被转成私密问题,仅供提问者和回答者收听。

四、对互联网时代付费知识分享的重思

"分答"的个案是近年来数字知识传播的典型,因为它改变了之前以

"百度知道"、新浪爱问、知乎问答等为代表的知识问答平台的盈利模式，将用户的弹性时间、分享的热情和专业性的知识与特定用户的需求勾连，用变现机制取代分享即是回报的机制，从而一跃成为"认知盈余"变现的典型样本，开启了2016~2017年付费知识问答的先河。正如我们上文中所分析的那样，"分答"所建构的模式一开始是以知识付费问答为卖点，它以精准的一对一的服务改变了一对多的、面向大众的撒播，因而使答案更为精准，满足了提问者的个性化需求，但也正是付费机制的引入，提问者和回答者因为考虑到更加有效和更加快速的变现问题，在内容上导入了"娱乐知识"或"伪知识"的陷阱，之后"分答"的调整和最终的回归重新强化了知识分享的价值，淡化了备受诟病的娱乐及低俗内容的提问。在此，我们需要思考的是，在互联网时代，付费知识分享所面临的共同压力或有待进一步解决的问题。

第一，互联网从一开始就带有免费基因，尽管这种用户免费的体验是由第三方或者其他的渠道来为此支付成本，"免费"和"自由"一直被视为互联网的精神，但在被推崇的过程中却以消极的姿态或多或少地忽略了分享与获利、自由与责任之间的关联。就互联网中的数字知识分享来看，今天的互联网并没有形成一种知识产权保护意识，为网络上获取知识而付费的观念还有待进一步普及，这也就导致以"分答"为代表的付费知识问答平台中存在着提问者"收益大于付出"的期待（如"提问专业户"广泛存在），以及不付费而获取精准答案的期待（如期待别人将听来的答案进行免费分享）。当"分答"调整回归之后，重点开发了专业领域或垂直领域的问答，用户原本具有的以猎奇八卦为内容以获得偷听收入分成为目的的娱乐知识消费的需求被刚性的知识需求取代，而在付费获得知识并未成为网民的习惯或共识的背景下，用户的活跃度就大打折扣。

第二，与开放及免费的知识问答平台（如"百度知道"或知乎）不同的是，以"分答"为代表的付费知识问答平台走的是封闭路线，即不为此支付报酬的用户无法获得答案，这虽然可以改变"百度知道"等免费问答平台毫无针对性的知识撒播的局限性，但在同时也带来了知识分享完毕之后的质量评价机制、知识增补机制、协作生产机制匮缺的问题。在"百度知道"或知乎中,大家畅所欲言,各自分享和贡献不同的观点,而得益于在线、开放的交流机制,各种有争议的观点在讨论中极易形成共识,浏览者也可以通过点赞等方式进行评价,回答者也可以通过在线答复等方式对此前的分享进行修正补充,但在目前的各类付费知识问答平台中,当答主将问题回答完毕后就完成了一条知识的生产,至于其质量高低如何评价,以及对有问题的知识如何进行增补、修正,众人如何集思广益共同完成同一条知识的生产等,在目前状况下并未得到有效解决。同样,互联网中的信息是通过超链接等方式予以呈现的网状结构,而不是像传统媒体所呈现的线性结构,但在付费知识问答中,网状的信息结构又再度回归到传统媒体时代的线性结构。

第三,从知识生产及更新的过程来看,互联网中的知识不是静态的分享过程,它是借助于互联网本身的开放特性,让众人共同参与其中,通过协作来完成知识的在线生产。比如,众人通过协作各自发挥专业优势对某一个维基百科的词条进行更新、修正,在这个过程中,每个人将自己的专业知识和掌握的线索通过网络进行共享,同时借助众人的力量对这一知识条目进行修正、补充、完善,所有的参与知识分享和生产的个体来均能从自己及他人的分享中获得知识的更新换代,而在付费知识问答中,提问者提供关于某一知识的线索,回答者提供的是关于知识的完整答案,因而答主更多是将自己所储备的知识从大脑中或书本上搬运到互联网上,由此,付费知识问答的过程不能实现知识的增值,无助于知识的累计和更新换代,更多只是实现了一种知识从 A 搬运到 B 处的过程。

第四,从知识生产的主体来看,互联网时代的付费知识问答虽然凸显了问题的针对性和答主的专业化,但却导致了一种答主"精英主义"(即"专家化")的趋向。在传统社会中,我们所认定具有知识分享能力的人就是专家,相比于互联网时代的知识分享主体的多元化而言,专家往往是"一个特殊阶层",其知识传播往往是"不透明"的,具有"单向度"特点且采用"一体化的声音进行表达"[①]。互联网改变了知识传播的主体,也改变了知识生产的方式,更改变了以专家的分享为主导的知识传播格局,但付费

---

① [美]戴维·温伯格:《知识的边界》,胡泳译,山西人民出版社 2015 年版,第 105~107 页。

知识问答平台尽管可以让更多的专家有机会与普通大众建立直接的联系，但又因强调知识的专业性和答主的权威性使得专家及其知识分答回归到互联网之前的状态。在这个意义上，付费问答平台并不能消解知识生产的精英主义取向，反而会不断强调这一取向，这与互联网所一贯标榜的"平民化""大众化""交互性"和"主体多元化"的特点及规律恰恰相反，更为重要的是，一些久享盛名的答主是因为自己本身拥有较高的关注度和话题性，而不是因为其自身拥有某一领域的专业知识而成了备受追捧的专家（如明星讲述育儿经验），不仅是知识变成了难以经受得住推敲的"伪知识"，也使得自身的知名度变成了衡量知识是否专业、答主是否负责的标准，如安德鲁·吉恩所言，"网民的狂欢使人们更难分辨读者和作者、艺术家和宣传家、文艺和广告以及业余者和专家"①。

经上研究，本研究认为，由克莱·舍基所提出的"认知盈余"现象存在着在货币化的可能，但这种货币化过程却因过于货币化而导致了知识分享中的知识密度降低的问题，社会现实中的热点问题、明星的八卦隐私问题等都以"知识分享"的姿态登台，本质上并没有扭转克莱·舍基所构想的让消费转变为创造的状态。开发垂直领域或专业领域的知识问答是目前较具有可行性的知识付费问答操作路径，但会在很大程度上使信息的传播和生产回归到互联网时代的状况，难以将互联网所具有的协同创造等特性彰显出来，而知识用户在知识的付费问答中也难以真正以积极的姿态参与知识生产，并卷入知识传播的网状结构中。这需要以更冷静的姿态对待我们今天备受热捧的"认知盈余变现"问题，需要全社会提升知识产权保护意识，倡导一种更为积极的消费理念，而不是单纯的娱乐或被动地接受。诚如约翰·哈特利所言，"数字知识作为新型社交网络市场的一部分"，若能使普通人"分享自己的专长并开发新型的网络化专长"，需要将消费者避免将自创内容单纯地视为一种以休闲娱乐为表征的"自我表达与沟通"，需要"接触社交网络市场"，还需要经过"全民范围内的教育"②。

---

① ［美］安德鲁·吉恩：《网民的狂欢：关于互联网弊端的反思》，丁德良译，南海出版公司2010年版，第25页。
② ［澳］约翰·哈特利：《数字时代的文化》，李士林等译，浙江大学出版社2014年版，第57页。

中国大众传播事业的发展与
中国社会民主化进程*

一、中国大众传播事业发展与社会民主化进程的历时态考察

纵观"新时期"(即中国共产党十一届三中全会以来)中国大众传播事业20年来的发展历程,我们不难发现,"新时期"中国的大众传播事业发展已经历了六个不同的历史时期①。这六个历史时期,一方面显示了中国大众传播事业自身发展的轨迹,另一方面也勾勒出中国大众传播事业发展与中国社会民主化进程艰难而复杂的关系。本论文将对这一问题进行学术的考察与分析。

(一)中国大众传播事业发展的拨乱反正期(1978~1982):显现社会民主化进程的意蕴

"新时期"第一历史时期的发轫,是以中国共产党十一届三中全会召开为其显著标志的。1978年12月召开的中国共产党十一届三中全会,是中华人民共和国成立以来,中国共产党在思想、政治、组织等领域全面拨乱反正的极其重要的会议。这次会议在当时对新闻界产生的巨大影响,是以中国的新闻界开始摒弃"新闻以阶级斗争为纲"、反对"新闻的假大空"、要求"新闻注重读者需求"为其鲜明的特征的。尽管这些问题在新闻的学术研究上并无更多的创建和突破(中国早在1956年就曾对这些问题

---

* 本文发表于《江海学刊》2000年第3期。
① 李良荣:《十五年来新闻改革的回顾与展望》,载《新闻大学》1995年第1期(关于中国大众传播事业与社会民主化进程的历史分期问题,借鉴了该论文的诸多分析,以下不一一赘注)。

展开过热烈的讨论),但是,颇有回归20世纪50年代新闻改革意味的深刻反思,却以高举中国新闻界的拨乱反正大旗,拉开了"新时期"中国新闻事业改革的序幕。特别是在这一时期后段展开争论的"新闻事业党性与人民性的问题"(具体争论的焦点集中在"新闻工作要不要坚持人民性""党性与人民性的关系与位置如何厘定"等上),已不仅仅是中国新闻媒介一般的"拨乱反正"问题,它已给发展中的中国大众传播事业注入了推进社会民主化进程的意蕴。

(二)中国大众传播事业发展的新概念新学科引进期(1982～1986):为社会民主化进程提供知识与理论

信息概念与传播学在中国的引进,有着不同的学科背景。信息概念的引进,广义上讲,是我国自然科学中的"三论"(既信息论、控制论、系统论、)的影响。但是,具体分析,中国新闻界在新闻媒介中引进并运用信息的概念,却是伴随着20世纪80年代初传播学进入中国的科研机构和大学课堂为历史起点的(1982年5月美国著名传播学家威尔伯·施拉姆在北京给中国人民大学作了介绍美国传播学状况的学术报告)。1984年9月,通过新华通讯社李启等人的不懈努力,我国终于正式翻译出版了威尔伯·施拉姆的《传播学概论》,在中国出版了第一本全面系统论述传播学的著作。在中国大众传播事业的发展过程中,中国新闻界引进信息概念与传播学,不但引发了中国新闻界的一场大讨论,而且也促使中国的新闻界发生了巨大变化。由此引发的中国新闻界的一场大讨论,其讨论的焦点集中在"新闻媒介究竟是以传递信息为主还是以宣传为主""信息传播在当今社会中的重要地位"等方面。这无疑构成了对我国历来把新闻媒介当成宣传工具的尖锐挑战。因此,"信息是抽象的概念""信息传播无视新闻的阶级性"等反面意见接踵而来,一场交锋在所难免。但是,这场交锋在中国政府大力推进改革开放的背景下,在国际新闻媒介参与信息革命的大趋势下,以主张改革开放者的胜利而告终。这一时期的新闻媒介改革促使并带来了中国新闻传播界的巨大变化,其突出点在于中国的媒介结构中出现了大批以提供信息,特别是经济信息为主的报纸、广播、电视,反映在媒介内容中,纯信息性的新闻占有了相当的比重,即便在以宣传为主的新闻中,也开始注重大信息量的问题。从此,"新闻媒介""大众传播媒介""大众传播事业"等提法开始趋于流行。在学界这样的提法渐成共识,成为普遍的学术用语。中国的新闻传播界经过五年的努力,基本确立了信息传播的新观念。1988年3月25日,当时的中国总理李鹏在《政府工作报告》中也首次开始使用"新闻媒介"的提法。

(三) 中国大众传播事业发展的监督功能膨胀期(1986~1989):从注重自身改革到卷入激进的社会民主化进程

引进信息概念与传播学后给中国大众传播事业注入的生机与带来的巨大变化,一方面是由于中国新闻传播界的思想解放、改革开放所致,另一方面则是信息社会来临的国际化大趋势对新闻媒介提出的必然要求。这一喜人形势的出现,就其实质来看,正是中国改革开放的结果。在这一时期的前段,中国的新闻传播界亦注重自身的改革。尽管"提高新闻的透明度""改变新闻报喜不报忧""新闻报道不能只打苍蝇不打老虎""新闻媒介要有多种声音"等问题的讨论日见其多,但这毕竟还属中国大众传播媒介改革关注"舆论监督"问题的范畴。当然,这些新闻媒介改革的观点一旦集中于新闻媒介的监督功能,参与政治改革的倾向已逐渐开始明显。随着中国经济改革的不断发展和深入,社会上政治改革的呼声日见其高,加大新闻媒介改革力度的呼声也日见增大。这一时期,中国大众传播媒介的发展与社会民主化进程的相关性急剧加强了。当然,随着1989年"春夏之交那场政治风波"的临近,关于"新闻自由""新闻体制改革"问题也开始提出。这一时期的后段,中国大众传播媒介关注舆论监督等问题的改革走向已开始自觉或不自觉地卷入了一场处在特殊历史、特殊社会条件下的政治风波。中国大众传播媒介关注自身改革的情势发生了急剧的变化,新闻媒介开始卷入激进的民主政治改革潮流。其结局,当然是政府以一种特殊的政治方式制止了这场"政治风波",这也意味着中止了新闻媒介改革在这方面的发展。尽管这一问题的特殊历史复杂性现在还很难用中国大众传播媒介改革的观点予以诠释,但中国大众传播事业在本身的改革中,乃至在介入社会民主化进程中对新闻媒介舆论监督等问题上酿就的经验教训,却构成了"新时期"中国大众传播事业发展中值得关注与研究的课题。

(四) 中国大众传播事业发展的反思回归期(1989～1992)：对社会民主化进程的间离

政府以特殊的方式解决了1989年春夏之交那场"政治风波"。"政治风波"之后，政府对1989年春夏之交那场"政治风波"中新闻传播界的问题予以了高度的重视，指出"新闻界造成了思想混乱"，"在舆论导向上发生了严重的错误"[1]。1989年11月28日，江泽民在北京举办的全国省、市、自治区党报总编辑新闻工作研讨班上作了题为《关于党的新闻工作的几个问题》的报告，指出我国的新闻媒介必须坚持喉舌性质。我国的新闻事业是党的事业的一部分，必须在政治上坚持党性原则，因此任何媒介都理所当然地必须在政治上同党中央保持一致，不允许用"人民性"否定党对新闻事业的领导[2]。由此，中国的新闻传播界开始了一场深刻的反思，中国的大众传播事业进入了一个从理论到实践的全面回归时期。这是"新时期"中国大众传播事业发展中一个非常特殊的历史时期。

(五) 中国大众传播事业发展的属性拓展期(1992～1997)：在创造性转换中关注社会民主化的进程

1992年邓小平南方谈话的发表，预示并引发了"新时期"中国大地上的新一轮改革大潮。同年召开的中国共产党第十四次全国代表大会确立了中国经济体制改革的目标是建立社会主义的市场经济体制。这轮改革的大潮，对中国大众传播事业的发展产生了重大的影响，也引发了中国大众传播事业领域的一场悄然革命。与中国大众传播事业发展的第四阶段所截然不同的是，在这一阶段的改革中，中国的大众传播媒介并未以参与政治的激进方式进行，而是以改变新闻媒介获取经济资源的各种方式来进行着新闻媒介的改革。中国大众传播业的"事业性质、企业管理""社会效益与经济效益并重"逐渐被转化为一种特殊的双向(即政府与媒介)理论认同：在承认中国大众传播事业具有上层建筑属性的同时，亦承认其第三产业的经济属性。这一"双重属性"可以说是中国大众传播业的一种

---

[1] 文有仁：《搞好新闻工作的根本指针》，载《新闻写作》1997年第5期。
[2] 同上。

"创造"。它虽然不可能达到大众传播媒介改革的终极目标,使其融入社会民主化的博大历史进程。但是,这种"创造"的效果,却是前所未有地增加了新闻媒介的实力与活力,中国大众传播事业由此获得了快速的发展。处在这一时期,中国大众传播媒介的发展与社会民主化进程关系似乎得以一种"创造性的转换",使二者之间产生了一种极为特殊的相关性:政府在无力承担中国大众传播媒介日益增加的极其巨大的财政开支,但又不能失去对其依赖和控制的情况下,中国的大众传播媒介迅速构筑起了"获得经济资源的权力与有控制地介入社会现实"二者之间的特殊关系。政府对中国大众传播媒介"政治与经济双重属性"的认可与中国大众传播媒介业已形成的"创造性转换"格局,为今后中国大众传播媒介发展与社会民主化进程提供了独立的经济基础和赢得了独特的发展契机。

(六)中国大众传播事业发展的社会民主化介入期(1997～至今):政府进一步公开倡导推进社会民主化进程

与前面的第五个阶段相比,中国大众传播事业的社会民主化介入期所呈出的却是一种颇为独特的状况。第五个阶段对中国大众传播事业属性的拓展实际上已形成了一种"分离说":即政府职能与媒介经营相分离;新闻宣传与产业发展相分离;经营性资产与非经营性资产相分离。这颇有哲学意味的"二律背反"命题,让我们在一种特殊的悖论中深切体会中国的大众传播事业改革"并不是以新的体制取代现行的体制,而是在这一体制的框架内,引进一些充分体现了这一体制之核心原则的新型运作机制"[①]。更为准确一点说,这种大众传播事业的改革"就其总体来说是重构现存体制的内部空间,是对这一体制的改造"[②]。审视中国大众传播事业的社会民主化介入期,最为突出的是两点。首先,中国大众传播事业前五个阶段改革的直接推动力均在新闻传播界内部充分地体现出来,政府的主体性缺乏足够的显现,而处于这一阶段,政府的主体性极其强烈。其次,中国大众传播事业前五个阶段的改革均没与社会民主化进程直接耦合(处于"监督功能膨胀期"的中国大众传播媒介虽然卷入了

---

① 潘忠党:《"补偿网络":作为传播社会学的概念》,载《国际新闻界》1997年第3期。
② 同上。

"政治风波",但尚难算作新闻媒介与社会民主化进程的直接耦合),而处于这一阶段,政府在进一步公开倡导政治改革的纲领中,将新闻媒介的改革与政治体制的改革予以了紧密的结合。至于政府对中国大众传播事业介入社会民主化的深度与广度如何进一步认定,那将是一个需要继续探讨的问题。

二、中国大众传播事业发展与社会民主化进程的共时态分析

随着中国在世界政治、经济格局中地位的日益提高,随着中国进一步的改革开放,特别随着经济体制改革向纵深推进,政治体制改革已提上了重要的议事日程。全面而深入地研究中国大众传播事业的发展与社会民主化进程的问题,已成中国政治体制改革中一个重要而又紧迫的课题。

将大众传播事业发展作为促进社会发展的重要因素,在传播学的研究中已不少见。无论是社会学家、传播学家丹尼尔·勒纳提出的"城镇化、教育、大众传播的普及和公众参与"理论,还是传播学家威尔伯·施拉姆提出的"利用大众传播事业推进第三世界国家发展"理论;无论是传播学家弗里特·罗杰斯提出的"传播是社会变革的基本要素"的理论,还是梅尔文·德弗勒提出的"大众传播与社会发展互动"理论;等等,皆在这些方面有所建树。但是,在大众传播事业发展如何促进社会民主化进程问题的专项深入研究上,特别是对中国这一问题的研究上,传播学界却鲜有较为突出的成果。

当代民主理论的研究正在历时态、共时态两方面呈现出新的研究取向。在历时态的研究取向上,对三次民主化浪潮发展的审视,构成了这方面研究的十分重要内容。国际间一些政治学者,特别是塞缪尔·亨廷顿认为,世界范围内的民主化浪潮大体可分为三次,即1828~1926年的第一次浪潮;1843~1962年的第二次浪潮;1974年开始至今的第三次浪潮。特别是始于1974年以来的第三次民主化浪潮,以其规模大、冲击强、影响深,更是引起了世界范围内广泛的关注。在共时态的研究取向上,传统合力因素与现代合力因素对社会民主化进程的影响,则构成了这方面研究的十分重要内容。在传统合力因素与现代合力因素对社会民主化进程

的研究中,尽管二者各有自己的研究体系,但都认为"单一因素无法实现社会民主化"。因此,寻求诸种合力因素的相关组合对社会民主化进程影响的研究,就成为当今民主理论研究的一个重点。我们在研究中国大众传播事业的发展与社会民主化进程时,可以此为分析问题的基本逻辑起点。

(一) 处在两种合力因素中的社会民主化进程与中国大众传播事业

处在传统合力因素视野中的社会民主化进程与中国大众传播事业中国经济的发展与经济新体系的建立——中国"新时期"以来的20年,经济体制改革取得了与世注目的成就。1979～1997年国内生产总值年均增长近10%,处于世界前列,人民的收入和生活水平也快速提高,1997年按当年汇率计算,人均GDP为720美元。中国的经济体制转轨、经济的快速增长是在基本保持了社会稳定和经济稳定的条件下实现的。中国的经济体制转轨、经济的快速增长,被全世界公认是成功的[①]。

中国"新时期"以来20年的经济体制改革,最为关键的是实施了所有制理论与实践的突破。江泽民在党的十一届三中全会20周年纪念大会上的讲话中指出,"我们通过改革实行了公有制为主体、多种所有制经济共同发展的所有制结构,实行了按劳分配为主体、多种分配方式并存的分配制度……我们努力消除过去由于所有制结构和分配制度上的不合理而造成的对生产力的羁绊,从而进一步解放和发展了生产力"[②]。这就意味着中国在所有制结构上,"已将非公有制经济由'制度外'纳入了'制度内'。即便是对公有制,也对其含义进行了极大的拓展:公有制经济不仅包括国有经济和集体经济,还包括所有制经济中的国有成分和集体成分"[③]。这些,都前所未有地给中国经济注入了巨大的活力。美国著名的政治学家塞缪尔·亨廷顿认为:民主的水平与经济发展的水平之间存在着极高的相关性,经济发展使民主成为可能。经济增长必然造就一个更

---

① 张卓元:《中国经济体制改革的总体回顾与展望》,载《新华文摘》1998年第7期。
② 江泽民:《在党的十一届三中全会二十周年纪念大会上的讲话》,载《人民日报》1998年12月19日。
③ 王秀贵:《政治体制改革是一场新的伟大革命》,载《新华文摘》1998年第6期。

为复杂的经济体系,这种复杂的经济体系使推进社会民主化的各种因素极其活跃起来①。中国经济体制的顺利转轨,特别是由此带来的中国经济快速增长,已构成了中国大力推进社会民主化诸因素中最为基础、最为积极、最为活跃的力量。

与上述问题紧密相关的因素是,经济的发展产生了更多的公共资源和私人资源可供各个团体分配——中国财富的积累与社会阶层的分化。经济因素,具体说是收入水平因素,决定了现阶段中国社会阶级层结构的变化,政治因素不再是唯一的。据统计,1995年,以国际通用的五等分法,把社会上20%的高收入户与20%的低收入户的人均收入作比较,城镇居民的贫富差距为三倍,而在1978年这个差距是1.8倍,农村的贫富差距在1978年是2.9倍,到1995年上升为六倍。中国的城市和农村居民一直是一个收入水平悬殊的两大社会群体,他们之间的收入差距也呈扩大态势,以人口加权平均计,城乡之间的贫富差距是五倍,到1996年这种城乡之间平均贫富差距为5.5倍②。中国的经济体制改革,特别是所有制的改造,为雇主与雇员关系在中国的出现提供了基本前提,社会结构分化已成事实。中国社会的阶级阶层问题,始终是一个关系到中国社会发展,特别是社会民主化发展的核心问题。"新时期"以来的20年,不仅中国社会成员的社会位置发生了重大变化,而且,中国社会成员关于自己或他人的社会位置的评价框架也发生了重大变化。在这种情况下,各阶层在经济利益方面的摩擦与在政治利益上的要求将会日益突出。反映在权利分配和积极参政领域,在未来的政治格局中,中产阶级阶层的利益要求将会十分突出。这诚如美国政治学家加布里埃尔·A.阿尔蒙德所认为的:推进社会民主化进程中,政治的"2P"(power,权利;participation,参政)与经济的"2W"(wealth,财富;welfare,福利)是最基本的四大变量。其中,经济的增长与此带来的分配问题,将是考察社会民主化进程的重要经济基础。当今之中国,这些问题已十分值得予以关注。

---

① [美]亨廷顿:《第三波——20世纪后期民主化浪潮》,刘军宁译,上海三联书店1998年版,第1~26页。
② 许明主编:《关键时刻》,今日中国出版社1997年版,第436~451页。

那么,在如此深刻的背景下,中国大众传播事业与社会民主化进程又有什么重大的关联呢?我们之所以花了一定的篇幅来论述中国经济增长、经济体制与社会阶层问题,关键的一点就在于想说明,对中国大众传播事业的认识,已在此深刻的背景下发生了重大变化。在当今的中国,由于经济体制的转型,也由于经济持续的发展,民众正在逐步树立起纳税人的意识。既然国家的发展、政府的资金都靠纳税人支付,那么,纳税人就要知道这些资金的去向,这就引发了纳税人对"知情权"的必然要求,而这种"知情权"的获得很大程度上需要大众传播媒介来完成;既然政府机构的运作是靠纳税人提供的资金来支撑,而公务员也靠纳税人提供的资金来养活,那么政府的公务员与纳税人的关系就应该是"公仆关系";正是由于这种"公仆关系",作为"公"方的纳税人就应当有自己信赖的代表参政(这就是纳税人正在发展的"参政意识");既然纳税人要"参政",那么,大众传播媒介就应当作为纳税人的真诚代言人,真实而又充分地反映纳税人的心声。不仅如此,既然前面所述的这一切都是应该的,那么,大众传播媒介还有一项最根本,也是最艰巨的任务——为纳税人对政府和政府的公务员行使充分的监督权。这也就构成了中国大众传播事业在社会民主化进程中最基本的观念变革,同时,这也构成了中国大众传播媒介介入中国社会民主化进程的一个基本理论。当然,当今信息社会的形成引发了信息经济时代的来临。作为承载信息传播的大众媒介如何促使信息经济的形成,加强经济报道如何具体体现在经济发展的实际运作中等问题都不可小看。但是,就中国大众传播事业与社会民主化进程这一政治改革问题而言,前述在观念更新作用下对中国大众传播事业的深刻认识与理解也许更为专业、更为深刻。

中国文化价值观的传播与变迁——如果说中国经济的发展、经济新体系的建立与中国财富的积累、社会阶层的分化,这二者与"中国大众传播媒介发展与推进社会民主化进程"的关联度尚须通过上述较深入的社会经济分析方能认识,那么"新时期"以来的20年,由大众传播媒介成功引发的中国公民价值观的巨大变革,却是颇为直接和直观的。世界范围的社会民主化进程表明,任何进入社会民主化的国家,无一例外地受到了国际与国内大众传播媒介在社会民主化进程上的双重因素影响。这也就是社会民主化研究中经常涉及的"社会民主化进程的发展必须引进文化因素"。尽管社会民主化进程的文化因素是一个很大的范畴,但是,处在这一范畴中的诸多文化因素大都与大众传播媒介在其间发生的各种作用有关。从感受现代民主文明的优越性,到现代民主意识的增强;从文化价值观念的变迁,到社会道德规范的理解等无一不与大众传播媒介息息相关。应当说,在中国"新时期"全方位、多层次的改革开放中,尽管对中国大众传播媒介的发展尚有不同的各种看法,许多方面的确不尽人意,但是,中国大众传播媒介在成功引发中国公民价值观的巨大变革,进而成为推动社会民主化进程的重要因素上,的确功不可没。"历史的事实已充分说明,中国的发展离不开世界。""把坚持发扬我们民族的优秀传统文化同积极学习人类社会创造的一切文明成果结合起来。"①在这方面,邓小平倡导的改革开放精神令人振奋。处在进一步改革开放中的中国大众传播媒介,能够也应当在社会民主化的进程中担负起新的更大的责任。

(二) 处在现代合力因素视野中的社会民主化进程与中国大众传播事业

在民主理论的研究中,无论是传统理论体系还是现代理论体系,都十分重视合力因素对社会民主化进程的影响与推动。但是,在现代民主理论体系的研究中,已把上述传统合力因素的几个方面,不再作为推进社会民主化进程的基本前提,而是将其作为推动社会民主化进程的有利因素来看待。在现代民主理论的研究中,研究的视角已发生了重大的转变:即把社会民主化进程的合力因素放在了"要有符合社会民主化进程的时代精神,要有政治领袖们的政治良知与智慧,要有政党对民主化模式选择,要广泛地促进民众的政治参与"几个方面。这一理论,不但给我们正在推进的政治体制改革提供了新的思路,同时也给研究大众传播媒介发展与社会民主化进程这一课题展开了新的研究视角,开辟了新的研究领域。大众传播媒介如何在这几方面与社会民主化进程互动,已成大众传播界面临的一个新课题。

---

① 江泽民:《在党的十一届三中全会二十周年纪念大会上的讲话》,载《人民日报》1998年12月19日。

1. 酿就符合社会民主化进程的时代精神

在传统合力因素对社会民主化进程影响的研究中,已开始重视文化价值观的问题。但是,在现代合力因素对社会民主化进程影响的研究中,已把对一般文化价值观的研究转化为对一种需要符合社会民主化进程时代精神的研究。在这一研究中,尽管仍关注文化价值观的问题,但是,对于人的现代化问题,已提到了一个突出的理论高度。诸如"对民主政体的感情""对法治社会的信念""对政治自由的理解""纳税人意识的确立""自主、平等意识的升华""竞争意识的认同""能力本位的观念"等,皆在此视野之内。在中国前所未有的改革开放与中国由计划经济转向市场经济的过程中,在中国大众传播媒介的不断努力下,中国人的观念正在不断地嬗变。上述这些"人的现代化"的基本理念正在成为越来越多中国人的追求。现代化研究中关于"现代化进程启动后巨大惯性带来不可逆转"的理论似乎正在昭示:中国改革开放这一现代化进程中激发出来的社会民主化时代精神将会不断发展甚至是升华的。这些也将进一步反映到大众传播媒介的变革中。无论是普罗大众对大众传播媒介的进一步依赖,还是社会贤达对大众传播媒介的关注与参与;无论是人们对大众传播媒介参与政治改革期望值的攀升,还是人们对大众传播媒介作为"政治雷达行为"的高度重视等,这些都将更充分地显示在社会民主化进程与中国大众传播媒介变革的互动中。例如,1998年7月,美国总统克林顿正式来华访问,中国政府以前所未有的媒体开放精神,让中央电视台向全世界现场直播了"两国首脑新闻发布会"和"克林顿北京大学演讲",中国民众对此投以的热情与关注都是空前的。

在大众传播事业发展与社会民主化的进程中,符合社会民主化进程的时代精神还将反映在全球民主化进程的国际扩散效应上。中国大众传播媒介在反映与报道这些问题时,大都采取了较为开明的态度。我们应当看到,"新时期"20年来中国大众传播媒介的变化,对于社会民主化进程中所需"时代精神"的形成和发展,起到了不可低估的作用。

2. 促使民众广泛而深入的政治参与

处在现代合力因素视野中的社会民主化进程研究,也十分关注民众参与政治的必然选择,并将这一问题作为一个极为重要的因素来看待。关于人民参与政治的选择问题,江泽民有些新的论述:"共产党执政,就是领导和支持人民掌握和行使管理国家的权利,实行民主选举、民主决策、民主管理、民主监督,保证人民依法享有广泛的权利和自由,尊重和保护人权……要努力实现社会主义民主的制度化、法律化,使这种制度和法律不因领导人的改变而改变。"①在中国的社会民主化进程中,大众传播媒介如何进一步促使民众广泛而深入的政治参与,亦将是在现代合力因素视野中的社会民主化进程研究极为重视的问题。目前,中国政府正在此方面开始了更大的努力。例如,中国政府已将基层政治发展作为一项率先推进的重要工作。特别是关于中国农村乡村民主选举的问题,已被放到了相当突出的地位。中国的大众传播媒介对这一问题进行了特别的关注(国际媒体也对此予以了相当程度的关注),媒体已进行了大量的较为深入的报道,而且,有些批评报道达到了十分尖锐的程度(如中央电视台1998年11月《焦点访谈》便对乡村民主选举中带有黑社会性质破坏的问题进行了曝光,令人触目惊心)。中国大众传播媒介对选举问题的特别关注(虽然还仅仅是中国农村中的乡村民主选举问题),某种意义上是运用了大众传播模式研究中的"议题设定"理论,尽管民主理论研究流派纷呈,但是有一点却早已是共识——选举是民主的本质。从"选举是民主的本质"这一基础上才产生了民主制度的其他特征。只有存在着某种程度的言论自由、集会自由、新闻自由只有反对者能够批评现今的当政者而不害怕受到报复,才有可能进行自由、公平和竞争性的选举。中央电视台在这方面可以说是做到了"敢为天下者先",尽管面对的还仅仅是中国农村的乡村民主选举。

3. 展现政治领袖们的政治良知与智慧,提升政党选择民主化模式的能力

在现代合力因素对社会民主化进程影响的研究中,尽管仍重视一个国家"经济持续发展、经济新体系的建立、社会财富的积累与社会阶层的分化、文化价值观的传播与变革"等传统因素的作用,但对于政治领袖如

---

① 江泽民:《在党的十一届三中全会二十周年纪念大会上的讲话》,载《人民日报》1998年12月19日。

何展现政治良知与智慧,政党如何选择民主化模式,已成新解。现代政治的前沿研究认为,一个充满活力的社会民主制度往往是政治领袖的政治良知与智慧共同酿就的,这往往会导致政党对民主化模式的选择。当然,这种选择往往又体现为一种能力结构[①]。诚然,这种政治的良知与智慧,乃至由政治领袖统领政党对社会民主化模式的选择,应当符合社会民主化的基本建构。大众传播媒介也应当以其特有的影响力,对这种"能力结构"的催化和提升起到积极的作用。

1997年9月召开的中国共产党第十五次全国代表大会的报告(以下简称"十五大报告"),对于政治体制改革以及与此相联系的民主法制建设问题投以前所未有的关注,并用相当的篇幅进行了较为深入的论述。这些论述非常集中地体现在三个方面:首先,"十五大报告"将建设有中国特色的社会主义政治纳入了社会主义初级阶段的基本纲领的范畴,从而进一步肯定和强化了民主法治建设的战略地位。其次,"十五大报告"在社会主义民主政治方面提出了一系列新的观点。如提出了民主的四个环节和要求;提出了决策机制民主化、科学化的三项要求;提出了民主监督系统化的要求等。再次,把依法治国作为党领导人民治理国家的基本方略。显然,"十五大报告"已向世人昭示:中国不只进行经济体制改革,中国也正在大力推进政治体制改革。紧接着,中国政府加快了这方面的进程:1997年中国签署了《经济、社会、文化权利国际公约》;1998年中国又签署了《公民权利及政治权利国际公约》;等等。特别是中国签署的《公民权利及政治权利国际公约》,对社会民主化的进程意义颇为重大,中国与世界大众传媒也予以了高度的关注。

在"十五大报告"中,尽管也提出了诸如"新闻宣传必须坚持党性原则""把握正确舆论导向"的问题,但是,这些问题与"十五大报告"中所涉及民主监督系统化问题相比,显然是不能同日而语的,因为在"十五大报告"中,江泽民讲道:"我们的权力是人民赋予的,一切干部都是人民的公仆,必须受到人民和法律的监督。要深化改革,完善监督法制,建立健全

[①] 王贻志:《国外社会科学前沿》,上海社会科学出版1998年版,第108~130页。

依法行使权力的制约机制。坚持公平、公正、公开的原则,直接涉及群众切身利益的部门要实行公开办事制度。把党内监督、法律监督、群众监督结合起来,发挥舆论监督的作用。加强对宪法和法律实施的监督,维护国家法制统一。加强对党和国家方针政策的监督,保证政令畅通。加强对各级干部特别是领导干部的监督,防止滥用权力,严惩执法犯法、贪赃枉法。"①江泽民对这一问题的论述,已远远超越了对中国大众传播事业中新闻理论的一般提法,而将对这一问题的审视和认识转化并提升为中国社会民主化建设的高度。虽然,在推进中国社会民主化的进程中,中国大众传播事业的变革远不只是一个发挥舆论监督的问题,但是,这毕竟是一个历史性的进步。

(三) 中国大众传播事业的发展与社会民主化进程的特殊性、阶段性

1. 中国大众传播事业的发展与推进社会民主化进程的特殊性

与传统的民主理论截然不同的是,现代民主理论在社会民主化的研究上,体现出对不同国家、不同种族、不同历史、不同文化的尊重。第三次民主化浪潮的一个十分重要的特点就是:民主化发生在了各种各样的国度,这与第一、第二两次民主化浪潮都有极大的区别。

特别是民主化浪潮体现在民主模式的认同与选择上,更是如此。著名政治学者肯·格拉底斯的见解颇具代表性:"一种民主模式的相对优缺点,完全取决于一个国家的政治历史、文化多元、种族分化程度和经济生活方式。"②在肯·格拉底斯看来,世界上根本不存在一种适合于所有国家的理想民主化模式。江泽民在党的十一届三中全会二十周年纪念大会上的讲话中说:"世界上的民主,都是具体的、相对的,而不是抽象的、绝对的。都是由本国的社会制度所决定,并且都是随着本国经济文化的发展而发展的。③"应当说,这正在成为现代民主的一种共识,尽管这种共识的政治、经济、文化背景未必相同。在这方面,加布里埃尔·A·阿尔蒙德的

---

① 江泽民:《在中国共产党第十五次全国代表大会的报告》,央视网,http://www.cctv.com/specia4777/1/51883.html。
② Ken Gladdish, "The primacy of the Particular", Journal of Democracy (Winter 1991).
③ 江泽民:《在党的十一届三中全会二十周年纪念大会上的讲话》,载《人民日报》1998年12月19日。

话还是值得回味的:各种政治体制创造出了特殊的政治交流(包括大众传播媒介)结构和技术,并来达到它们各自的目的①。

在推进社会民主化的进程中,大众传播事业有着极其重要的作用。但是,在认真审视大众传播事业在推进社会民主化进程作用时,有一个十分关键的理论问题需要引起我们的高度重视。这就是如何认识和区别大众传播事业中的自由化与民主化的问题。大众传播事业中的自由化,是指在现行体制内的大众传播媒介往往要求现有政体放松对大众传播媒介的限制或控制,要求扩大大众传播媒介的权利;而大众传播事业中的民主化则要求现有政体确认大众传播媒介的合法性基础与地位,使大众传播媒介深层介入民主化的政体,形成与民主化政体相适应的"政治交流结构",以期作用于民主政体。对于前者——大众传播事业中的自由化,与社会的冲突较为平缓;对于后者——大众传播事业中的民主化,与社会的冲突则较为激烈。这点,在推进社会民主化的进程中,要有足够的思想准备。

值得关注的是,1998年12月1日全国人大常委会委员长李鹏在接受德国《商报》住京记者思立志的采访时指出:依法治国是治理国家的基本方略。中国将按照法定程序制定一部符合中国国情的新闻法。新闻自由的原则应该遵循,但是个人自由不能妨碍他人自由,这一原则也应该遵循。新闻自由要有利于国家的发展,有利于社会的稳定②。中国早在18年前就呼吁中国的新闻要立法,可"千呼万唤出不来"。时至今日,新闻立法终于"仿佛若有光",这毕竟体现了中国的大众传播事业正在开始寻求合法的权利。当然,"要立法"和"如何立法"毕竟有着很大的差别。在新闻法中,如何界定"新闻的功能"?如何保障"新闻的自由"?如何保证"舆论监督"?如何对待"创办媒体"?等等,这一系列问题都是与社会民主化进程息息相关的。

2. 中国大众传播事业的发展与推进社会民主化进程的阶段性

现代民主理论的研究已不再把社会民主化视为一个直线发展的过

---

① [美]阿尔蒙德:《比较政治学》,上海译文出版社1987年版,第166页。
② 新华社:《李鹏委员长接受德国商报记者采访》,载《人民日报》1998年12月1日。

程,而把社会民主化作为一个复杂的历史进程来看待。研究中国大众传播事业与推进社会民主化进程,就应当把这一问题放在一个复杂的历史进程中来考察。就目前的研究成果看,民主化的过程一般可以分为四个时期:即民主化的前奏期、民主化的转型期、民主化的巩固期、民主化的成熟期。这四个不同的民主化时期,在时间的起、承、转、合上构成了社会民主化进程的完整进程和全景画卷。

在现代民主理论的研究视野中,民主化的前奏期和民主化的成熟期往往不再成为研究的重点,而把研究的重点放在了民主化的转型期、民主化的巩固期。处在这两个最为关键的时期,大众传播媒介所起的作用既十分重要但又十分难以把握。从性质上看,民主化的转型期是政治上最不稳定的时期,处在这一时期的大众传播媒介一方面要承担起大力推进社会民主化进程的任务,而另一方面则又要充分考虑社会民主化进程中的震荡可能承受的压力。这无疑给一个大力推进社会民主化进程的政治贤达们以很大的难题。在这一问题上,光有政治改革的良知与勇气是远远不够的,政治智慧的充分发挥将是一个关键。中国目前可以说正处在民主化前奏期与民主化转型期二者间的过渡时期,尽早地从理论上来了解和认识这一问题非常必要。"要积极稳妥地推进政治体制改革,这是我国社会主义政治制度自我完善和发展的内在要求……政治体制改革要同经济体制改革和经济文化发展相适应,有步骤有秩序地向前推进。"①1998年10月7日中国国务院总理朱镕基视察了深受人民群众欢迎,以舆论监督而闻名中国中央电视台,并与《焦点访谈》节目的编辑、记者座谈。朱镕基发表了"舆论监督,群众喉舌,政府镜鉴,改革尖兵"的讲话。这一非常重要的讲话,以其新的提法和鲜明个性,引起人们的关注(特别是将"舆论监督"放在"喉舌"之前的提法——即便是讲"喉舌",也首次用了"群众喉舌",更是注目。"政府镜鉴"则是一个全新的提法),特别是在中国的新闻传播界产生了重大的反响。不久,李鹏在全国人大的一个座谈会上提出更

---

① 江泽民:《在党的十一届三中全会二十周年纪念大会上的讲话》,载《人民日报》1998年12月19日。

好发挥新闻媒体的监督作用,推进实施依法治国的方略①。至于民主化的巩固期,正是诸多学者在不断深入探讨的。从目前的研究来看,研究已有了很大的进展。在这一问题上的一个重要发展是:众多学者们倾向于认为民主的稳定并不等于民主的巩固,单纯地维持民主政体并不必然地巩固民主政体。稳定有助于巩固,但巩固和稳定毕竟是两个不同层次的现象。例如,海格利和甘舍都认为只有当政治贤达们对民主进程达成共识,普通民众能够广泛地参与选举和其他制度性程序,民主政体才得到巩固。林茨则认为:一个巩固的民主政体意味着,期间任何一个主要政治行为者,政党、利益集团、机构或个人都认为他们只有在民主进程中才能获得权力和权利,出此自外别无他法;而且期间任何一个政治机构或团体,都不会投票否决民选决策者的决策行为②。尽管政治学者讨论这一问题时尚有各自的学术观点,但是在看待大众传播媒介这一问题上却颇为一致:大凡实现社会民主化的国家,无论是其提供真实的新闻认知,还是反映普遍的现代民意;无论是实施有力的舆论监督,还是形成深层的制衡结构,大众传播媒介是完全融入社会民主政体的。当然,中国的民主化进程尚在推进,对这一问题的讨论似乎才刚刚开始,但是对社会民主化全过程的关注,往往是解决阶段问题的一把金钥匙。

---

① 李鹏:《在纪念党的十一届三中全会召开二十周年大会上的讲话》,载《人民日报》1998年12月11日。
② 王贻志:《国外社会科学前沿》,上海社会科学出版社1998年版,第108~130页。

新的电影观念和我国当代电影*

出于对我国当代电影形态某些特殊的,甚至是强烈的感受,促使我想从电影结构的角度来思考一些问题①。诚然,电影艺术武库的极大丰富;电影学者分支的萌发奋起;各种思潮对电影的无情影响;多学科与电影的互为作用和渗透;等等,都不能不使电影结构问题变得错综复杂,牵一发而动全身。但是,我仍想对此问题进行一点探索,尽管这种探索可能粗略、零碎,甚至是谬误。

一、大千世界的母体

哪怕只是简单地考察一下我国当代电影的结构问题,都不能不涉及当代社会思想进步观念认识能力的拓展和电影美学观念的变化。电影,对我们时代和社会的一切都会非常敏感地作出反映。

历史的演进,社会的进步,现代科学的发展,使人们对自然和物质的认识大大地发展了。伴随着对旧观念的怀疑、不满,甚至是反对,出现了许许多多的新观念:新的社会观使得人们学会历史地、宏观地去看待问题,而不再是拘泥于一时一事;新的生活观众使得人们以更切合实际和更富洞察力的眼光去对待生活,而不再是以往的粉饰和拔高;新的价值观使得人们重新去估价和掂量社会中的一切;等等。

电影发展到今天的形态,既是社会与科学的进展和人类把握日益复杂

---

* 本文发表于《电影艺术》1983年第4期。
① 本文将1976年以后的国产影片列为当代电影,特别注重近年来的国产影片。

的世界生活图景的认识范围的扩大,也是电影艺术大大接近生活本身形态的技术进步,同时,它也是观念审美能力带来的必然要求。现在,观众与电影的关系发生了很大的变化,这种变化最根本的就是观众变得更有主见,他们要用自己独特的方式去完成对影片的思考,当代观众已积极地参与到了影片的创作中来。这一重要变化虽然是由多因素造成的,但究其比较主要和直接的原因,恐怕还是当代人认识能力的发展,要求摆脱简单划一思想的控制而以自己的思想去看待生活,醒悟哲理。同时,当代人艺术视野的扩展、电影意识的加强、电影文化的普及都促成了这点。可以这么说,当代有追求的导演都在不同程度地改变羊城以往把观众当成银幕奴隶的做法,带来尽力留出影片"空白"能力的必然要求。但是,对电影艺术家来讲,它却应当是对现实世界(包括了观众)深刻了解和把握后升腾而成的艺术观念。

上述这些,积聚、化合在电影艺术中最本质的便是当代电影美学观念的形成。我以为,当代电影美学观念既是多元的,同时又是存在阶段性的。正是由于多元美学观的作用,方构成了当代电影日趋多样化的总趋势;正是由于发展变化的阶段性,才形成了当代电影争奇斗艳的新局面。因此,承认当代电影的多元化美学观并不意味着否定某种电影美学观的主导地位,特别是突出表现于电影艺术发展某一时期的某种电影美学观念。我认为,当代电影美学观念的一种是竭力追求电影艺术表现的朴素。这种不妨称为"朴素的电影美学观"[①]正在我国当代电影中越来越显示出突出的地位。

朴素美就一般美学意义上讲,它是美的一种形态。当朴素美不只是作为一种形态而是作为一种艺术美的观念进入电影艺术的疆域后,首先便带来了它在反映对象上的重大转移。这非常突出地表现在当代电影艺术寻求与反映艺术所要表现的素材上。人们赖以生存的大千世界是极其纷繁多姿的,它给反映这大千世界的文学艺术提供了无限广阔的天地;无论是战争,还是劳动;无论是富庶,还是贫困;无论是生死,还是恩爱;等等,这些在各艺术部类面前享受着毋庸置疑的平等。在电影摄影机前,惊

---

① "朴素的电影美学观"其涵盖率是有所限制的;它是对正剧而言,对于那些类型片,如喜剧、惊险片、武打片等,不在论述范围。

心动魄的历史事件、宏伟壮观的史诗场面、左右社会的英雄人物当然应该占有一定的地位(事实上,这些已占有,并还将占有一定的地位),但广大民众连同他们那些平常的生活是不是应该更多地占有地位,甚至是主导地位呢?由于历史的社会的诸多原因,可以使一些重大的题材在某一时期、某一区域显示出独特的巨大的艺术魅力,但真正有更广泛意义的、更深层思想的、更富长久魅力的却往往是日常生活中最平常的事情。《邻居》筒子楼里一场场的邻里风波;《人到中年》中一位眼科大夫的忙碌、苦恼;《大桥下面》小弄里几个"个体户"的寻谋生计;《十六号病房》中集于一室的四位女知青对生活各自的看法和思考;等等。"这些琐小的,跟你我以及他人所共有的经验有联系的,随便碰到的瞬间,可以说是构成了日常生活的领域——现实的一切其他形式的母体……电影即倾向于探索日常生活的这种构造。①"克拉考尔的这段话也许是能说明一些问题的。我认为,这种朴素的电影美学带来的反映对象上的重大转移,非常集中、具体地表现在电影艺术家的取材上。这种取材的基本倾向是:力图从常驻人平凡的、看惯的,甚至是平静的生活中去发现美,通过对平常性题材的开掘,从而展现人类生活的底蕴,揭示他们生活的本质,最大限度地追求生活实感。可以这么说,以往电影中挺忌讳的"小题大做""平中见奇"在朴素的电影美学观的作用下不仅成为可能,而且已形成一股潮流了。这种大当代电影中得到日益加强的电影美学观念,对于下面将要展开的具体论述是非常重要的,因为它是左右当代电影的结构。

也许有人会说,既然电影美学研究的往往是电影审美主客体间的特殊的、紧密的联系,那上述对审美主体(这儿主要指电影艺术家,特别是影片的编导)的论说是不是过于简单化了?这问题提得非常好!处在当代电影时期,为什么投射到电影艺术家心灵上的往往是那些不见经传的人物、平平常常的事情?就其最主要的成因,我认为就是现在人们的社会价值标准和人的价值标准都发生了很大的变化。社会形态中价值观念的巨大变化,影响、折射到电影艺术家,便使当代电影视角发生了非常大的变化。这种当代电

---

① [德]齐格弗里德·克拉考尔:《电影的本性:物质现实的复原》,邵牧君译,江苏教育出版社,2006年版,第383页。

影视角不是别的,正是电影艺术家们对现实普通形象本身价值的再认识和对日常生活所具魅力的进一步发现。过去认为意义不大或者没有必要表现的人物和这些形象的某些方面,过去认为与主人公的存在和行为关系不多,甚至是多余的生活场面、景物、细节等,现在都会在当代电视视角的作用下产生巨大的艺术魅力。这方面,叶楠同志的话很具代表性:既然现在一片树叶便能引起我心灵的颤抖,我便可以去尽情地写一片树叶,摄影师们也就可以去拍这一片树叶。考虑到本文就要涉及这些方面,便不赘以例子。

或许有人要问:这样电影美学观念是不是限制了当代电影题材的表现范围?这问号确实该引起我们足够的重视。不过,本文开篇便指出过,我们虽然认为这种朴素的电影美学观在当代电影中占有重要地位,但无意于否定多元化电影美学观,这点应当注意。实际上,当代电影形式的特点,通常总是更多地取决于电影艺术家对待材料的态度,而不是取决于他所处理的特定题材。就这点讲,我倒是认为,即使是主张以异常情景和奇特人物中发现美的电影艺术家来说,他们也不可能不受到这种占有重要地位的当代电影美学观的影响而使自己或多或少地带有了某些"朴素美的电影视角"。在这方面,稍看一下我国"战争题材"的影片,便可略微明了。以往,我国"战争题材"的影片非常注重表现两军对峙的严峻势态,展示激越战争场面,渲染剑拔弩张的紧张气氛,从而塑造出可歌可泣的英雄人物。可在现在呢?从《小花》到《今夜星光灿烂》;从《心灵深处》到《风雨下钟山》,这些影片虽还称不上佳作,但就以普通战士的命运和遭遇来反映战争、注意运用大量非战争场面和细节来揭示人物等方面来说,可以说是在逐渐转向当代电影视角了。

二、有意识地"降温"

如果我们较仔细地考虑一些当代影片,也许不难发现"为了不单在生活的转折点,在某一决定性的关键时刻去表现人,而是要求从每天发生的众多矛盾和思考之中表现人,一些艺术家宁愿降低戏剧性的灼热程度"[①]

[①] [苏联]勒·别洛姬:《现代电影中的抵触》,冯志刚译,载《电影艺术译丛》1979年第3期。

这样的事实。假如说苏联电影理论家勒·别洛娃在20世纪70年代敏锐地发现了电影结构在这方面的转变萌发的话,那我认为到了80年代的今天,这种变化已急剧发展并构成了当代电影结构中非常重要的也可以说是最基本的倾向。有意识地"降温"表现在当代电影的结构上,最根本的就是竭力避免人为的戏剧性,尽量降低情节的烈度。

我国近年来出现的在不同程度上引起注意并受到一定好评的影片在这方面都作出了探索,体现出追求。《巴山夜雨》不正由于编导有意识地避开了谱写那个动荡年代的剧烈的外在冲突却恰恰深刻地反映了那个动荡的年代而使人们感到耳目一新,进而夺魁吗?《都市里的村庄》所以能使主人们在感受到压抑的同时又激荡着炽热而向上的力量,不正是影片的编导果断地避开了先进者与落后者的尖锐冲突,而去大大拓展了丁小亚、杜海他们"孤独"的工作、生活处境而获得的吗?《如意》之所以能让人们从心底感到微微一颤,使观众看到了久已被遗忘的社会生活的另一角落,远非只是抓住了石、金二人这样一对老年人之间曾有的爱情纠葛,影片在很大程度上不正是在石、金二人各自生活的延伸线上开掘出更多的内涵吗?《牧马人》虽然有其不足,但这部影片没有让许氏父子在"走与不走"的问题上展开外在强烈冲突,而是尽力"压"住了城市这条"线"去铺陈了牧场生活一条"线",是不是使这部影片仍不失为一部力作的主要原因?前不久上映的优秀影片《十六号病房》在这方面的探索似乎更为大胆,追求也显得更为强烈。影片不光没有用展开的情节去交代几位"知青"在各自的生活磕碰中形成的性格历史,而且始终都将这几个"知青"囿于病房,置他们于精神的对峙和哲理的思考之中。那开片近两本的X光胸透和病房絮语,让人们在无味之后感到淳厚,在失望之后感到振奋,这充分显现出编导的艺术功力,至于像影片《城南旧事》的佳作,编导在这方面的突出成就已为人通晓,在此不必再花笔墨。

也许有人更提出这样的尖锐问题:这样的结构处理不是明显地回避了影片的社会矛盾,从而削弱了它应具的思想意义?不然,一方面,人类生活中存在着大量的往往是那些深藏于生活内层尚未激化的矛盾,而这矛盾恰恰是以往电影很少去表现而当代电影却把它作为自己的主要探索区域。另一方面,即使是表现强烈社会矛盾冲突的影片,由于当代电影朴素的电影美学观念的转变,他们更多的往往是通过间接的、曲隐的,甚至是虚写的"艺术形式的转换"(别林斯基语)来达到目的。《十六号病房》虽然没有去对具体的社会矛盾和社会问题进行冷静的描绘,但它却丝毫没有回避社会矛盾和社会问题,只不过将这些化为"知青"们心灵的隐痛和精神的渴求。试想,如果让《十六号病房》中的"知青"们一个个置身于各自的"上山下乡"的环境之中;如果让《牧马人》中的许氏父子在宾馆争执不休,这或许能给人增强一些外部动作冲突的强烈效果和环境氛围,但毋庸讳言,如此结构出来的影片决计达不到这两部影片的思想深度和艺术高度。在某种意义上说,影片的艺术价值也就荡然无存了。我以为完全可以这样讲:当代电影艺术家结构能力的高低,取决于他对当代电影叙事形式的领会和把握。

对"有意识地'降温'这样结构处理的认识,绝不是一个简单的艺术技巧问题。在以当代电影与现实关系上把握的同时,还要从当代电影与观众的关系上去把握"。在这方面,我认为美国电影理论家迈·罗默所讲的话非常精到:"现代电影艺术家有着不靠增强效果来达到与观众交流的目的,因为现代电影艺术家要求于观众的感受力也就是他们日常的感受力。"①对于这个问题,我想或许还应该以艺术心理学的角度予以一些思考。文艺心理学的研究愈来愈清楚地表现出:一件文艺作品的最终完成不是单层次的,它除去传统的强调作品本身所具的艺术力量外,十分注重"使欣赏者产生包括美感在内的特殊感受,进而引起客观事物的广泛联想和理解"②。这也就是说,当代电影观众的审美心理机制应当在欣赏影片过程中得到最大的尊重和充分的发挥。注意到这一点,也就要求当代电影尽力达到艺术心理学上常"同态"(意即,一件艺术品应当最大限度地与欣赏者的心理机制达到吻合状态)。我认为,这种"同构"在电影结构中,特别是在影片的情节设置上的突出表现就是要求当代电影的偶然性和孤例性尽量减低,让必然性和普遍性大大加强。从逻辑学的角度来认识此

---

① [美]迈·罗默、宫竹峰、孙雨:《现实的表象》,载《世界电影》1980年第5期。
② 金开诚:《文艺心理学》,北京大学出版社,1982年版,第97页。

问题,就是当代电影要求情节逻辑的作用相对减弱而使人们的情感逻辑和心理逻辑得到更多的加强。近年来我国的影片在这方面虽然大有进展,但仍存许多痼疾。就拿获得较高评价的影片《乡情》来说,这部有着浓郁乡土气息、朴实真挚的佳作是不是就因为那一把梳子带来的戏剧性巧合而使人们至今还感到遗憾呢?再说影片《逆光》,如果这部影片在结构时不把夏茵茵的母亲作为廖星明正好碰到的编辑部负责人,从而使夏廖婚姻受阻是不是更具典型意义呢?《女大学生宿舍》如果不把辛甘的妈妈与匡亚兰纠葛在一起,这部影片是不是能从更广阔的视野上来看待20世纪80年代的大学生而不至于使这种"孤例性"让人们的认识陷于狭隘?

三、学会了使用显微镜和开金矿

如果说前面所讲到的"有意识地'降温'"是当代电影结构的战略方针,那么注重细节运用,注重场面积累,注重多样穿插便是当代电影结构的具体战术手段。在当代电影中,占主导地位的再也不是传统电影的紧张感和现代派电影的幻觉感,而是将目标集中于人物的生活,以细节、场面、穿插的综合运用极为细致、准确地刻画人物的生活状态和社会环境,使"人物性格的创造仿佛是通过把分散在整个情节中的一些细节和插曲连缀起来而实现的"①。

美国电影理论家斯·梭罗门曾说过:"关于电影形式真正该问的一个问题是:电影创造是否能利用背景中的细节来取代大部分的叙事结构?"②这个问题的提出,对于我们研究当代电影在结构上的特点提供了一个重要的途径。如果我们坐下来认真地分析一下当代影片,也许会发现,有些影片几乎尽是用细节"串"起来的。《大桥下面》开篇便花了近半本的胶片去表现秦楠一清早为父亲去教课而做的一连串联琐碎活儿:买油条、打豆浆、取报纸、洗青菜、添煤饼等。《如意》中对石义海扫地打水的不厌其烦地展现,对他在一片黑暗的小屋里抽烟全过程的描绘,让格格烧水、画蛋、做针线镜头的反复出现等。《都市里的村庄》中杜海几次的生炉子,

---

① [美]斯坦利·梭罗门:《电影的观念》,齐宁·齐宙译,中国电影出版社,第36页。
② 同上书,第50页。

丁小亚洗脚、擦脚、倒水等。观众对这些非但没有感到丝毫厌倦,产生心理上的对抗,相反,正是这些细节让他们徜徉在生活的溪流之中。究其原因,也就是前面所论述的,当代电影艺术家和当代电影观众所具的"当代电影视觉"决定了他们能够进行这样的艺术表现和达到这样的情感交流。这正如迈·罗默所说的:"我们现在终于能够用上这些长期受人忽视的,转瞬即逝的日常生活细节,从这些普通的贫矿石中炼出艺术的真金来。"①在这方面,探讨一下当代人的心理结构是有很益的。由于社会的发展、科学的进步、知识群的扩大等诸因素形成的合力,促使当代人的心理结构日趋复杂。这种复杂有一个很显著的特征:人们愈来愈以更细微的眼光来看待一切,体验一切,分析一切。人们对待社会生活的观察、分析的眼光不仅常用"特写"或"大特写",而且都学会了使用"显微镜",要从细微处见精神。这如同英国著名电影艺术家雷纳逊分析当代影片时指出的:"观众都希望看见在自己身上和生活中碰到那些引起他们快乐和痛苦的东西最有影响的东西是印象最深的,而且是那样的细微……"②在这个问题上,韩尚义一段话也很能启发我们:"人们都有一种类似的社会,凡是想起了一个要好的朋友,最好忘的恰恰是和他共同生活时的一些细节,有时想起一出好戏,一部影片或一本小说,往往也先想起那些有关的细节,再由细节扩大到全部。③"雷纳逊是从审美心理发展变化的角度来谈论这个问题的,韩尚义是从心理普遍规律来看待细节的。我觉得,如将这两方面有机地结合起来,再联系前述的当代电影在反映对象上的变化,便可寻出当代电影结构上的又一显著特点——以生活中大量的、甚至是极其琐碎的细节作为影片结构的基本元素。运用这些生活细节来取代传播电影的隐喻或是直接以语言和行动(这儿的行动主要指矛盾冲突的动作)的表达。当代电影的这一特点在心理学上得到的映证是,让银幕上所展示出来的一切尽可能地与当代电影观众的心理结构达到一致,从而与观众产生多且深的细腻的情感交流。

---

① [美]迈·罗默,宫竹峰、孙雨:《现实的表象》,载《世界电影》1980年第5期。
② [英]雷纳逊:《电影导演工作》,周传基、梅文译,focal press,1979年版,第10页。
③ 韩尚义:《细节》,载《文汇增刊》1982年第2期。

由于上述这个特点,必然使得当代电影结构呈现出断断续续、似散非散的状态,这是非常突出的。但是,如果当代电影只是将大量的乃至琐碎的生活细节进行简单的"串连",那很可能导致影片的过于散乱,甚至还可能又回到现代主义电影的窠臼中去,像法国影片"生活流"的作品《老姑娘》那样。当代电影在细节运用上的很重要一点就是,往往详略得体地将一些细节扩展为场面,甚至以此形成一个生活片段,从中挖掘出细腻感人的东西。这,也就形成了当代电影结构上的又一特点。意大利新现实主义的代表人物柴伐梯尼所说在我们的生活里面,每一个细小的事件都是一个金矿,你只要往下采掘,是取之不尽的。① 似乎为这特点做了很好的注解。这方面的例子在当代电影中是非常多的,有些场面的处理十分精彩、独到。《十六号病房》中"X光胸透"便是突出一例。给病人胸透,这在一般的编导心目中也许是很不显眼的东西。对此,或是在银幕上一带而过或是根本用不上它。可在这部影片中,导演竟十分大胆地用30个镜头200多英尺胶片将此细节扩展为一个很长的场面。这样的艺术处理,不光一下子把我们深深拽入医院这样一个特定的环境氛围之中,而且很自然地从不同角度把三个主要人物介绍出场:不仅对这三个主要人物生理上的病状同她们各自的精神状态以及她们之间的关系做了介绍(这种介绍某种程度上也是对比),而且,上来便以简捷有力的笔触勾勒了三个主要人物的性格。至于像影片《人到中年》中由陆文婷让儿子圆圆买烧饼细节"膨胀"开的那场面和《乡音》中对"端脚盆"细节的扩展与反复,已为人知晓。或许有人要问:这样构成场面的处理与传统影片有何差异呢?这问题是有价值的,它实际上正触及了当代电影在场面处理上的一个实质性问题。这种场面处理较之传统影片的场面处理实际上是有很大区别的。当代电影的场面处理不仅只表现在注重日常生活细节的扩展上,而且还十分突出地表现在场面与场面间往往不是用演绎的方式而是以累积的方式。这也就是说,由于传统电影在结构上的封闭性,往往使得传统电影场面和场面的处理非常讲究前因后果,注意环环紧扣。而当代

---

① [意]西·柴伐斯梯尼《谈谈电影》,黄鸣野译,载《电影理论文选》,邵牧君等译,中国电影出版社,1990年版。

电影呢,场面与场面间往往无必然联系,断断续续,似散非散。在这方面,我们只要对比一下《红色娘子军》《早春二月》等影片便可清楚地看到这些。

当代电影在结构上的另一特点,是注意在影片中进行一些(有时甚至是大量的)次要情景的穿插。这些次要情景的范围是较广的,它可能是一个次要人物的设置,也可能是一些景物的展示;它可以是某些事态的氛围渲染,也可以是一些喜剧场景的出现;等等。这些穿插较之传统电影也有很大的不同。首先,传统电影的穿插一般以对应影片的局部表现为多,许多穿插都不同程度地带有较多的象征、隐喻;而当代电影的穿插一般都很强调它的整体融合性,很少有明显的局部对应、象征等含义。这也就是说,当代电影的穿插虽然从局部来看不像传统电影那样容易给人以直观强烈的感受,但从整部影片来讲,这些穿插都可以构成影片的"积极背景"(斯·梭罗门语),让人回味无穷。其次,传统电影所有穿插大体都是与剧情的发展有较多关联的,而当代电影往往用一些在传统电影看来可有可无,甚至是游离剧情的穿插。这种穿插虽然很少起推动情节的作用,甚至还减缓冲淡了情节,但它却可以作为一种氛围的渲染,特别是作为一种烘托全片的情绪力量发挥效用。在当代电影中,这方面的例子可以说是俯拾即是。像影片《都市里的村庄》中对那个吆喝着"明天全市查卫生,家家户户搞干净"摇铃人的设置;影片《城南旧事》结尾处红枫叶的多次推拉与叠化;影片《青春万岁》里对带着哨音掠过蓝天鸽群的展现;影片《乡音》中对"夕阳西下石埠镇"的三度反复;等等。当然,在当代电影结构所运用穿插时也出现了不良的倾向。如有些影片为了处理男女间(常常是一对恋人和夫妻)矛盾的需要往往简单地结构进一个孩子,搞"戏不够,孩子凑"的浅俗处理;又如一些影片对大自然景色牵强的摄入和盲目的展现。这些应当引起高度重视。

四、生活也许就是这样流动的

我们在研究当代电影结构时必须重视当代电影的时间概念。重视这点的主要原因是:一方面运动是时间的表现形式,时间是通过运动的形式被感知的[①],如何在银幕上表现一个运动过程,这实际上正是电影结构的核心问题;另一方面,当代电影的时间概念较之以前的电影时间概念已有了很多的变化。

传统的电影时间概念可以说是银幕化了的戏剧性时间概念。这表现在传播的电影结构中主要是两点:一是"浓缩性",二是"单线性"。前者一般都是按照戏剧冲突律来截取时间、组织时间,诸如"从接近高潮写起"等;后者往往恪守每部影片必须有贯穿动作的原则,十分讲究剧情的完整性。

要比较好地把握当代电影时间概念,注意一下传播电影的时间概念固然很重要,但更多的也许应该将当代电影的时间概念与现代主义电影的时间概念有所区别。由于现代主义电影艺术家所持的电影美学观念(或称之为"变态电影美学观念"),也就带来了他们对电影时间上的主观随意性。他们的一些影片,往往让主人公与社会隔绝,让人物耽于内省,竭力追求人物纷迷的精神状态。因此,现代主义的电影时间也是以"纷迷"的形式出现在影片中的。对于现代主义电影,我们不在此多加评说。就其时间概念来讲,虽有强调内心真实等长处,但总的来说,这种时间概念是有致命弱点的。在这方面,我认为克拉考尔所说的"电影主要是一种物质的,而不是精神的连续"的话是切中现代主义电影弊端的。虽说现代主义电影并没有在我国形成一股大的潮流,但我国当代电影在经过一阵近乎狂热的开放和遭到外国影片频频的冲击后,应该在深刻的反思中求得冷静和清醒。

基于上面的分析,我认为当代电影的时间概念在当代电影结构中有以下较突出的三点。

首先,当代电影一般都将"物质连续"作为影片结构的主体元素。苏联当代哲学家卡甘在他的《时间是一个哲学问题》的论文中写道:"时间首先是物质——自然物质、社会物质——运动的形式,即现实存在的表证。"作为反映现实生活艺术部类之一的电影,特别是这门以视觉运动为主伴之于听觉的艺术,无可厚非地应当着重把这种"现实存在的表证"展现出

---

① [美]霍华德·劳逊:《电影的创作过程》,齐宇、齐宙译,中国电影出版社1982年版,第367页。

来。当代电影虽然并不排斥运用一些电影手段对人物的内心状态予以一定的揭示,但绝不能让其成为影片的主导。当代电影中,能够加以充分表现的应该是构成"物质连续"的种种事件,尽管这种事件很可能微不足道,零碎散乱。就影片《都市里的村庄》所反映的题材来说,可以说是很适合用"精神解剖法"来结构的,但这部影片中男女主角丁小亚、杜海的主观感受几乎等于零——整部影片没有用人物的内心独白,也没有用闪回来展示丁小亚、杜海的极度苦闷和孤独。

其次,当代电影艺术家的时间取向愈来愈趋向于"顺向时间"(我们常称之为顺叙),努力把主人公放进创造出来的一个真实的时间关系体系中去表现。影片《青春万岁》在这方面是处理较出色的。按理说这种展现20世纪50年代大学生生活的影片最适于用"回首当年"的结构方式把现在时态与过去时态交织起来予以表现,加大影片的容量。但是,影片却运用了顺向客观显现的结构方式,不仅全片面性不用主观叙述的画外音和闪白,而且首尾都用充满青春朝气的诗句相连,给人以回复的韵律感,让观众久久徜徉学成才在蓬勃奋发的氛围之中。诚然,用"回首往事"的结构方式不光可增加影片容量,而且还能让影片产生一种现在与过去的"对比度",但是,与其让影片中某个(或某些)人的现实与过去产生对比,还不如不划定这"规范"而让生活在现今的每个人以其各自的现实去主动地对比(或想往)那么一段令人振奋的"历史"。这或许也正是此种顺向时间结构的有力之处。记得劳逊说过,电影时间必须以时间的先后次序作为基础……电影不能躲进没有时间的梦境,电影并不是'没有时间的钟①。对于劳逊所谈到的这个"基础",确应引起一定重视。

再次,由于当代电影时间概念的变化,电影开始尊重生活本身的流程,注意由这种生活流程自然形成的"惯性"来展示现实生活。当代许多影片不再像传统电影那样以加速的节奏来构成影片,也很少像现代主义电影那样以紊乱的节奏来构成影片。当代电影的节奏往往是比较平和的。如果我们稍加留神,便会发现,当代电影的开端、发展、高潮、结局的

---

① [美]霍华德·劳逊:《电影的创作过程》,齐宁、齐宙译,中国电影出版社1982年版,第361页。

界限一般都不像以往的影片那样清晰、明显,特别是高潮不那么突出,结尾往往悬未决或平平淡淡,像《城南旧事》《夕照街》等影片便是比较典型的例子。也许可以这么说,当代的许多影片正向着结构构散化、节奏平和化方向发展。

需要特别指出的是,上面冠以"当代电影"的这些结构特点只是指在前述"朴素电影美学观"作用下而形成的,它不能也不可能作为整个当代电影结构的全部特征。本文开篇便指出的"电影的多元化美学观"问题某种程度上正是对此而讲的。即使是将范围限定在"朴素电影美学观"的"视野"之下,当代电影的某些结构上的特点也只是简单地论及,有些都还是从预测发展的角度提出的。用通俗一些的话来说,似乎可以这样理解:电影发展到今天,也许这样的结构是比较合适的,或许在今天一段时间内这种结构还会发展并占有相当重要的地位。另外,本文所谈的"朴素电影美学观"是一种更高的"欲造平淡难"的艺术追求,决不能对这种电影美学观和电影结构特点作出简单的理解。

我想用苏联电影理论家瓦·佛明的一段话作为本文的结束:"现在的目标是要达到'简单'的复杂性,如果可以这样说的话。人们的探索正在逐步地转向另外的领域,我们越来越常常看到这样的影片,它们在形式上极其朴实,而在思想上异常深刻。它们不再故意炫耀深奥的理性主义,不再千方百计地做出'严肃'姿态和竭力追求哲理性。相反,复杂性转入了情节结构的内部,被用可爱的朴实的动人天真细心地掩盖了起来。也许电影恰恰在现在进入一个崭新的发展阶段,将会为我们产生新的导演概念,新的前所未有的剧作形式,以及在银幕上表现人物性格的某种前所未知的新方法。"①

---

① [苏联]瓦·佛明:《结构塑造性格》,富澜译,载《电影艺术译丛》1979年第2期。

视觉文化传播：对一种文化形态和传播理念的诠释*

一、视觉文化：一种新文化形态的理解

费尔巴哈曾说："可以肯定，对于符号胜过实物、摹本胜过原本、现象胜过本质的现在这个时代，只有幻想才是神圣的，而真理，却反而被认为是非神圣的。是的，神圣性正随着真理之减少和幻想之增加而上升，所以，最高级的幻想也就是最高级的神圣。"① 人类早就有了视觉（visual）经验，既看的经验，这也应当说就有了视觉文化，有了视觉文化传播。视觉，亦可视为通俗的"观看"。"观看，可以说是人类最自然最常见的行为，但最自然最常见的行为并非是最简单的。观看实际上是一种异常复杂的文化行为。我们对世界的把握在相当程度上依赖于视觉。看，不是一个被动的过程，而是主动发现的过程。"② 一切提供观看信息的媒介，如电影、电视、戏剧、摄影、绘画、时装、广告、形象设计、网络视听等，甚至 X 光、虚拟影像都在构筑视觉文化符号传播系统。

人类社会生存的环境总体是由三类环境构成的：自然环境、社会体制环境、符号环境。而显现着现代文化特征的社会，某种意义上说是各种符号系统通过传播而构筑的社会现实。没有符号的处理、创造、交流，就没

---

* 本文为两岸暨香港影视媒介发展研讨会论文，2002 年 6 月台北。
① ［法］居伊·德波：《景象的社会》，载《文化研究》2002 年第 3 期（注：《文化研究》2002 年第 3 期中的文章均无译者，本文中引该图书的引文属同类情况。）。
② 周宪：《读图、身体、意识形态》，载《文化研究》2002 年第 3 期。

有文化的生存和变化。传播媒介是文化发生的场所,也是文化的物化。在现代传播科技作用下的媒介变革,正使得这一"文化发生的场所"起了翻天覆地的变化。接触媒介和使用媒介已成为个人与社会交往的重要方式。这其中,视觉文化符号传播系统正在成为我们生存环境的更为重要的部分。将视觉文化作为一种主导性的文化形态,将视觉文化作为一种系统的学理研究,是进入20世纪80年代才开始的。而视觉文化进入传播学研究的视野,则在20世纪90年代后才引起了某些关注。在这方面,美国芝加哥大学的学者W.J.T.米歇尔的见解值得注意:"视觉转向发生在英美哲学中,向前可以追溯到查尔斯·皮尔斯的符号学,向后到尼尔森·古德曼的'艺术语言学',两者都探讨作为非语言符号系统赖以立基的惯例与代码,并且(更为重要的是)它们不是以语言乃意义之示范这一假定作为开端的。"[1]今天,视觉文化研究不但被哲学、文艺学、美学、社会学等领域的学者关注,而且正开始被传播学界的学者关注。这是非常值得庆贺的事。这不但意味着传播学研究领域的进一步拓展,而且还可能孕育着传播学研究领域的某些突破。

在视觉研究中,对于视觉传播行为的理解有着广义和狭义之分。广义的视觉传播行为,泛指不是由单纯纸质文字媒介和单纯视觉媒介传播信息,而由视听媒介或视觉媒介传播信息所形成的一种社会文化传播现象。狭义的视觉传播行为,侧重于纯视觉媒介传播信息所形成的一种社会文化传播现象。本文运用的是广义的视觉传播行为概念。当然,我们考察视觉文化和视觉文化传播问题的时候,不能忽视对"文化"含义的理解。自英国学者泰勒于1871年提出文化的概念以来,目前可供查找的较为普遍定义就有164种。本文赞同英国学者威廉姆斯"文化唯物论"的观点:不是把文化单纯看成是现实反映的观念形态的东西,而是看成构成和改变现实的主要方式,在构造物质世界的过程中起着能动的作用。文化是一个"完整的过程",是对某一特定生活方式的描述。依据威廉姆斯的观点,文化的意义和价值不仅在艺术和知识过程中得到表述,同样也体现

---

[1] [美]W.J.T.米歇尔:《图像转向》,载《文化研究》2002年第3期。

在机构和日常行为中。从这一定义出发,文化分析也就是对某一特定生活方式、某一特定文化或隐或显的意义和价值的澄清。

在进行了以上的初步分析后,我们可以来考察一下"视觉文化"(visual culture)的含义。视觉文化的基本含义在于视觉因素,特别是影像因素,这些占据了文化的主导地位。我们强调视觉文化在今天的地位和作用,并非仅仅用视觉文化的符号学表征来处理"图像史",而是要看到,它所涵盖的范围远远超过了图像研究,它的真正的意义如同美国纽约州立大学的学者尼古拉·米尔左夫所讲的"要用视觉文化瓦解和挑战任何想以纯粹的语言形式来界定文化的企图"①。在这方面,也许还是W.J.T.米歇尔在《图像转向》一文中所指出的"无论图像转向什么,我们都应当明白,它不是向幼稚的模仿论、表征的复制或对应理论的回归,也不是一种关于图像'在场'的玄学的死灰复燃;它更应当是对图像的一种后语言学的、后符号学的再发现……"②这也就是说,"视觉文化是指文化脱离了以语言为中心的理性主义形态,日益转向以形象为中心,特别是以影像为中心的感性主义形态。视觉文化,不但标志着一种文化形态的转变和形成,而且意味着人类思维范式的一种转换"③。而与之紧紧相关联的"视觉文化传播"则是指经由形象媒介,特别是影像媒介,对广义的可视形象实施传播而形成的一种文化现象和传播形态。

当然,当我们论及视觉文化形态在今天的发展时,也应当这样来看待其他的文化形态,"印刷文化肯定不会消失,然而对视觉及其效果的迷恋——现代主义的主要特征——产生了后现代文化。当文化成为视觉性之时,该文化最具后现代特征"④。

二、多维视野:不同学科阐释视觉文化

尽管我们前面对视觉文化进行了简单的概括,但我们仍需从不同学

---

① [美]尼古拉·米尔左夫:《什么是视觉文化》,载《文化研究》2002年第3期。
② [美]W.J.T.米歇尔:《图像转向》,载《文化研究》2002年第3期。
③ 周宪:《读图、身体、意识形态》,载《文化研究》2002年第3期。
④ [美]尼古拉·米尔左夫:《什么是视觉文化》,载《文化研究》2002年第3期。

科的角度进一步地探讨对于视觉文化的理解,以期获得跨学科的学科支持。这诚如尼古拉·米尔左夫所言,"视觉文化研究的成败可能有赖于它从跨文化的角度思考问题,要面向未来,而不是把后视镜般的人类文化学方法作为传统,亦步亦趋"①。

(一) 处在艺术学家视野中的视觉文化

从时间上看,对于视觉文化的关注,从事某一艺术领域创作和研究的艺术家和学者,投以了较早的青睐。虽然,他们从事艺术创作和研究的领域不一,但是他们都认为视觉观看不是一个被动的过程,而是主动发现的过程。英国著名的美术理论家、艺术家贡布里希认为,看就是图式的透射,一个艺术家决不会用"纯真之眼"去观察世界,否则他的眼睛不是被物像所刺伤,就是无法理解世界。恰如波普尔的"探照灯"比喻一样,眼睛和客观世界的关系,乃是一种"探照灯"那样的照明过程,"照到哪里,哪里亮",事物从纷乱遮蔽的状态中向我们的视觉敞开。他借用海德格尔的话来说,诗人看待世界的眼光就是真理的开启过程②。

匈牙利著名的电影理论家巴拉兹是很早用"视觉文化"来进行电影研究的学者之一。他在早年出版的《电影美学》中就预言"随着电影的出现,一种新的视觉文化将取代印刷文化"。他也引用了一位艺术大师的名言来增强自己的观点,雕塑大师罗丹说得很明白"所谓大师,就是这样的人,他们用自己的眼睛去看别人见过的东西,在别人司空见惯的东西上能够发现出美来"③。

(二) 处在社会学家视野中的视觉文化

社会学家们对视觉文化的关注和研究,我们往往重视不够。实际上,无论是他们进入这一研究领域的时间之早还是研究水准之高,都值得我们关注。在这方面,美国哈佛大学的丹尼佛·贝尔教授是佼佼者。他在《资本主义文化的矛盾》一书中说:"我坚信,当代文化正逐渐成为视觉文

---

① [美] 尼古拉·米尔左夫:《什么是视觉文化》,载《文化研究》2002 年第 3 期。
② 周宪:《读图、身体、意识形态》,载《文化研究》2002 年第 3 期。
③ 同上。

化,而不是印刷文化,这是千真万确的事实。"①他还说:"声音和影像,尤其是后者,约定审美,主宰公众,在消费社会中,这几乎是不可避免的。"②这个时代"视觉为人们看见和希望看见的事物提供了许多方便。视觉是我们的生活方式。这一变化的根源与其说是电影电视这类大众传播媒介本身,莫如说人类从19世纪中叶开始的地域性和社会性流动,科学技术的发展孕育了这种新文化的传播形式"③。在当下,计算机的普及、数字和网络技术的发展和多媒体产品的日益丰富,更使视觉文化传播成为21世纪文化中的一种主导性力量。

对世界产生相当影响的美国学者阿尔温·托夫勒则在他的成名作《第三次浪潮》中提出了三种文盲的概念。他说,随着社会的演进和科技的发展,人类将产生"文字文化文盲、计算机文化文盲和影像文化文盲"。文字文化文盲是农业社会的产物,而计算机文化文盲、影像文化文盲则是工业社会,特别是后工业社会的产物④。其间阿尔温·托夫勒所说的"影像文化"与丹尼佛·贝尔所说的视觉文化基本同属一个范畴,只不过是表述的方式有差别而已。

(三)处在文艺美学家视野中的视觉文化

与前面二者相比,文艺美学家对视觉文化的研究呈现着两个鲜明的特点:一是文艺美学家对视觉文化的论述较晚;二是文艺美学家对视觉文化的论述更为系统和深刻。在这方面,英国的文艺美学家伊格尔顿的大声疾呼颇为强烈。他指出,我们正面临着一个视觉文化时代,文化符号趋于图像霸权已是不争的事实。图像生产深刻地涉及现代社会的政治、科技、商业、美学四大主题。

在这一研究领域被公认达到很高水平的学者是美国的杰姆逊。他在《资本主义的文化逻辑》一书中指出,电影、电视、摄影等媒介的机械性复制以及商品化的大规模生产,这一切都构筑了"仿像社会"。在这个"仿像

---

① 张保宁:《文学研究方法论读本》,陕西师范大学出版总社2017年版,第161页。
② 同上。
③ 孟建:《媒介革命:视觉文化传播时代的来临》,载《第三届亚太传媒与科技和社会发展研讨会论文集》,2001年,第145页。
④ 同上书,第147页。

社会"中，我们看到了消费社会作为一个巨大的背景，将形象推至文化的前台这样的历史过程。从时间转向空间，从深度转向平面，从整体转向碎片，这一切正好契合了视觉快感的要求。所以说，消费社会乃是视觉文化的温床，它召唤着人们进入这种文化，享受它的愉悦。杰姆逊进而认为，在现代主义阶段，文化和艺术的主要模式是时间模式，它体现为历史的深度阐释和意识；而在后现代主义阶段，文化和艺术的主要模式则明显地转向空间模式。所谓视觉形象，在杰姆逊看来"就是以复制与现实的关系为中心，以这种距离感为中心"的空间模式①。杰姆逊的见解，对视觉文化研究的深入起到了十分重要的作用。

(四) 处在哲学家视野中的视觉文化

假如说前面几个领域的学者对视觉文化的论述已经足以令人注目的话，那么哲学家们在这方面的论述就可以称得上有些振聋发聩了。当然，这种振聋发聩效应的获得绝非是学术"呐喊"所致，而是学术"深刻"所在。有人认为，对视觉文化的哲学关注是后现代哲学家们的"专利"，实际却不是。古典哲学家、现代哲学家都在这方面有相当的关注。例如，黑格尔早就指出，在人的所有感官中，唯有视觉和听觉是认识性的感官。也许正是这个原因，我们把握世界的方式不是视觉就是听觉，抑或视听同时运用。海德格尔在20世纪30年代就曾说过：我们正在进入一个"世界图像时代……世界图像并非意指一幅关于世界的图像，而是指世界被把握为图像了"②。显然，诸如海德格尔、梅洛-庞蒂等哲学家都打算通过对视觉艺术的考察来发现非对象化、非客体化思维的精妙所在。在这方面，非常值得注意的一位哲学大师是现象学家胡塞尔，他关于"图像事物""图像客体""图像主题"方面的精辟论述可以称作视觉文化研究的经典③。

当然，在视觉文化研究中真正形成巨大影响和显示了研究多姿多彩的，还是体现着后现代特征的一批哲学家。在视觉文化研究中取得突出

---

① [美]詹明信：《晚期资本主义的文化逻辑：詹明信批评理论文选》，生活·读书·新知三联书店1997年版，第37页。
② 倪良康：《图像意识的现象学》，载《文化研究》2002年第3期。
③ [德]马丁·海德格尔：《林中路》，孙周兴译，上海译文出版社2008年版，第80页。

成就的是法国哲学家居伊·德波。他在《景象社会》一文中,就大胆宣布了"景象社会"的到来。尔后,他在这方面进行了深入的研究,他对视觉文化的四点论述奠定了他在这一研究领域的地位。他认为:(1)世界转化为形象,就是把人的主动的创造性的活动转化为被动的行为;(2)在景象社会中,视觉具有优先性和至上性,它压倒了其他观感,现代人完全成了观者;(3)景象避开了人的活动而转向景象的观看,从根本上说,景象就是独裁和暴力,它不允许对话;(4)景象的表征是自律的自足的,它不断扩大自身,复制自身①。后来的法兰克福学派的代表人物本雅明提出了"机械复制时代"文明的阐释。接着利奥塔在肯定了图像形式表现出来的生命能量同时,提出了"图像体制"问题,并对这一体制进行了批判。稍后的博得里拉又提出"类像时代"的概念,并指出这是一个由模型、符码和控制论所支配的信息与符号时代。他所进一步阐述的我们生存的社会由"冶金术社会向符号制造术社会过渡。在这一过程中,符号拥有了自己的生命,并建构出了一种由模型、符码组成的社会秩序。这种符号制造术组成了新的社会秩序"②。

我们在研究中发现了这么一个令人值得注意的现象:几乎所有的后现代哲学家都不同程度地关注了视觉文化问题。为什么哲学家,特别是后现代的哲学家几乎都关注并进入了视觉文化研究领域?这对我们传播学研究有何启发?这是我们在展开视觉文化传播学研究时要慎重思考的。

至于视觉文化的专门研究者,本文并没有专门列出。因为目前他们的身份尚难用一种的、固定的认定方式予以确立。不过,视觉文化方面的研究者还是以文艺美学家和哲学家居多。不过,这在海外情况也是有较大差别的。在美国,进行视觉文化研究的以文艺美学家居多;在欧洲(主要是西欧)进行视觉文化研究的,以哲学家居多。居伊·德波、W.J.T.米歇尔、伊雷特·罗戈夫、苏珊·桑塔格苏珊、约翰·杰维斯、彼得·汉密尔顿、尼古拉·米尔左夫等都是值得注意的学者。

---

① [法]居伊·德波:《景象社会》,载《文化研究》2002年第3期。
② [美]道格拉斯·凯尔纳等:《后现代理论——批判性的质疑》,张志斌译,中央编译出版社2001年版,第158页。

三、环境分析：视觉文化达观的社会动因

视觉文化为什么会在今天如此深入人们的日常生活？视觉文化为什么会在今天产生如此大的社会影响？视觉文化为什么会在今天引发诸多学科的密切关注？我们需对此进行更为全面的理论分析。

（一）现代传播科技构筑了张扬视觉文化的媒体平台

德国著名的电影理论家克拉考尔在论及电影作为视觉媒体达观时说，人们有着再现现实的永恒冲动。但是，在电影诞生以前，尚无一种媒体能满足人们的这种永恒的冲动。现代科学技术的恩惠，使电影开始满足人们观看现实的深层欲望。现代传播科技作用下的媒介发展至今，不但足以"展现""表现"现实，而且能够"虚拟"现实。这一切都表明，首先是现代传播科技发展并构筑了张扬视觉文化的媒体平台。

实际上，我们对传播学界的大师麦克卢汉有许多的"误读"，他对于媒体阐释的精辟并不在于它的文化内涵，而在于他把媒体看作社会交往的技术媒介。按照他的观点，要用那些现代化技术手段，有效地转化和形成新的时空关系，重新结构公共生活和私人生活，重新建构社会关系和感觉方式。他的现代技术论不再是一种批判性的异化理论，技术已经被他看作人类躯体和神经的有机扩展。视觉影像的大范围传播所依赖的物质产品如电视机、录像机、影碟机、卫星天线以及诸如此类丰富多样的媒体产品都可作为张扬视觉文化媒体平台的构成物[①]。《视觉文化研究》一文的作者，英国伦敦大学哥登斯密思学院的伊雷特·罗戈夫也认为，由于传播科技在视觉和听觉的空间中建立起了"竞技场"，使得视觉文化在"观看状态的精神动力学"下赢得了极大的社会发展空间[②]。

当今媒体的高度发达，特别是数字化媒体的出现，更是构筑起了视觉文化的全球化平台。数字化媒体将成为传媒主流。传媒领域在数字化时代的发展，有两个显著的特点。一是各类传统媒体的数字化步伐加快。

---

① 孟建：《媒介革命：视觉文化传播时代的来临》，载《第三届亚太传媒与科技和社会发展研讨会论文集》，2001年，第149页。
② ［以］伊雷特·罗戈夫：《视觉文化研究》，载《文化研究》2002年第3期。

报刊书籍等印刷媒体尽管最后的形态还是以纸介质呈现在受众面前,但制作全过程已经数字化;传统摄影正在向数字摄影发展;传统电影正在向数字电影发展;广播在经历了调幅、调频两个技术发展阶段后,正进入数字音频广播新阶段;电视也正全面迈向数字高清晰度电视及数字压缩卫星直播电视。二是基于数字技术的新媒体新传播工具层出不穷,并推向了社会,为社会普遍接受。

特别值得注意的是,数字影像技术导致了巴赞的影像本体论的解体。数字技术使得"任何的影像都是可能的,影像不能再保证视觉的真实"。法国学者称"想象的能指"。这既为现实主义,也为非现实主义提供了可能。逼真不再是目的。这是技术与文化的双重选择(商业与市场的驱动。)电子邮件提出了虚拟社区问题;数字摄影提出了记录真实性和可靠性问题;虚拟现实提出了"化身"和它的认识功能问题;MUD(多用户空间)提出了认同构成问题;计算机提出了空间叙事问题;网络摄影提出了窥视癖与裸露癖问题。至此,一种可以称之为"后视觉文化传播观"的轮廓已经在传播科技的作用下勾勒出来。

(二)消费社会构筑了产生视觉文化的温床

英国学者斯特里纳地认为,消费主义与媒介饱和是资本主义社会发展的核心。一旦建立起具有充分作用的资本主义生产体系,消费需求的增长就开始出现,然后人们就要获得休闲,或在工作道德之外获得消费道德。人们对消费的需要已经变得比生产更为重要。大众媒介与消费主义一起引发了后现代特征。正是在此基础上,消费社会与形象主导文化的关系显露出来。形象与商品的内在联系使得消费社会必然趋向于视觉文化[①]。这一重要的论述,奠定了我们进一步研究的基础。

西方社会学者维尔斯曾指出,"现代社会"的观点必须进行分解,并代之以"消费主义"概念(定义为发达国家中物质消费文化的增加)和"生产主义"概念(定义为动员社会人口去工作,并在非消费领域中增加劳动生产率)。他还创立了一套有用的分类理论,把社会划分成四种类型:高生

---

① 孟建:《中国电影文化发展的战略性思考》,载《南方文坛》2001年第2期。

产—高消费社会(过度发达的享乐主义社会类型);高消费—低生产社会(衰退中的寄生性社会类型);低生产—低消费社会(不发达的传统社会类型);高生产—低消费社会(禁欲式的发展主义社会类型)[①]。中国的社会发展基本处于第三种类型,虽然中国社会的经济文化发展水平呈现出明显的梯度,但逐渐进入小康社会的地区正在形成视觉文化消费的强劲趋势,这在较大的都市中已十分明显。

视觉文化在今天的发展显然与消费社会有着极为密切的关系。我们也可以明显地看到处于这样的消费社会中的视觉文化呈现出的"浅显"与"通俗"。W.J.T.米歇尔对此有精到的论述,他认为视觉文化可谓是"从最为高深精致的哲学思考到大众媒介最为粗俗浅薄的生产制作无一幸免。传统的遏制策略似乎不再适当,而一套全球化的视觉文化似乎在所难免"[②]。在这方面,苏联学者巴赫金所指出的民间文化狂欢化状态,也是一种可视化的形象狂欢。在这种可视化的形象狂欢中,视觉形象本身不但颠倒了各种官方文化的原则和美学标准,而且具有全民性和广泛参与性。在当代文化中,形象的生产和消费本身具有不同的指向和作用。对此,英国学者费瑟斯通进一步认为,消费性的文化,特别是视觉文化,对社会具有三种功能:一是文化的削平功能;二是文化的民主功能;三是特有的经济功能。民主化使得所有人都有可能接受同样的形象消费,但形象本身也在不停地创造中产阶级的消费意识形态和生活方式,于是,处于其他地位的群体必然追求这种形象消费,以实现自己的情感满足和优越体验。这表明,形象在消费社会中具有文化霸权的同时,也有相反的形象力量存在。它在导致商品化和消费意识形态霸权的同时,也使得文化日趋民主化[③]。当然,形象有着独特的经济价值,这种价值使形象可以创造新的视觉文化产业。消费社会和视觉文化的关系显然是多层面的和互动的,并不存在单一的模式。在这方面苏珊·桑塔格的分析很是富有特点,她说"当一个社会的主要的活动之一是生产与消费形象的时候,这个社会就变

---

① 孟建:《中国电影文化发展的战略性思考》,载《南方文坛》2001年第2期。
② [美] W.J.T.米歇尔:《图像转向》,载《文化研究》2002年第3期。
③ 孟建:《文化帝义的全球化传播与影视文化反弹》,载《现代传播》2001年第1期。

成了'现代的'"①。

(三)符号经济学理论让我们透发视觉文化产业的崛起

"文化工业理论"的出现可以说是构成了视觉文化在今天发展的重要理论基础。"文化工业理论"是法兰克福学派在20世纪70年代形成的一个理论派别。实际上,早在20世纪40年代西方学者阿多那和霍克海默就在《启蒙的辩证法》等著作中提出了文化工业的理论雏形。他们认为,文化可以是由大批的工业技术生产出来的,并可以形成产业体系。这种产业体系,是为了获利而向大批消费公众销售的。为了达到这个目的,就要发展乏味的标准化的文化生产程序,如美国电影工业中的类型影片。这种文化工业的出现,在具有文化同构型的同时,还具有文化的拉平和降低能力。显然,作为法兰克福学派的文化工业理论,远不是今天被诸多媒体研究者曲解了的"媒介产业"理论,这种理论的实质不是褒扬文化工业,而是批判文化工业。只不过,这些理论观点在显现批判力量的同时,透发了他们对文化工业性质的某些认识。

构成视觉文化理论基础的另外的一个重要学术流派是"文化主义研究"。从1964年英国的伯明翰大学成立当代文化研究中心始,这一流派越来越显示出持久的学术生命力。有相当多的文化主义研究者认为,当今的社会的文化正在形成着工业化的文化体系,其间视觉文化的工业化体系占有突出的地位。视觉文化的发展,不仅真正引发和巩固了消费社会的工业化体系,而且将极大地影响人们共有的模式化行为和思想。他们的观点都或多或少地受到阿诺德和利维斯的影响。在这方面,英国学者霍卡特观点颇具代表性。他认为,视觉文化是千篇一律和可以预料的,对于人们的耳朵和眼睛而言,它是简单易懂的;但不幸的是,对于大多数人来讲,它是文化。真实的文化今天受到了视觉文化产业的威胁,并越来越被拖进为利润而生产的王国。

尽管上述的"文化工业"理论和"文化主义研究"理论都在视觉文化上有其各自精辟的论述,但是,这些理论存在的"流浪思维"使得他们在视觉

---

① [英]约翰·杰维斯:《形象、幽灵与景象:视像的技术》,载《文化研究》2002年第3期。

文化问题上采取了持续不断的摧毁、否定和批判,从而无力面对视觉文化在当今的社会的存在和飞速发展,提不出真正的真知灼见,更不用说是建设性的理论了。于是,人们又一次想到了马克思。马克思在论述音乐时就曾说过"对于没有音乐的耳朵,再好的音乐是没有意义的"[1],紧接着又说"艺术创造懂得艺术消费的大众"[2],"交换价值在文化商品领域将以一种特殊的方式行使其权利"[3]。我们诧异地看到,马克思早就提出了"文化消费"的理论。当然,马克思的时代,除了传统的视觉文化媒介外,不可能有电影、电视等现代的视觉文化媒介,但是后来的学者,特别是对视觉文化有研究的西方马克思主义学者,提出了"马克思的符号经济学"理论。持有这一理论的学者认为,在语言中心的文化形态中,占据主导地位的是语言符号的生产、流通和消费,而在形象中心的文化中,占据重要地位的(无论在数量上还是在其影响上)乃是形象符号的生产、流通和消费。冠以马克思主义研究者的英国社会学家拉什就认为,当代社会生产的对象,已不再限于那些纯粹物质性的产品,"越来越多地生产出来的不再是物质对象,而是符号。这些符号有两种类型,一是具有某种认知内容的,信息化的商品;二是带有审美内容的,艺术化商品。后者的发展不但在那些具有基本审美因素的产品(如电影,电视、录像)激增中看到,而且也在物质对象中的所蕴含符号价值或形象因素的增多中看到。物质对象的美学化就发生在这些商品的生产、流通和消费过程中"[4]。更进一步,符号政治经济学理论强调,在对这样的符号产品的社会学分析中,应引入符号学的理论范式,并把它与政治经济学对物质产品等诸多因素的考察结合起来,进而建构一种"表意体制"的分析模式。"马克思的符号经济学"理论的出现,对于我们文化传播研究有着十分重要的启示。

对此,德波的观点对于我们理解这些问题是有帮助的。他认为,景象(即他对视觉活动的表述方式)一旦成为主导社会生活的现存模式,就会

---

[1] [德]马克思:《1844年经济学哲学手稿》,中共中央马克思恩格斯列宁斯大林著作编译局译,人民出版社2000年版,第87页。
[2] 同上。
[3] 同上。
[4] 周宪:《视觉文化语境中的电影》,载《电影艺术》2001年第2期。

对在生产或必然的消费中作出的选择普遍肯定。景象的语言由主导生产的符号所组成,这些符号同时也是这一生产的最终目标。景象已成为当今社会的主要生产①。

四、理论建构:视觉文化传播的新理念

假如说,视觉文化的研究已开始为理论界所关注,那么,视觉文化传播的研究则刚刚起步。正因为视觉文化的构成是各种视觉符号系统通过传播而构筑的社会现实。没有视觉符号的创造、处理、交流,就没有视觉文化的生存和变化。因此,对于视觉文化的研究,从某种意义上说,就是对于视觉文化传播的研究——视觉文化传播媒介是视觉文化发生的场所,也是视觉文化的物化。在这一问题上,德波的论述是有力的,他认为视觉文化"不是形象的一般地积累,而是以形象传播为中介的人与人之间的社会关系"这实际上是对一种新的文化传播形态的深刻理解②。视觉文化传播的新理念着重体现在三个方面。

(一) 视觉文化特定的生产关系决定了视觉文化传播的新理念

诚如前述,在语言为中心的文化形态中,占据主导地位的是语言符号的生产、流通和消费,而在形象为中心的视觉文化形态中,占据重要地位是视觉符号的生产、流通和消费。其间,影视形象符号的生产、流通和消费格外突出。

视觉文化的生产方式和消费方式是以独特的传播形态表现和完成的。视觉文化的生产对象,已不再仅仅限于那些纯粹物质性的产品,而是越来越多地生产"视觉符号产品"。在两类视觉符号产品中(即具有某种认知内容的信息化的商品和带有审美内容的艺术化的商品),人们消费的不只是纯粹的物质产品,也不是一般的精神产品,而是将视觉文化的精神产品通过传播的独特方式进入人们的消费领域③。这些,都将非常集中并突出地反映在传播学的新形态——视觉文化传播形态的研究中。以往的

---

① [法]居伊·德波:《景象社会》,载《文化研究》2002年第3期。
② 同上。
③ 周宪:《视觉文化语境中的电影》,载《电影艺术》2001年第2期。

传播学研究往往在传播者与接收者间的"意义传播"层面上展开,而现在的传播学研究要拓展,甚至改变这单一的研究思路,即传播学研究也要在生产者与消费者之间的"形象传播"层面上展开。这是一种新的传播理念。从某种意义上说,这种传播理念的获得是由于前述马克思符号经济学研究的突破,带来了传播学研究领域的发展。

显然这一问题的提出和关注,都将遇到一个新的价值评判难题,即到底如何看待视觉文化时代的视觉符号经由媒介大量生产、流通和消费的现实。正如我前面指出的那样,尽管诸多的学者,特别是后现代学者对视觉文化进行了十分尖锐和深刻的批判,给社会发展以深刻的警示。但是,他们似乎都没有摆脱"醒了以后无路可走"的尴尬境地(当然,对于他们是否真"醒了",学术界亦有争论)。在这方面,英国的著名文化学者费斯克就有自己独到的见解。费斯克是20世纪80年代后期以来文化主义研究最有影响的人物之一。他接受了霍尔的编码/译码理论,关注大众群体社会对资本主义媒体霸权的译码能动性,并进行着研究上的创新。费斯克所有的理论都贯穿着一个宗旨,那就是他始终把具有资本主义特征的文化生产的主导形式,与消费者积极的再创造意义相区别。在这一点,他与法兰克福学派的理论明显不同,在法兰克福学派看来,资本主义文化生产意味着,消费者愈来愈接近产品,但费斯克认为文化消费者完全有可能发挥他的主动性的译码功能,促使文化产品转化为他所愿意接受的形态。这是极为值得注意的理论建树。

法兰克福学派和后现代的哲学家出于意识形态批判立场,把批判指向定位于资本主义文化生产对大众意识的控制方面,大众被看成被动的客体,忽略了大众对文化的积极反应。由于进入20世纪90年代后新文化主义研究的崛起,文化批判理论开始关注大众文化生产中隐含的能动力量。作为新文化主义研究代表人物的费斯克重新关注人在后工业社会中的主体能动作用,特别关注人在接受后现代传媒时具有的主体抵抗意识。他的深入分析还试图表明,大众文化可以制造积极的快乐——反抗文化集权的快乐。这显示了现今文化研究,特别是视觉文化研究重大的建设性意义。经历过法兰克福学派对资本主义文化工业长期的批判之后,我们急切需要重新思考晚期资本主义文化的多重性特征。也许,我们在进行视觉文化传播研究时,应当多关注一些文化主义研究的最新发展。这样,我们对视觉文化"郑卫之音,滔滔者谁能拒之"的快速市场化推进,不那么惊恐万状。

(二)视觉文化传播特定的接受条件和接受对象构筑新的传播方式

形成以上传播关系变化的基础当然是视觉文化在今天接受条件的变化和接受对象的变化。前者,主要是指整个社会向消费社会的巨大转型,而后者主要是指传播的接受对象已从纯精神产品的接受转换为精神消费品的接受。对于后者,"纯精神产品"与"精神消费品"二者是有着相当差别的。

在后工业化来临的时代,社会主体的构成已经发生根本的变化,意识形态机器主要是消费资本主义,现时代的社会主体不过是消费资本主义的产物。而资本主义消费社会的传媒往往是一种没有现实实在性的消费符号体系。哲学家鲍德里亚把后工业化社会的生活看成一个完全符号化的幻象,按传统本质论或本体论哲学所设定的"现实""真实""本质"等概念都受到根本的怀疑。人们生活于其中的现实已经为符号以及符号对符号的模仿所替代。日常生活现实就是一个模仿的过程,一个审美化和虚构化的过程,它使艺术虚构相形见绌,并且它本身就是杰出的艺术虚构。当代生活就是一个符号化的过程,鲍德里亚还认为物品只要被消费首先就要成为符号,只有符号化的产品,例如为广告所描绘,为媒体所推崇,成为一种时尚,为人们所理解,才能成为消费品。显然,在他看来,视觉符号构成了消费者的主体地位,视觉符号构造了消费社会的现实。这在某种程度上也揭示了发达资本主义社会现实生活的某种特征,在后现代社会视觉符号帝国急剧扩张的时代,日常生活形式已经发生显著的变化,人们是如此深刻地为媒介,尤其是视觉媒介所控制,不管是单向度的接受还是有机的抵抗,都无法拒绝符号对当代生活的有效的支配[①]。

正因为如此,在消费社会中,文化消费者正在发生急剧的变化。西方

---

① [美]道格拉斯·凯尔纳:《后现代理论——批判性的质疑》,张志斌译,中央编译出版社2002年版,第32页。

有学者指出,在传统文化转向视觉文化的结构性变迁中,一方面出现了范围深广的抽象与直露分离的过程,另一方面线性消费者正在转变为观者。这样的分析是非常有力和独到的。视觉文化的受者从"抽象"的媒介中走出,转而对视觉媒介"直露"予以青睐;视觉文化的受者从"线性阅读"到"视听观看",这些都在说明文化传播发生着结构性的变迁。

对于视觉文化时代社会接收条件的变化,有些西方马克思主义学者提出了两个阶段的理论:第一个阶段,是从存在转向占有的堕落,即在资本主义社会中,人们从创造性的实践活动退缩为单纯地对物品的占有关系,他为的需要转化为自我的贪婪;第二个阶段,则导向了从占有向炫示的堕落,特定的物质对象让位于其符号学的表征,亦即"实际的'占有'必须吸引人们注意其炫示的直接名气和其最终的功能"①。从后一方面来说,消费者转变为观者,意指消费不仅是物质性的消耗,在视觉文化的时代,更是一种对视觉的符号价值的占有。我们可做这样的理解,视觉文化对人的征服实质就是经济对人的征服。因此,研究视觉文化在今天的产生和发展,必须在这方面投以特别的关注。虽然,这些论述尚须得到经济学意义上更深刻的阐释,但正是这样的带有经济学意味的深刻分析,可以给我们的传播学研究者以相当的启迪。

(三)视觉文化传播特定的生产、流通、消费结构体现着新的传播体制

英国肯特大学的约翰·杰维斯在视觉文化研究上的主要贡献之一就是深刻地论述视觉体制。在他看来,既然视觉文化的基石建筑在消费社会的基础上,就必然有一个迥异于语言文化的"视觉文化体制"②。对于视觉文化体制问题的研究,将在社会研究中不断地凸显出来。这如英国的伊雷特·罗戈夫在论及此问题时所说"当今世界,除了口传和文本之外,还借助于视觉来传播。图像传达信息,提供快乐和悲伤,影响风格,决定消费,并且调节权力关系。我们看到谁?看不到谁?谁有特权处在威势赫赫的体制内部?……"③当然,他已开始涉及视觉文化体制的政治层面。

---

① [美] W.J.T.米歇尔:《图像转向》,载《文化研究》2002年第3期。
② [英] 约翰·杰维斯:《形象、幽灵与景象:视像的技术》,载《文化研究》2002年第3期。
③ [以] 伊雷特·罗戈夫:《视觉文化研究》,载《文化研究》2002年第3期。

在全球化的进程中,特别是世界经济化一体化的进程中,对视觉文化体制的研究首先集中在经济体制层面是非常自然的。这在中国更是如此。

法国学者德波认为"在社会中的景象对应于异化的具体生产,经济扩张主要就是这些特殊工业生产的扩张。那些随着经济运动而自发地发展起来的东西,只能是那些本源就是如此的异化";资本变成为一个形象,当积累达到如此程度时,景象也就是资本①。面对视觉文化的迅速崛起和视觉文化产业规模的急剧膨胀,西方的文化学者,甚至是经济领域的学者,都予以特别的关注,例如有些学者就提出了"媒介表意体制"的概念。所谓的"媒介表意体制"就是以研究视觉符号传播为主,特别是以影视符号传播为主的文化产业运作体制②。

例如,对美国传播业进行研究(虽然是对美国进行研究,但由于美国传播业在世界中举足轻重的地位,决定了这种研究是世界性的),不能不深入地涉及处在美国传播体制中居于主导地位的视觉文化传播体制。世界经济的发展,特别是以美国为首的新经济(即以信息经济为核心竞争力的经济形态)的成功运作,从某种意义上说是视觉文化传播体制的一次大变革,而其间影视文化传播体制更是形成了这次大变革的中心。有资料表明,1998年,美国的电视、电视制作及带动相关的录音带、音乐出版行业总收入达600亿美元,占美国出口的前列,其中120亿美元就是由影视业直接创造的,而到2000年底,由影视业直接创造的出口额就飙升至近200亿美元,雄居美国出口额的第二位③。在这骄人的业绩后面,我们决计不能忽视视觉传播体制的"制度性安排"。特别引人注目的,当然是美国1996年2月8日由当时美国总统克林顿签署的《1996年电信法案》。这一被世界喻为"石破天惊"传播法律的变更,是彻底打通电信业、传媒业、娱乐业等行业壁垒的重大改革举措。那种大大放宽媒体经营范围的做法,不仅引发了美国,而且引发了世界范围内的媒体业和其他行业的石破天惊变革:并购、联合、重组。经过近六年的实践,这种变革的巨大成功已

---

① [法]居伊·德波:《景象社会》,载《文化研究》2002年第3期。
② 孟建:《大洗牌:中国电视传播业新组合》,载《传媒透视》(香港)2001年第9期。
③ 孟建:《文化帝义的全球化传播与影视文化反弹》,载《现代传播》2001第1期。

使世界瞩目,在机构重组、产业关联、资金融合、技术平台等方面不仅形成了新兴的实力巨大的"娱乐传讯业",并很快地成为美国出口业榜首,而且,使之扶摇直上,成为"新经济"的极其重要的产业支柱。到2001年9月13日,也就是美国遭受"9·11"袭击后的两天,美国又通过了刺激美国媒介产业发展的更为宽松的法案。2002年2月19日美国上诉法院作出判决,驳回了美国联邦通信委员会(FCC)有关禁止一家企业在同一座城市里同时拥有有线电视系统及电视台的规定,同时上诉法院还取消了有关禁止一家企业拥有的电视台为超过35%以上的美国家庭提供电视服务的规定。1996年、2001年、2002年美国三次极为重要的"制度性安排",都为视觉文化传播业发展提供了巨大的发展空间,其昭示的意义不言而喻。面对2002年新举,有分析人士指出,上述判决有可能导致包括AOL时代华纳、迪斯尼以及Comcast在内的大型媒体公司纷纷寻求收购其他公司或是成为其他公司的收购对象,也许新的传媒购并浪潮又将惊涛拍岸[1]。

在今天,视觉文化传播不但在生产体制上发生了上述的巨大变化,而且在流通体制上也发生了巨大的变革。由于视觉文化传播借助了最现代化的媒介科技平台,全球化的流通方式将比任何文化传播形态都更为突出和强烈。曾被经济学家称之为晚期资本主义社会的"后福特主义"生产流通方式将在这一领域更为突出地表现出来。后福特主义确定了一种以人们通常称之为新兴弹性积累制为核心的新型社会统一体。通过对货币资本、商品、生产工具和劳动力等因素的国际流动的考察,揭示了当代社会新的组织结构。所谓的弹性专门化表现在新式分散化生产和瞄准专业化市场的设计生产综合体;非整体化的企业(其生产不再集中在位于单一地点的大型工厂),放弃了规模经济而青睐范围经济。例如,最近美国AOL时代华纳集团所用的通过卫星数码传送电影,数码加密接收并进行全硬盘播出的技术全面推广,将使得传统的世界电影发行放映体制陷于崩溃,以至重构。这些,都应当引起我们极大的关注。

---

[1] 《新浪科技,美上诉法院推翻FCC禁令,媒体巨头酝酿收购风暴》,新浪网,http://tech.sina.com.cn/it/e/2002-02-22/103803.shtml。

第二辑

新闻传播的审视

政治传播视野中的习近平对外传播思想研究*

一、引言

政治传播具有典型的跨学科特征,它涉及政治学、传播学、社会学、心理学等诸多学科和领域。国内外对政治传播的界定主要有三种视角:从政治学的视角将政治传播作为一种政治现象;从传播学的视角将政治传播视为一种信息传播过程;从政治与传播的"融合"角度对政治传播的内涵进行界定①。第三种界定如"政治传播是指政治共同体的政治信息的扩散、接受、认同、内化等有机系统的运行过程,是政治共同体内与政治共同体间的政治信息的流动过程"②。政治传播逐渐成为一个热门的研究领域,一方面由于现代传播学的奠基人拉斯韦尔、拉扎斯菲尔德分别将政治宣传和选举纳入传播学的研究中,同时,李普曼对政治宣传和公共舆论的关系也有诸多论述,他们为政治传播研究的兴起奠定了理论和实践的基础;另一方面,在国内,用"政治传播"取代"政治宣传",不仅为政治学的研究提供了传播学的新视角,也避免了"宣传"中强烈的意识形态色彩和单向度的传播局限。

国际政治传播融合了国际传播和政治传播,它使政治传播面向世界

---

* 本文为孟建与于嵩昕合作,发表于《现代传播(中国传媒大学学报)》2015年第9期。
① 薛忠义、刘舒、李晓颖:《当代中国政治传播研究综述》,载《政治学研究》2012年第5期。
② 荆学民、苏颖:《中国政治传播研究的学术路径与现实维度》,载《中国社会科学》2014年第2期。

其他国家和地区的政府、团体和公众,并涉及国际关系、公共外交、文化交流等领域。"国际传播"概念最早出现于 20 世纪 20 年代的美国。在早期,其传播主体主要指政府,之后"非政府"领域的国际传播研究逐渐发展起来,商业组织、非政府组织成为国际传播研究中的重要传播主体。进入 90 年代,西方国际传播研究受到全球化和文化转向的影响,研究涉及的领域更加宽泛①。罗伯特·福特纳曾强调国际传播中的"政治性",他认为,"从某种意义上讲,所有国际传播都带有政治色彩。传播可以公开带有政治性质,也可以隐含有政治色彩,或者只是受到国家政治经济政策的影响"②,按照福特纳的说法,国际传播实质上都具有国际政治传播的特征,"非政府"领域国际传播隐含着政治性,受到国家政治的影响。

我国的"对外传播"虽然不同于西方政治传播和国际政治传播的源起,但其"国际性"和"政治性"的特征同样是非常突出的,其概念源于"对外宣传"。其传播的主体主要是指政府,随着对外传播思想的发展,传播主体也逐渐呈现多元化,但政府仍处于主导地位,有中国学者甚至认为对外传播是政府外交的组成部分③。对外传播诞生于中国语境,具有鲜明的本土特色,但其与"国际传播"和"国际政治传播"的共通之处也是显而易见的。对外传播面向的是世界其他国家和地区的受众,从理论和实践层面上,都需要汲取西方现代传播思想的营养,以获得更加开阔的视野,取得更好的对外传播效果。本文将"对外传播"纳入"国际政治传播"的研究领域,以深入研究习近平同志的对外传播理念,系统解读其独具特色的对外传播思想体系。

二、邓小平、江泽民、胡锦涛对外传播思想回顾

改革开放以来,中国历届领导人都非常重视对外传播和国际交流,并将其视为中国"改革开放"伟大战略的重要组成部分。随着每届领导人的

---

① 崔远航:《"国际传播"与"全球传播"概念使用变迁:回应"国际传播过时论"》,载《国际新闻界》2013 年第 6 期。
② [美] 罗伯特·福特纳:《国际传播:全球都市的历史、冲突及控制》,刘利群译,华夏出版社 2000 年版,第 8,9 页。
③ 何翔:《我国对外传播存在的问题及解决途径》,载《当代传播》2008 年第 5 期。

不断推进,我国对外传播思想也逐渐发展成熟。

早在改革开放初的1980年,邓小平在《坚持党的路线,改进工作方法》报告中提到,"恢复我们党在全国各族人民中、在国际上的地位和作用,是摆在我们面前需要解决的非常重要的问题"①。他高度重视我国对外传播,主要体现在以下五个方面。(1) 坚持党性原则。邓小平指出,中国"要向世界说明,我们现在制定的这些方针、政策、战略,谁也变不了"②。(2) 坚持对外开放。"任何一个国家要发展,孤立起来,闭关自守是不可能的。"③ (3) 坚持走和平发展道路。要向世界展现出,"中国永远站在第三世界一边,中国永远不称霸,中国也永远不当头"④。(4) 邓小平强调,处理国家间关系应以"国家利益为最高准则"⑤。(5) 对于我国,国际交往的目的在于"一心一意地搞四个现代化……一心一意地维护和发展安定团结、生动活泼的政治局面"⑥。邓小平的对外传播思想是邓小平理论的重要组成部分,为之后几代领导人的对外传播思想发展提供了重要的基础。

江泽民继承并发展了邓小平的对外传播思想,主要体现在如下八个方面。(1) 坚持党的指导方针。他强调,要"坚持以邓小平理论和党的基本路线为指导,认真贯彻中央的方针政策"⑦。(2) 增进世界对中国的了解。"中国需要全面了解世界,也要让世界更好地了解中国"⑧,同时,要"继续向世界说明我国改革和建设的伟大成就"⑨。(3) 树立中国的良好

---

① 中共中央文献编辑委员会编:《坚持党的路线,改进工作方法》,载《邓小平文选(一九七五——一九八二)》,人民出版社1983年版,第238页。
② 中共中央文献编辑委员会编:《在中央顾问委员会第三次全体会议上的讲话》,载《邓小平文选(第三卷)》,人民出版社1993年版,第83页。
③ 中共中央文献编辑委员会编:《政治上发展民主,经济上实行改革》,载《邓小平文选(第三卷)》,人民出版社1993年版,第117页。
④ 中共中央文献编辑委员会编:《善于利用时机解决发展问题》,载《邓小平文选(第三卷)》,人民出版社1993年版,第363页。
⑤ 中共中央文献编辑委员会编:《结束严峻的中美关系要由美国采取主动》,载《邓小平文选(第三卷)》,人民出版社1993年,第330页。
⑥ 中共中央文献编辑委员会编:《坚持党的路线,改进工作方法》,载《邓小平文选(一九七五——一九八二)》,人民出版社1983年版,第240页。
⑦ 《江泽民在全国对外宣传工作会议上强调 站在更高起点上把外宣工作做得更好 要在国际上形成同我国地位和声望相称的强大宣传舆论力量,更好地为改革开放和现代化建设服务》,载《人民日报》1999年2月27日。
⑧ 同上。
⑨ 同上。

形象。"充分展示中国人民爱好和平的形象。"①（4）营造良好的国际环境。"我们实现跨世纪发展的宏伟目标,必须有一个包括国际舆论环境在内的良好国际环境。"②（5）采用不同的传播方式,认识到"各个国家和地区的情况也很不同"③。（6）多部门协调的对外传播机制。"不仅新闻出版部门,而且经贸、科技、文化、教育、旅游等涉外部门,都要注意向国外介绍我国。"④（7）努力掌控话语权。"要坚持以正面宣传为主、以事实为主、以我为主的方针。"⑤（8）重视现代传播媒介的作用。江泽民强调,要"积极掌握和运用现代传播手段"⑥,他首次针对互联网提出"要高度重视互联网的舆论宣传……使之成为思想政治工作的新阵地,对外宣传的新渠道"⑦。

胡锦涛进一步推进了对外传播思想的发展。他的思想主要包括以下六个方面。（1）坚持正确的舆论导向。"坚持马克思主义新闻观……正面宣传为主……提高舆论引导的及时性、权威性和公信力、影响力。"⑧（2）充分认识国际舆论形势的复杂性。胡锦涛在视察《人民日报》时说,"'西强我弱'的国际舆论格局还没有根本改变,新闻舆论领域的斗争更趋激烈、更趋复杂"⑨。（3）维护国家形象,营造良好的国际环境。他提出,要"着力维护国家利益和形象……营造良好的国际舆论环境"⑩。（4）加强文化

---

① 《江泽民在全国对外宣传工作会议上强调　站在更高起点上把外宣工作做得更好　要在国际上形成同我国地位和声望相称的强大宣传舆论力量,更好地为改革开放和现代化建设服务》,载《人民日报》1999年2月27日。
② 同上。
③ 《全国对外宣传工作会议代表指出　要更好地向世界介绍中国》,载《人民日报》1990年11月3日。
④ 同上。
⑤ 《江泽民在全国对外宣传工作会议上强调　站在更高起点上把外宣工作做得更好　要在国际上形成同我国地位和声望相称的强大宣传舆论力量,更好地为改革开放和现代化建设服务》,载《人民日报》1999年2月27日。
⑥ 同上。
⑦ 《全国宣传部长会议在京召开　江泽民与出席会议同志座谈并作重要讲话》,载《人民日报》2001年1月11日。
⑧ 《中共中央关于深化文化体制改革　推动社会主义文化大发展大繁荣若干重大问题的决定》,载《人民日报》2011年10月26日。
⑨ 胡锦涛:《在人民日报社考察工作时的讲话》,载《人民日报（海外版）》2008年6月21日。
⑩ 《坚持用"三个代表"重要思想统领宣传思想工作　为全面建设小康社会提供科学理论指导和强大舆论力量》,载《人民日报》2003年12月8日。

与文明的交流,提升我国文化软实力。他提出,"维护国家文化安全任务更加艰巨,增强国家文化软实力、中华文化国际影响力要求更加紧迫"①,要"吸收各国优秀文明成果"②,要"实施中华文化'走出去'工程"③,与其他国家在"文化上相互借鉴、求同存异,尊重世界多样性,共同促进人类文明繁荣进步"④。(5)建立现代新闻发布制度。他提出"完善新闻发布制度,健全国内外重大突发事件快速反应和应急处理机制"⑤,要"按照新闻传播规律办事"⑥。(6)建立现代传播体系。胡锦涛高度重视现代科技发展带来的媒介技术的革命,他提出,"必须加快构建技术先进、传输快捷、覆盖广泛的现代传播体系……支持重点新闻网站加快发展……推进电信网、广电网、互联网三网融合"⑦,而且,他充分认识到互联网的巨大影响力,提出"互联网已成为思想文化信息的集散地和社会舆论的放大器……高度重视互联网的建设、运用、管理"⑧。

三代领导人的对外传播思想一脉相承,并随时代的发展和国际形势的变化不断革新,这为习近平对外传播思想的建立提供了坚实的基础。

三、习近平对外传播思想的构成体系

习近平对外传播思想已经形成了全面而系统的思想体系,这套思想体系可以作为我国国际政治传播的重要思想基础,指导我国的国际政治传播实践。

改革开放以来的几届领导人的对外传播思想基本以党和政府为对外传播的主体,而在习近平对外传播思想体系中(如图1),则更强调对外传

---

① 《中共中央关于深化文化体制改革　推动社会主义文化大发展大繁荣若干重大问题的决定》,载《人民日报》2011年10月26日。
② 中共中央文献研究室编:《高举中国特色社会主义伟大旗帜,为夺取全面建设小康社会新胜利而奋斗》,载于《十七大以来重要文献选编(上)》,中央文献出版社2009年版,第7页。
③ 同上书,第657页。
④ 同上书,第36页。
⑤ 中共中央文献研究室编:《在中共十六届四中全会上的工作报告》,载于《十六大以来重要文献选编(中)》,中央文献出版社2006年版,第244页。
⑥ 胡锦涛:《在人民日报社考察工作时的讲话》,载《人民日报(海外版)》2008年6月21日。
⑦ 《中共中央关于深化文化体制改革　推动社会主义文化大发展大繁荣若干重大问题的决定》,载《人民日报》2011年10月26日。
⑧ 《在人民日报社考察工作时的讲话》,载《人民日报(海外版)》2008年6月21日。

播主体的多元性(包括了微观主体)。习近平的对外传播思想是在确立党和政府主导传播地位的前提下,将党和政府、社会组织、普通民众个体都列入对外传播主体的范畴,并高度注重这些传播主体间的协调,以共同实现对外传播的目标。习近平认为,对外传播的根本目的在于维护国家利益,争取国际话语权、塑造良好的国家形象、营造和平安宁的国际环境是我国对外传播的主要目标,它们致力于实现我国的核心利益,有利于我国实现"两个一百年"目标——"全面建成小康社会""建成富强民主文明和谐的社会主义现代化国家"①。习近平认为,中国的发展离不开世界,中国的发展也必将促进世界其他国家和地区的发展和繁荣。中国的对外传播需要放眼全球,要努力在传播中寻求不同国家和民族的多元共识,建立利益共同体,将我国自身的发展和进步拓展为整个共同体共同的发展和进步,这与我国的利益契合,也与全人类的利益契合(图1中的虚线及其与实线的交汇,表现了这种拓展与契合)。习近平还认为,在对外传播中,深层次的文化和文明的交流是自然而然地发生的,文化与文明的共识与冲突一直潜藏在对外传播的实践中。因此,习近平开拓性地将文化和文明的交流作为对外传播思想体系的重要组成部分,致力于增进不同国家与民

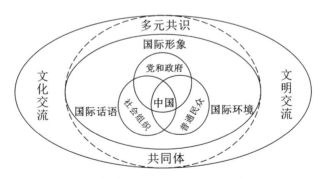

图1 习近平对外传播思想体系

注:图中以"圆形"呈现一种"相对边界"和传播中的互动,整个圈层都是传播充斥的空间。中国的对外传播主体存在较大的交叉,中国核心利益圈与共同体和多元共识层面有很大的契合和拓展关系,并共存于人类文化和文明的更广阔视野中。

---

① 《坚定不移沿着中国特色社会主义道路前进 为全面建成小康社会而奋斗——在中国共产党第十八次全国代表大会上的报告》,载《人民日报》2012年11月18日。

族交流中的相互理解、推动共识的达成、避免误解与冲突。在习近平看来，这与人类命运共同体的利益契合，也是共同体深入发展所必须面对的。

习近平深刻认识到对外传播的重要性，他强调要"切实推动内宣外宣一体化发展"①，他将对外传播置于与对内传播具有相似或相同的地位，并以国家战略的眼光实施对外传播战略。同时，习近平对外传播思想重视调整传播策略，尊重国外受众的习惯和心理，习近平非常重视国外汉学家的建议，"将中国传统文化和当代文化更好结合，并以外国人容易接受的方式对外传播"②。

习近平对外传播思想进一步强化了马克思主义在意识形态领域的指导地位，在2013年中共中央政治局第十二次集体学习中，他提出要"坚持马克思主义道德观、坚持社会主义道德观"③，坚持马克思主义的指导关系到国际政治传播的根本方向和原则。近些年来，中国的综合国力和国际地位都在不断提升，但是，国内外舆论和意识形态环境的复杂不会因此而有所缓和。在国内，自由主义、民族主义等思想暗潮涌动；在国外，西方并没有停止对社会主义和共产党政府的敌视。在这种情况下，坚持正确的理论指导和舆论方向，是我国对外传播首先要解决的问题。但是，在国际交流中，避免意识形态领域的直接冲突有利于促进交流并达成共识，习近平身体力行，在德国科尔伯基金会的演讲提到德国哲学家时，他将"马克思"置于第五位④，充分表现出对他国的尊重和传播策略的采用。

四、党和政府、社会组织、普通民众三者的协同重构了对外传播的主体

我国有学者将政治传播的主体分为"人类主体形态""社会总体形态""集团形态"和"个人形态"四大类；"人类主体形态"是一种理想类型，将

---

① 《为改革发展提供强大精神动力——二〇一四年宣传思想文化工作综述》，载《人民日报》2015年1月5日。
② 杜尚泽、郑红：《习近平同德国汉学家、孔子学院教师代表和学习汉语的学生代表座谈》，载《人民日报》2014年3月30日。
③ 《建设社会主义文化强国　着力提高国家文化软实力》，载《人民日报》2014年1月1日。
④ 《在德国科尔伯基金会的演讲》，载《人民日报》2014年3月30日。

"全球"即"人类"作为"隐形主体",是一种理想性的假想;"社会总体形态"是指"国家、政党、政府";"集团形态"是指"社会组织""各种共同体";"个人形态"是指个人主体①。按照上述分类,国际政治传播涉及的主体主要有党和政府、社会组织和普通民众。

习近平对外传播思想对传播主体的行为方式,特别是政府的工作提出了指导性意见,他指出"宣传思想工作一定要把围绕中心、服务大局作为基本职责……做到因势而谋、应势而动、顺势而为……正面宣传为主……弘扬主旋律,传播正能量……动员各条战线各个部门一起来做"②。实际上,习近平对外传播思想所预设的,是一个"强大政府"。只有"强大政府"才能坚持正确的思想指导、争取国际话语权、实现共同体战略、提升文化软实力,它是习近平对外传播思想中处于主导地位的传播主体。中国的"强大政府"也吸引了西方学者的关注和研究,弗朗西斯·福山2014年出版的新书《政治秩序与政治衰败:从工业革命到民主全球化》对"政府"的作用作出了新的论述,他强调"强大的政府"是维护社会秩序的首要因素,而后才是"法治"和"民主问责制"③。同时,政府主导与社会组织、普通民众协同,共同构成了对外传播的主体,习近平提出,要"让13亿人的每一分子都成为传播中华美德、中华文化的主体……综合运用大众传播、群体传播、人际传播等多种方式展示中华文化魅力"④,他和夫人彭丽媛的外事活动,不仅代表政府,也是个人主体通过人际传播、大众传播实现国际政治传播目的的重要体现。

五、建构良好的中国形象是对外传播的重要目标

国际政治传播中,有关"话语权"的较量从未停止过。长期以来,在国

---

① 荆学民:《论中国特色政治传播中的"主体"问题》,载《哈尔滨工业大学学报(社会科学版)》2013年第2期。
② 《胸怀大局把握大势着眼大事 努力把宣传思想工作做得更好》,载《人民日报》2013年8月21日。
③ Francis Fukuyama, *Political Order and Political Decay: From the Industrial Revolution to the Globalization of Democracy* [Kindle Edition], Farrar, Straus and Giroux(New York), 2014, p. 11.
④ 《建设社会主义文化强国 着力提高国家文化软实力》,载《人民日报》2014年1月1日。

际社会中,西方主导着建构中国形象的话语权,从前原诚司2005年在美国提出"中国威胁论"①到2015年沈大伟重提"中国崩溃论"②,西方一直在建构他们想象中的"中国形象"。随着中国自身的发展壮大和国际影响力的与日俱增,无论从国家发展的国际战略角度还是社会心理角度,中国都需要争取国际话语权,建构良好的国际形象,为我国及世界各国的共同发展营造良好的国际环境,这是习近平对外传播思想体系中有关国家利益的核心层面。

中国学者张铭清认为,"话语权是传播学概念,指舆论主导力,属于舆论斗争的范畴。国际话语权是指通过话语传播影响舆论,塑造国家形象和主导国际事务的能力,属于软实力范畴"③。习近平不但高度重视我国国际话语权的理论问题,而且还提出了获取国际话语权的运作机制和具体方法,他在2013年中共中央政治局第十二次集体学习中提出"要努力提高国际话语权,要加强国际传播能力建设,精心构建对外话语体系,发挥好新兴媒体作用,增强对外话语的创造力、感召力、公信力,讲好中国故事,传播好中国声音,阐释好中国特色"④。掌握国际话语权,要改变被动建构的格局,实施主动传播战略,而主动传播,需要在认清现实的国内外环境的基础上,采取合理的传播策略,传播适于受众接受的内容,要"创新对外宣传方式,着力打造融通中外的新概念新范畴新表述"⑤。

中国的国际话语权需要用中国自己的声音去打造与中国相符合的中国国际形象。2013年中共中央政治局第十二次集体学习中,习近平对我国的国家形象提出了全面而系统的阐释,即"要注重塑造我国的国家形象,重点展示中国历史底蕴深厚、各民族多元一体、文化多样和谐的文明大国形象,政治清明、经济发展、文化繁荣、社会稳定、人民团结、山河秀美的东方大国形象,坚持和平发展、促进共同发展、维护国际公平正义、为人

---

① 《前原诚司为其"中国威胁"言论辩解》,载《中国青年报》2005年12月13日。
② David Shambaugh,"The Coming Chinese Crackup", *Wall Street Journal-Eastern Edition*, 2015, pp. C1-C2.
③ 张铭清:《话语权刍议》,载《中国广播电视学刊》2009年第2期。
④ 《建设社会主义文化强国 着力提高国家文化软实力》,载《人民日报》2014年1月1日。
⑤ 同上。

类作出贡献的负责任大国形象,对外更加开放、更加具有亲和力、充满希望、充满活力的社会主义大国形象"①。向世界各国人民呈现良好的中国形象,是习近平对外传播思想的重要内容,他更是身体力行,通过他自己的声音,主动向世界传播中国的这一形象。2014年习近平在中法建交50周年纪念大会上说,"中国这头狮子已经醒了,但这是一只和平的、可亲的、文明的狮子"②;2014年在中国国际友好大会暨中国人民对外友好协会成立60周年纪念活动上,他说,"600多年前,中国的郑和率领当时世界上最强大的船队7次远航太平洋和西印度洋,到访了30多个国家和地区,没有占领一寸土地……中国的先人早就知道'国虽大,好战必亡'……中华民族的血液中没有侵略他人、称霸世界的基因,中国人民不接受'国强必霸'的逻辑,愿意同世界各国人民和睦相处、和谐发展,共谋和平、共护和平、共享和平"③。

"和平"是中国国际政治传播理念中的重要思想,是塑造中国良好的国际形象、营造和平安定的国际环境的关键词。改革开放30多年来,中国历经各种复杂的国际环境,但是,几代领导集体都坚持"和平发展"的方针不动摇,它已经不仅仅是中国面对世界的"处世之道",更是影响世界的"战略思维",通过塑造一种形象,对国际环境产生全方位的有益影响。中国的发展需要两个环境,"一个是和谐稳定的国内环境,一个是和平安宁的国际环境"④。习近平提出"要高举和平、发展、合作、共赢的旗帜,统筹国内国际两个大局……为实现'两个一百年'奋斗目标、实现中华民族伟大复兴的中国梦提供有力保障"⑤。

六、"命运共同体"战略的实质包含通过对外传播促进共识

价值观念的传播是国际政治传播的重要方面,它往往对他国政府、民

---

① 《建设社会主义文化强国　着力提高国家文化软实力》,载《人民日报》2014年1月1日。
② 《习近平在中法建交50周年纪念大会上的讲话(全文)》,新华网,http://www.xinhuanet.com/world/2014-03/28/c_11982956_3.htm。
③ 《中国人民不接受"国强必霸"的逻辑(习近平讲故事)》,人民网,http://paper.people.com.cn/rmrbhwb/html/2018-01/04/content_1827630.htm。
④ 《在德国科尔伯基金会的演讲》,载《人民日报》2013年3月30日。
⑤ 《中央外事工作会议在京举行》,载《人民日报》2014年11月30日。

众及其文化产生潜移默化的深刻影响。包含"民主""自由""平等""人权""人道主义""理性"等内容的西方普世价值是西方干涉别国发展、推行自以为优越的资本主义制度的强大思想武器和合理性基础,但是,普世价值的预设里面,至少有两方面重大缺陷,导致西方推行其价值观念的时候,在全球许多国家和地区产生了不良的影响和后果。首先,"'普世价值'的抽象的人、人性、人道主义、人权以及自由、平等、民主、法治等观念,就是由历史上的剥削阶级统治集团及其思想家把特殊的东西说成普遍的东西,再把普遍的东西说成先天的东西"①,一种价值观念的产生有其特殊的历史情境,普世价值也不例外。价值观念的特殊性被诠释成"一般性",进而成为"超验"真理,那么,它必然会忽略不同历史情境的差异性,并在实践中遭受挫败。其次,作为一种价值观念的普世价值,在传播和推行的过程中又被作为一种"价值标准",被西方用于衡量其他国家和文明,去评判他们的"价值认同",而"价值观念""价值标准""价值认同"并非一回事,但被普世价值统统简单化约了,普世价值坚持二元对立的思维,将不同的"价值观念""价值标准""价值认同"全部推到了对立面,忽视了历史的特殊性和动态过程,并借助经济、政治和文化的优势呈现出简单粗暴的霸权色彩。

习近平对外传播思想十分重视价值观念的对外传播,他提出"要加强提炼和阐释,拓展对外传播平台和载体,把当代中国价值观念贯穿于国际交流和传播的方方面面"②。与西方普世价值的传播和推行不同,中国展示的,不是控制的手段,而是有益于发展与繁荣的"中国经验";提供的不是一种"标尺",而是一种"借鉴";中国与他国的交流与合作,是基于"国家利益"和"价值"的契合,而非霸权或联盟的支配。正如习近平两次引用孟子名言"物之不齐,物之情也"③,各个国家和民族的政治、经济、社会、文化、价值、利益等各方面都是多元的,"多元共识"是基于多元、尊

---

① 钟哲明:《对"普世价值"问题的几点思考》,载《思想理论教育导刊》2009年第3期。
② 《建设社会主义文化强国 着力提高国家文化软实力》,载《人民日报》2014年1月1日。
③ 《在联合国教科文组织总部的演讲》,载《人民日报》2014年3月28日;《迈向命运共同体开创亚洲新未来》,载《人民日报》2015年3月29日。

重多元的一种共识,在多元的差异中寻求共识、避免纷争、共谋发展,这是世界各国人民所向往的。习近平同志在2014年德国科尔伯基金会的演讲中提到,"什么是当今世界的潮流?答案只有一个,那就是和平、发展、合作、共赢"①,每个国家都可以在"和平、发展、合作、共赢"的共识中走到一起。

"中国梦"理念的对外传播集中体现出这种多元共识。2014年,习近平同志提出,"中国梦是和平、发展、合作、共赢的梦,我们追求的是中国人民的福祉,也是各国人民共同的福祉"②,"中国梦既是中国人民追求幸福的梦,也同世界人民的梦想息息相通。中国将在实现中国梦的过程中,同世界各国一道,推动各国人民更好实现自己的梦想"③。习近平同志创造性地提出"中国梦"的理念,但这并不是中国称霸世界的梦,而是多元共识、共同发展的梦。"中国梦"的对外传播获得了一些国家的共识和积极回应。朴槿惠在清华大学演讲中提出"中国正朝着中华民族伟大复兴的'中国梦'奋勇前进,韩国也向着开启国民幸福新时代的'韩国梦'迈进,韩国与中国共同分享的梦是美好的,韩中和谐相处一定会有光明的未来"④;法国总统奥朗德也作出类似回应,他说"在两国人民实现各自梦想的基础上,努力实现'中法梦'"⑤。追求梦想的心是共通的,但是,方式和目标可以是多元的,不以单一的尺度去衡量不同国家和民族的梦想,这正是"中国梦"对外传播中的多元共识。

"命运共同体"理念的对外传播是多元共识的战略呈现。"和平、发展、合作、共赢"的多元共识必然促成一些国家搁置争议和偏见,共谋繁荣,形成国家间的"共同体"。"共同体"不是盟主主导的结盟,而是协商与对话的平台和机制,目的在于追求共同的利益和价值。中国仍然坚持"不结盟"政策,早在1984年,邓小平就明确提出"中国的对外政策是独立自主

---

① 《在德国科尔伯基金会的演讲》,载《人民日报》2013年3月30日。
② 《中央外事工作会议在京举行习近平发表重要讲话》,载《人民日报》2014年11月30日。
③ 《中国人民不接受"国强必霸"的逻辑(习近平讲故事)》,人民网,http://paper.people.com.cn/rmrbhwb/html/2018-01/04/content_1827630.htm。
④ 《朴槿惠清华演讲,流利汉语开场》,载《新华每日电讯》2013年6月30日。
⑤ 《习近平在中法建交50周年纪念大会上的讲话(全文)》,新华网,http://www.xinhuanet.com/world/2014-03/28/c_11982956_3.htm。

的,是真正的不结盟"①,之后,历届中国政府均坚持"独立自主的外交政策",但这并不妨碍中国和有着共同梦想的国家走到一起。2011年《中国的和平发展》白皮书首次提出"'你中有我、我中有你'的命运共同体"②,而后,习近平同志在多个不同场合向世界传播"共同体"思想③,2015年博鳌亚洲论坛更是以"亚洲新未来:迈向命运共同体"为主题,习近平在主旨演讲中说,"迈向命运共同体,必须坚持各国相互尊重、平等相待……必须坚持合作共赢、共同发展……必须坚持实现共同、综合、合作、可持续的安全……必须坚持不同文明兼容并蓄、交流互鉴"④。"共同体"战略已经成为习近平对外传播思想的重要组成部分。"一带一路"战略的实施和"亚洲基础设施投资银行(简称亚投行)"的筹建,集中呈现了该战略。不过,由于涉及的国家、民族、文化、宗教等情况过于复杂,"一带一路"和"亚投行"也面临着巨大的挑战和风险。经济利益所代表的国家利益的契合毕竟是浅层的和暂时的,在文化和文明的交流中寻求深层次的共识才是维持命运共同体深度合作和共赢的根本,这就必须在对外传播中,促进文化和文明的交流。

七、文化与文明的交流是对外传播思想体系的重要组成部分

文化交流和文明交流是不同的国家与民族之间的深层次交流,也是弱化"政治性"或"隐含政治性"的交流,是国际政治传播不可忽视的重要方面。在人类历史上,不同文明间的交流和冲突从来就没有停止过,塞缪尔·亨廷顿曾强调文明冲突的重要影响,尽管已饱受批判⑤,但其的确呈现出了人类文明的一个方面。在世界各国谋求合作与共同发展的今天,推动文化、文明的交流不仅有利于经济、政治层面的交流,也有利于营造

---

① 中共中央文献编辑委员会编:《维护世界和平,搞好国内建设》,载《邓小平文选(第三卷)》,人民出版社1993年版,第57页。
② 《〈中国的和平发展〉白皮书(全文)》,人民网,http://politics.people.com.cn/GB/1026/15598619.html。
③ 《在联合国教科文组织总部的演讲》,载《人民日报》2014年3月28日;《中国人民不接受"国强必霸"的逻辑(习近平讲故事)》,人民网,http://paper.people.com.cn/rmrbhwb/html/2018-01/04/content_1827630.htm。
④ 《迈向命运共同体开创亚洲新未来》,载《人民日报》2015年3月29日。
⑤ 汤一介:《评亨廷顿的〈文明的冲突〉》,载《哲学研究》1994年第3期。

和平安定的国际环境。文化与文明交流的理念是习近平对外传播思想的重要组成部分,其立足于推进我国文化的发展,从整个人类文明的高度,去审视全球化视域中的文化和文明问题,并涉及价值、共识等相关方面。

2014年在联合国教科文组织总部的演讲中,习近平提出"人们希望通过文明交流、平等教育、普及科学,消除隔阂、偏见、仇视,播撒和平理念的种子……第一,文明是多彩的,人类文明因多样才有交流互鉴的价值……第二,文明是平等的,人类文明因平等才有交流互鉴的前提……第三,文明是包容的,人类文明因包容才有交流互鉴的动力"①,这是他对文明交流的基本态度。对于文明交流的作用,习近平说,"让文明交流互鉴成为增进各国人民友谊的桥梁、推动人类社会进步的动力、维护世界和平的纽带"②。文明和文化是不可分割的,文明的交流和文化的交流是相辅相成的。习近平提出,"在中外文化沟通交流中,我们要保持对自身文化的自信、耐力、定力……潜移默化,滴水穿石。只要我们加强交流,持之以恒,偏见和误解就会消于无形"③。"一带一路""命运共同体"需要在经济共同繁荣、政治互相包容的同时,不断促进文明间和文化间的交流,寻求价值理念的共识。

推动文化、文明交流的另一个重要方面在于提升我国的软实力。约瑟夫·奈认为,国家的软实力主要来自三个方面:文化、政治价值观和外交政策④。在我国的对外传播思想中,软实力主要侧重于文化软实力。如何通过文化和文明的交流提升我国的文化软实力,是习近平对外传播思想关注的重要方面。习近平指出,"提高国家文化软实力,关系'两个一百年'奋斗目标和中华民族伟大复兴中国梦的实现"⑤,文化软实力的重要性要求对外传播及国际政治传播必须重视文化发展的战略问题。为此,习近平提出,"对我国传统文化,对国外的东西,要坚持古为今用、洋为中用,

---

① 《在联合国教科文组织总部的演讲》,载《人民日报》2014年3月28日。
② 同上。
③ 杜尚泽、郑红:《习近平同德国汉学家、孔子学院教师代表和学习汉语的学生代表座谈》,载《人民日报》2014年3月30日。
④ [美]约瑟夫·奈:《软力量:世界政坛成功之道》,吴晓辉、钱程译,东方出版社2005年版,第11页。
⑤ 《建设社会主义文化强国　着力提高国家文化软实力》,载《人民日报》2014年1月1日。

去粗取精、去伪存真"①,在交流中汲取其他文化的营养,是提升我国文化的重要途径,同时,我们也需要主动向世界传播我国的文化。习近平提出四个"讲清楚",即"要讲清楚每个国家和民族的历史传统、文化积淀、基本国情不同,其发展道路必然有着自己的特色;讲清楚中华文化积淀着中华民族最深沉的精神追求,是中华民族生生不息、发展壮大的丰厚滋养;讲清楚中华优秀传统文化是中华民族的突出优势,是我们最深厚的文化软实力;讲清楚中国特色社会主义植根于中华文化沃土、反映中国人民意愿、适应中国和时代发展进步要求,有着深厚历史渊源和广泛现实基础"②。文化的对外传播需要传播主体采取适当的传播策略,积极主动地向世界传播,以增进其他国家和民族对中华文化的了解和理解,这是在文化价值理念方面取得共识的基础。

习近平高度重视"社会主义核心价值观"对于文化软实力的重要意义,他提出,"核心价值观是文化软实力的灵魂、文化软实力建设的重点……一个国家的文化软实力,从根本上说,取决于其核心价值观的生命力、凝聚力、感召力"③。近现代的中国文化曾与西方文化有过激烈的交锋,当代的中国文化,本身就是东西方文化融合的产物,这为中西文化的进一步交流奠定了基础,但是,也深刻地影响和改变着中国人的文化心理和文化认知。面对西方文化对中国文化的进一步渗透,社会主义核心价值观有助于在国内社会文化中形成共识,并将这种共识推向不同国家和民族间的文化与文明交流中;它也有助于保持中国文化对外传播的正确方向,避免过于抵制或屈从于西方文化,"保持对自身文化的自信、耐力、定力"④。

八、新兴媒体带来的"人类交往革命"为对外传播提供了新契机

以互联网为代表的新兴媒体深刻地改变了人类的生活方式、生产方

---

① 《胸怀大局把握大势着眼大事　努力把宣传思想工作做得更好》,载《人民日报》2013年8月21日。
② 同上。
③ 《习近平:把培育和弘扬社会主义核心价值观作为凝魂聚气强基固本的基础工程》,中国共产党新闻网,http://cpc.people.com.cn/n/2014/0225/c64094-24463023.html。
④ 杜尚泽、郑红:《习近平同德国汉学家、孔子学院教师代表和学习汉语的学生代表座谈》,载《人民日报》2014年3月30日。

式、传播方式,甚至是思维方式。卡斯特曾说,"网络社会代表了人类经验的性质变化"①,也就是说,网络给人类带来了根本性的变革。我们或许可以认为,新兴媒体带来的是一场伟大的"人类交往革命"。当今社会的各个领域都必须极为重视这场伟大的"人类交往革命",国际政治传播也不例外。

大众媒介是对外传播的重要渠道和方式,在互联网的影响甚至是重构下,大众媒介已经深刻地互联网化了。习近平同志提出,"要加强国际传播能力建设,精心构建对外话语体系,发挥好新兴媒体作用"②,"推动传统媒体和新兴媒体融合发展,要遵循新闻传播规律和新兴媒体发展规律,强化互联网思维……推动传统媒体和新兴媒体在内容、渠道、平台、经营、管理等方面的深度融合,着力打造一批形态多样、手段先进、具有竞争力的新型主流媒体"③。"互联网思维"是我国对外传播思想根据时代变革作出的重大理论发展,它要求对外传播充分利用新兴媒体,特别是互联网,进行及时、有效、形象、全面的传播。但是,新兴媒体不仅为对外传播提供了新的契机,也带来了巨大的挑战。鱼龙混杂的网络环境需要我们谨慎应对,网络生态环境的问题是一个重大而棘手的课题。

九、结语

随着传播学在中国的发展,传播学的理论逐渐被熟知并接受。我国长期运用的"宣传"开始被"传播"替代,政府和领导人逐渐认识到现代传播、大众媒介、社会舆论等传播学领域的重要性,并遵循传播规律,运用传播学的理论去解决对外传播中的各种问题。传播学可以被视为习近平对外传播思想体系的重要理论基础,习近平在官方文件中首次运用了许多传播学术语,如"人际传播""组织传播"等,这一方面有利于传播学学科的发展,另一方面也说明,传播学需要承担起重大的责任,为国家战略的制

---

① [美]曼纽尔·卡斯特:《网络社会的崛起》,夏铸九、王志弘等译,社会科学文献出版社 2001 年版,第 577 页。
② 《建设社会主义文化强国 着力提高国家文化软实力》,载《人民日报》2014 年 1 月 1 日。
③ 《习近平:强化互联网思维 打造一批具有竞争力的新型主流媒体》,新华网,http://www.xinhuanet.com/zgjx/2014-08/19/c_133566806.htm。

定和实施、国家和社会的全面发展提供智力支持。在中国本土语境中发展起来的"对外传播"是国际政治传播不可忽视的研究领域,习近平对外传播思想为我国的政治传播及国际政治传播研究提供了重要的理论依据,也为我国传播学研究拓展了新的领域。

我国公众对警察形象的认知与传播[*]

——基于大数据分析的警民公共关系研究

一、研究背景及方法

(一) 研究背景

公安机关是国家机器的重要组成部分,是人民民主专政的坚强柱石,是具有武装性质的治安行政力量,同时又具有行政管理与公共服务的职能,这两者是统一而又对立的关系。这种特殊性质也决定了警务工作的双重性,即强制性与服务性并存。改革开放以来,公安工作的理念和方式方法相应地发生变化,公安机关的工作性质和工作对象需求也发生了变化。民警工作逐步从"管理型"转变为"服务型",建设与国际接轨、有时代特色和中国特色的职业警察队伍成为我国公安工作改革和发展的必然要求。一个规范、文明、公正、高效的职业警察队伍不仅体现了政府的管理水平和执政能力,从深层次意义上还反映了国家民主和法治的发展。在此基础上,开展对新时期警察形象的研究,不仅是警务机制改革和发展的必然要求,也是现代法治政府转变职能的重要参照性内容。

社交媒体作为公众表达意见的平台和窗口,在近几年已经成为反映社会发展现状、展现社情民意走向的重要研究渠道。在这个平台上,警务工作也一直受到广泛的关注。在当前大数据挖掘和处理技术飞速发展的背景下,德阳市公安局和复旦大学国际公共关系研究中心、上海卿云公共

---

[*] 本文为孟建、裴增雨、卜昱向复旦大学国家文化创新研究中心 2018 年 6 月举办的"文化创新与数据科学:新媒体、新传播、新格局国际学术会议"提供的学术论文。

关系咨询有限公司组成联合课题组,对警察公共关系进行专题研究。在此项研究中,课题组对 2013 年 1 月 1 日至 2016 年 6 月 1 日的新浪微博进行了全文本的数据挖掘和深入分析。安徽合肥学堂信息技术有限公司为研究提供了数据挖掘、清洗、分析等技术支持。

(二) 研究方法

(1) 数据采集方法:采用安徽合肥学堂信息技术有限公司的数据技术(以下简称"学堂"),进行全文本数据挖掘及无效样本处理,在此基础上,我们对数据进行深入的统计和分析。若非特殊说明,本研究中所采用的数据皆由学堂提供。

(2) 数据分析方法:本研究主要采用了传播学的数理统计、文本分析、话语分析,以及互联网政治学、互联网社会学中的一些相关方法。

(三) 样本概况

本研究通过对新浪微博进行数据挖掘,以"警察"为基础关键词,对微博内容进行采集、清洗、统计和分析,得到样本情况如表 1 所示。

表 1 样 本 情 况

采集关键词	警察
采 集 对 象	新浪微博
采 集 区 间	2013 年 1 月 1 日至 2016 年 6 月 1 日
采 集 结 果	157.5 万条
采 集 文 本	约 12 000 万字

二、公众对警务相关话题的关注情况

(一) 警务相关话题的关注热度

对全部 157.5 万条警务活动相关微博的发布时间进行统计和分析,得到如下图 1 所示。

总的来看,自 2013 年以来,公众在微博中提及"警察"的次数呈现出明显的上升趋势。但是,其中,2014 年 12 月到 2015 年 2 月期间出现了明显的下滑,可能与 2015 年各部门集中开展的"净网"行动密切相关。而自

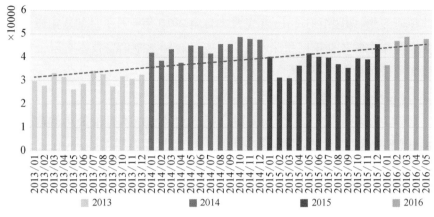

图 1　发布时间

此以后,"警察"相关的话题密度又出现了持续的上升,并在 2016 年 2 月以后,再次达到了新的关注高峰。这种现象在新浪微博整体关注度持续下降的大背景下尤其突出。

结合近几年来的社会舆论环境,我们认为,"净网"行动之前,国内网络上的各类负面事件、负面情绪往往能够实现快速的积聚和扩散,而这些负面事件中,自然少不了"警察"的影子。2015 年"净网"行动以后,类似的势头虽然得到了遏制,但此后不久,与"警察"相关的内容仍然出现了持续上升的状态。这一方面是网民逐渐适应了"净网"后的话语体系,开始能够在新的"规范"中表达自己的意见;另一方面更说明了在群众生活中,"警察"始终是绕不开的话题。

(二) 警务相关话题的发布来源

在全部近 157.5 万条微博中,来自未认证账号(包括普通个人、微博达人和微女郎等具体类别)的条目为 145.0 万条,约占全部条目的 92%。来自认证账号(包括认证个人和认证机构等)的条目为 12.5 万条,约占全部条目的 8%。

将这些来自认证账号的 12.5 万条微博再进行细分,其中 7.93 万条来自认证个人,约占全部样本的 5%,来自政务警务、企业机构和媒体网站的条目各有 1~2 万条,分别占全部样本的 1%左右(如图 2 所示)。

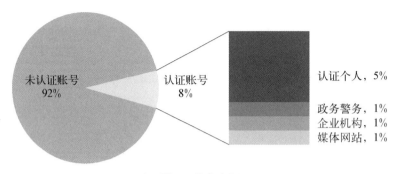

图 2 发布来源

在对来自认证和非认证账号的"警察"相关微博条目的发布时段进行解析,得到情况如下图 3 所示。

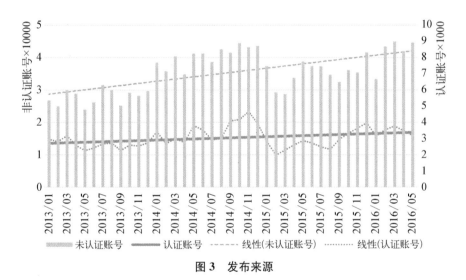

图 3 发布来源

总的来看,从 2013~2016 年上半年,认证账号对"警察"相关内容的关注虽有波动,但整体都处在一个大体平稳的水平上,而非认证账号对"警察"相关内容的关注,则呈现出了更加明显的上升趋势。

(三)警务相关话题的发布区域

在全部 157.5 万条微博样本中,有 130.2 万条能够追溯到发布来源(发布账号注册地),如下图 4 所示。

传学的哲思

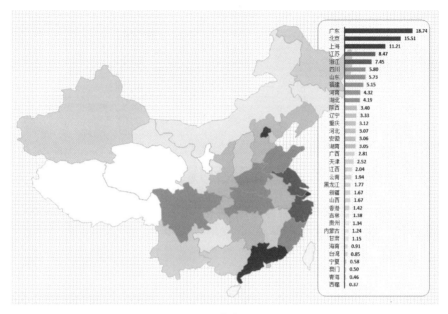

图4 发布区域

广东(187 378条)、北京(155 077条)和上海(112 088条)的民众是对警察关注度最高的人群。除了沿海地区外,四川、河南、湖北等内陆省份对警察的关注度也相对较高,这可能与这几个省同时也是人口流出大省密切相关——当地很多微博用户可能都有在沿海地区的工作、学习生活经验,也更愿意用相应的高标准看待家乡的各类公共服务。

在全部样本中,有119.0万条与"警察"相关的微博能够追溯到发布者的注册城市,如下图5所示。

在全部样本数据中,发布来源(账号注册地)共有349个城市(包括港澳及台湾地区城市,不包括海外城市),几乎涵盖了所有地市级行政区。其中,来自北京(155 077条)、上海(112 088条)、广州(61 876条)、深圳(38 736条)、成都(34 584条)、重庆(31 233条)、杭州(27 000条)和南京(25 809条)八个城市发布的数量,占了全国(标明城市条目的)40.86%。

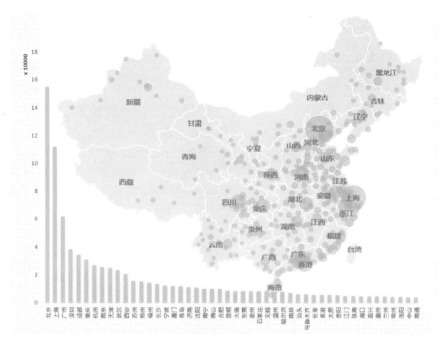

图 5　热点城市

三、公众对警务相关话题的讨论内容

(一) 公众关注警务活动的总体方向

首先,从整体上,本研究将警务活动大体分为服务类警务和执法类警务,并通过相对出现频率较多的关键词进行分别归类,分类的基准热词如表 2 所示。

表 2　服务类警务和执法类警务的判断基准(热词)

类　别	关　键　词　设　定
服务类警务	服务、窗口、管理、护照、出入境、大厅、户口、申报、办理、材料、指导、出境、咨询、登记、户籍、政策、办事……
执法类警务	破案、报案、执法、犯罪、禁毒、赌博、嫖娼、罚单、拘留、处罚、打击、违章、罚款、抓捕、立案、侦破、审讯、治安……

进行分类之后,再对相应的出现频率进行考察,得到公众对"服务类警务"和"执法类警务"的关注情况如下图6所示。

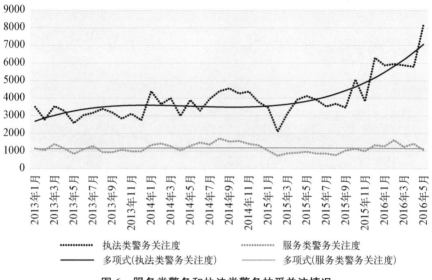

图 6 服务类警务和执法类警务的受关注情况

可以看到,公众对执法类警务的关注度明显高于服务类警务,而且这种差距还有加速扩大的趋势。特别是 2015 年 2 月以来,公众对执法类警务的关注度陡然上升,在 16 个月中增加了 289.0%,而在同一时间区间内,对服务类警务的关注度只增加了 44.5%。

(二) 公众关注警务活动的热点话题

在所有与"警察"相关的微博话题中,在网际传播的情况如下图 7 所示。在该图中,纵坐标是话题转发的数量,横坐标是话题发布的时间(跨度为 2013 年 1 月至 2016 年 5 月),气泡的直径是话题评论的数量。也即,话题越靠右,则距今时间越近;越靠上,则转发数量越多;气泡越大,则评论数量越多。

(三) 公众表达警务活动的高频词汇

将全部微博条目通过文本分析的方式,抽取出高频词汇,再做必要的清洗后,得到"警察"相关的微博热词如下图 8 所示。

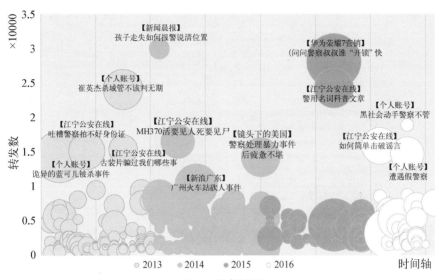

图 7　热点话题

图 8　热词(词云)

其中,出现频次较高的高频词如下图 9 所示。

可以看到,"叔叔"是与"警察"相关的微博条目中出现频次最高的词汇。在全部 157.5 万条相关微博中,有 20.9 万条提到了"叔叔",占全部条目的 13.27%。而紧随其后的"蜀黍",作为"叔叔"一词的网络变体,也出现了 12.3 万次,占全部条目的 7.81%。

图 9　热词(频次)

除了"公安""民警""报警"等与警察直接相关的词汇以外,"新闻""视频""律师""记者"也出现在了高频词列表当中。

(四)几组警务热点词汇的变化趋势

与"警察"相关的微博热词并非一成不变。从这些词的变动当中,也可以发现一些显著的趋势。

1."违法"VS"执法"

在 2014 年 11 月之前,公众对"违法"和"执法"的关注度是大体接近的。但是,这一情况在2015年之后发生了重大的变化。相对于"违法"而言,公众对"执法"的关注度急剧上升(如图10所示)。2016年5月,北京雷洋案发生之后,公众对"执法"的关注更是达到了前所未有的高度。如果说,2015年以后,公众对警察"执法"的关注越来越多、要求越来越高的话,雷洋案的发生,无疑对警察的形象造成了前所未有的冲击。长期来看,这一事件可能会对警察公共关系的现状和未来的发展方向造成深刻的影响。

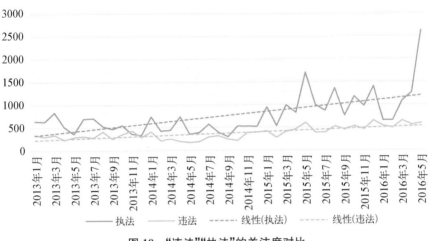

图10 "违法""执法"的关注度对比

2. "视频"Vs"媒体"

"视频"一词的词频在过去的三年中出现了显著的上升趋势。特别是2015年5月,黑龙江庆安事件视频公布后所产生的巨大影响,使当月的警察相关微博话题中对"视频"的关注达到前所未有的高度(同一月中,一则新疆帅气警察自拍上传的"手指舞"视频也获得了很高的关注)。然而,即使剔除这些特殊事件,公众对"视频"关注度的持续上升也是非常明显的。如果将公众对"视频"的关注度与"媒体"或"记者"进行对比,则这种变化尤为显著,如下图11所示。

与"视频"相比,公众在对"警察"相关信息的关注中,对"媒体"或"记者"的关注度在过去的三年中并没有发生显著的变化。这一方面可能来

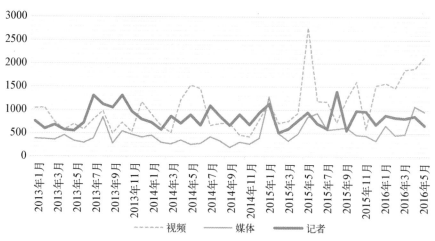

图 11 "视频""媒体""记者"的关注度对比

自信息源的变化,即公众从媒体中得到的对"警察"的感知并没有显著变化,但是从身边(自拍视频)或网络(私媒体视频)中得到的信息量大幅度上升了;另一方面可能来自表达方式的变化,随着智能手机和4G网络的不断强大和普及,公众上传和接收视频的意愿得到了不断的强化。

3."报警"VS"报案"

从2013年1月开始,"报警""报案"的出现频次如下图12所示。

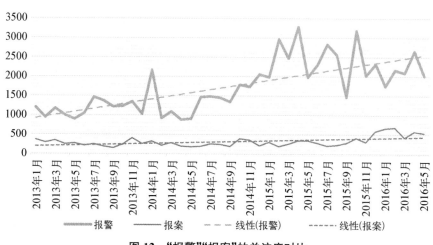

图 12 "报警""报案"的关注度对比

可以看到,与在微博传播中大幅上升的"报警"频次相比,"报案"的频次并没有出现显著的变化。究其原因,除了"报警"与"报案"之间本身在语义上的细微差别之外,二者在网络语言中的差异是主要原因。

例如:

@西柚大可爱ya:警察叔叔就是这俩个变态害得我都不喜欢皮卡丘了//@私人挑款师:我要报警了!

@堕天_云染_懒癌晚期:警察叔叔这个人好看的我要报警了!!!

可以看到,"报警"在近年的网络文化中,已经成为一个极具幽默、调侃色彩的网络词汇,其可以在任何话题、任何语境中使用。同样,这也就是新浪微博中与"警察"相关的热词分布中,"蜀黍"(12.3万次,7.81%)和"哈哈哈"(7.35万次,4.67%)会排在热词榜前列的原因。

4. 其他相关热词的变化

2013年以来,公众对"暴力"的关切程度,呈现出了一定的上升趋势。尤其在2016年以来,这种变化更加明显,如下图13所示。

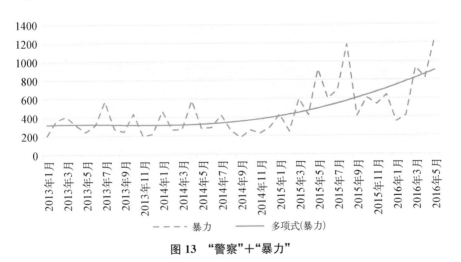

图13 "警察"+"暴力"

需要指出的是,公众在"警察"相关的微博条目中提到"暴力",并不一定关注的是警察使用的暴力,而更可能描述的作为警务处置客体的暴力事件。因此,这些条目并不一定表达出的是负面信息。但是,不管怎样,这都表明了随着现代社会的进步,公众对"暴力"的关注已经越来越高,抵触也越来越强。再结合前述的公众对"执法"的关注度已经大大超过"违法"本身,可以认为,警务工作所要面对的社会环境已经出现了明显的转变趋势。

除此以外,还可以看到与"警察"相关的如下关键词的变化,如图 14 所示。

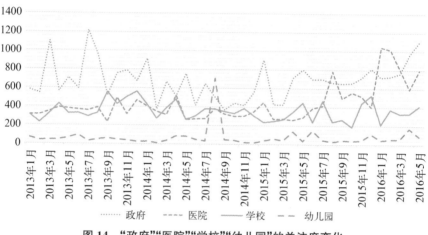

图 14 "政府""医院""学校""幼儿园"的关注度变化

2015 年 3 月以后,在"警察"相关的微博条目中,"政府"的出现频率有了明显的上升。一方面可能是警务工作与政务工作之间的关联愈加紧密,另一方面也说明了双方形象的捆绑已经不断加深。

同样,"医院"的出现频率也在 2015 年以来出现了大幅的上升。这也是由近两年来医患关系的急剧变化造成的。

相较之下,"学校"和"幼儿园"与"警察"的关系并未发生大的变动。但是,在个别时期也出现了井喷的现象,这显然是由极端突发事件引起的。

总的来看,不管是医院、学校、幼儿园还是政府,都是普通公众在社会生活中所必然要接触的。它们与警务工作的关联上升固然是规范化、法制化的社会管理的需要,但也表现了当前社会治安方面的一些问题。这些问题的频繁出现如果处置不当,可能会给警察的形象建构带来巨大的压力。

四、公众对警务相关话题的情感倾向

(一)公众对警务相关话题表达的情感倾向

使用统计特征的方法,通过对特定词语的频率进行考察,并根据一定规则将文档映射为词语网络,进而可以对被考察文本所表达的语义进行判断。这种基于关键词统计特征的算法操作简单,虽然在汉语表达(特别是互联网上一些特殊的语境表达)的复杂性下对单独文本的判断可能出现偏差,但当数据上升到百万量级时,这种偏差基本不会影响整体的判断。

基于此,首先将表达正负面情感的相关词从全部样本中进行抽取,并进行了正面和负面的分类,如下表3所示。

表3 正面情感和负面情感的判断基准(热词)

正面判定	高兴 和蔼 满意 欣慰 开心 ……	愉快 很好 美好 辛苦 喜悦	不错 精彩 贴心 尊重 欣慰	高尚 喜爱 威武 畅快 激动	可爱 兴奋 伟大 欣然 欢乐	公仆 挚爱 倾慕 欣喜 可亲	关心 理解 喜欢 炽爱 热爱	果断 良好 支持 愉悦 了不起
负面判定	不管 可恨 鄙视 难受 恐慌 ……	不行 可怕 恐怖 讨厌 畏缩	不好 过分 滥用 无耻 畏惧	可耻 呵呵 雷人 无能 惧怕	恶劣 凌乱 冷淡 虚伪 惊吓	居然 可恶 冷漠 可笑 鄙薄	丑陋 气愤 痛恨 恼怒 鄙视	呸 奇葩 郁闷 怒气 不齿

需要说明的是,通过上述关键词所表达出的正负面感情,不一定是对警察的,也可能是对犯罪分子或其他相关客体的。因此,该分析所得出的感情判断更多应当作为一种定性的参考,而非作为一种绝对的量化指标。

通过这种方法,本报告对全部"警察"相关微博的语义进行考察,得到部分热词的相关情感表达如右图15所示。

图15 公众对"警察"的正负面情感表达

在新浪微博中对"警察"相关条目作情感上的分析,发现正面情绪相关条目(15.38%)要略高过负面情绪(13.74%),可以认为公众对当前社会中的警察形象的认知是相对偏向正面的。但是,也应当指出的是,在很多时候,这些负面情绪的指向不一定是警察本身(而可能是违法行为),所以实际针对警务活动的负面情绪应更少。

(二)公众对警务相关话题表达的区域差异

不同区域对警务相关话题的正负面倾向也略有不同。相较而言,新疆、安徽、广东、北京、江西等省市对警务相关话题的正面情感表达更多一些,陕西、上海、北京、天津、河北对警务相关话题的负面情感表达更多一些,如图16所示。

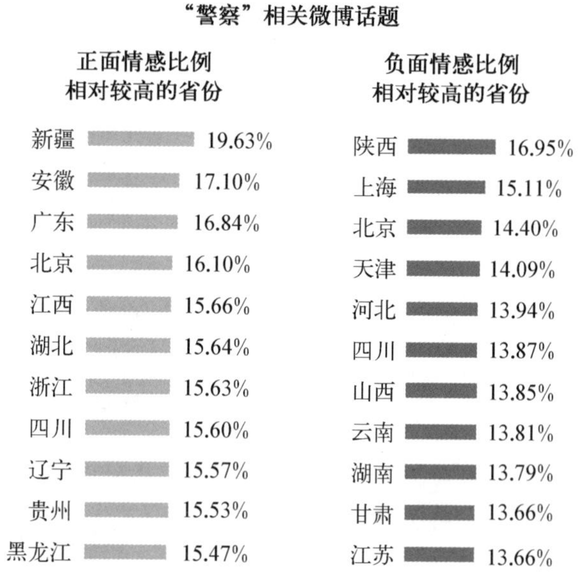

"警察"相关微博话题

正面情感比例相对较高的省份		负面情感比例相对较高的省份	
新疆	19.63%	陕西	16.95%
安徽	17.10%	上海	15.11%
广东	16.84%	北京	14.40%
北京	16.10%	天津	14.09%
江西	15.66%	河北	13.94%
湖北	15.64%	四川	13.87%
浙江	15.63%	山西	13.85%
四川	15.60%	云南	13.81%
辽宁	15.57%	湖南	13.79%
贵州	15.53%	甘肃	13.66%
黑龙江	15.47%	江苏	13.66%

图16 不同区域公众对"警察"的正负面情感表达

(三)公众对不同警务话题的情感表达差异

对具体警务活动进行正负面情绪的考察,得到情况如下图17所示。

在预设的警务活动热词中,公众表达正面情绪最高的是"禁毒",其次是"护照"和"破案",而负面情绪表达比例最高的则是"罚款""立案""拘留"和"办事"。

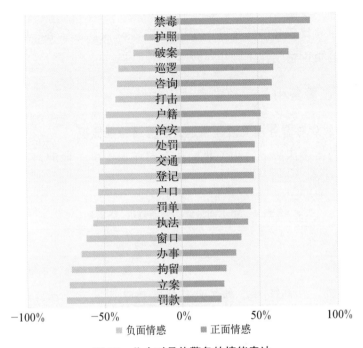

图 17　公众对具体警务的情绪表达

注：为了便于直观比较，本图使用的是相关条目剔除了中立条目之后的正负面情绪对比。

（四）公众对不同警种话题的情感表达差异

在提及不同警种时，公众表达的情绪也略有差别，如下图18所示。

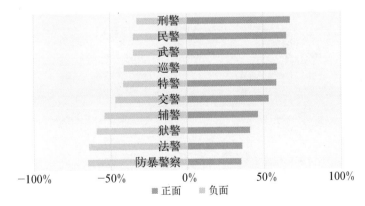

图 18　公众对不同警种的情感表达

注：辅警虽然并非警种，但从警察整体形象角度，也纳入了本次考察。

在各个警种中,公众传递情感最正面的是刑警,同时对民警、武警、巡警和特警也有比较高的好感度。相较而言,在谈及防暴警察、法警和狱警时表达出的负面情绪比例则相对较多。

五、公众在警务相关话题中表达出的情绪

(一)公众对警务相关话题表达出的情绪特征概况

本报告将表达情绪的相关热词从全部样本中进行抽取,并进行了分类,如下表4所示。

表4 对不同情绪的判断基准(热词)

情 绪	关 键 词 设 定
支持/尊重	支持、很好、真好、真棒、尊敬、敬重、尊重、给力、好样的……
开心/感谢	高兴、开心、满意、欣慰、愉快、感谢、谢谢、感恩、感动……
讨厌/不屑	厌恶、虚伪、讨厌、可笑、厌烦、不屑、不好、够呛、鄙视……
惊讶/气愤	震惊、雷人、居然、愤怒、生气、奇葩、骂人、可恶、无耻……
难过/郁闷	悲伤、难过、痛心、悲痛、想哭、郁闷、难受、大哭、伤心……
喜欢/称赞	喜欢、喜爱、可爱、美好、赞一个、不错、很好、热爱、亲爱……

由此,公众对所有"警察"相关微博样本进行了情绪上的细分,得到结果如下图19所示。

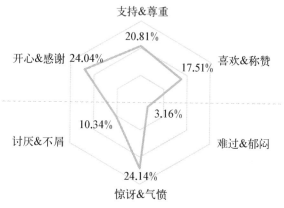

图19 公众对"警察"相关信息的情绪表达

可以看到,公众在发布涉及"警察"的信息时,正面情绪的总体比例固然要超过负面情绪,但在"惊讶&气愤"的表达比例却是所有情绪中最高的。

(二) 公众对不同警务话题表达出的情绪特征差别

公众在对待不同的警务活动时,所表达的情绪也有明显不同。首先,从大的警务分类来看,可以得到结果如下图20所示。

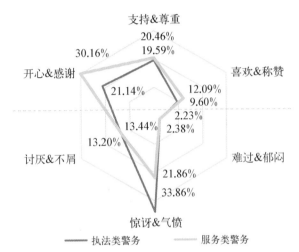

图 20 公众对"服务类警务"和"执法类警务"的情绪表达差别

公众在接触"服务类警务"或"执法类警务"时,在"开心&感谢"和"惊讶&气愤"两个指标上有明显的差异。

面对不同的警种,用户所表达出的情绪也有细微的差别。如下页图21所示。

如图所示,公众在面对不同的警务人员时的态度往往有所差异:

最感谢:巡警(43.1%)

一般公众与巡警的接触,多数可能是受到了保护、救助或其他帮助,因而表达出的情绪分外清晰。

最尊重:刑警(36.9%)

在公众眼中,刑警是社会治安的基石。当然,这也可能与影视作品类的传播相关。

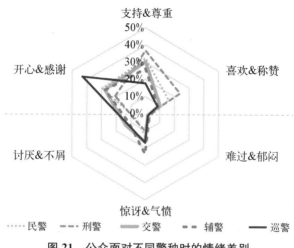

图 21　公众面对不同警种时的情绪差别

最称赞：刑警(27.8%)

同"最尊重"。

最讨厌：交警(15.2%)

各警种并没有特别大的差异。一定要比较的话,交警领先了半个身位。与公众的接触面最大,受处罚机会又最高,因而被"讨厌"也在所难免。但是,也应该看到,交警在"讨厌"的比例(15.2%)要显著低于受支持(30.5%)和感谢(27.8%)的比例。

最气愤：辅警(23.4%)

这可能一方面是公众对一些与警察相关的负面突发事件中,最终内部处罚的落点在辅警(临时工)身上有所不满,另一方面可能是部分辅警的自身素质并不很高,在与公众接触时确有一些行为举止不当。

(三) 公众对警务相关话题呈现出的情绪特征走势

考察各种情绪在全部样本考察期间的走向,得到信息如下页图 22 所示。

可以看到,公众对警务相关话题所表达出的情绪可能在短时间内发生剧烈的变化,其中变化最明显的情绪是"支持/尊重""惊讶/气愤"和"开心/感谢"。这些发生突然变化的时间点,也必然与线上线下的警务(宣传)活动密切相关。

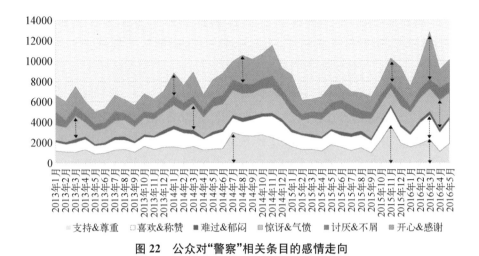

图 22　公众对"警察"相关条目的感情走向

从大的趋势进行考察,则发现在 2016 年上半年中,关于警察的"支持/尊重"和"开心/感谢"两种情绪出现了快速的下落,而对应的是"惊讶/气愤""讨厌/不屑"出现了上升的趋势。虽然,"喜欢/称赞"也出现了明显的上升,但总体而言,这一情绪表达的趋势仍然是向下的。这也说明当前的警察形象已经出现较为严重的问题(例如北京"雷洋事件"的发生)。

六、研究发现与建议

加快警察职业化的步伐,建设与国际接轨的有时代特色、中国特色的职业警察队伍已经成为我国公安工作改革和发展的必然要求。从某种意义上讲,警察代表着政府,警察的形象就是政府的形象。一个规范、文明、公正、高效的职业警察队伍不仅体现了政府的管理水平和执政能力,从深层次意义上还反映了国家民主和法治的发展。

由于警察作为公共安全维护者的特殊身份,其在行使警察权力(公共权力)的活动中产生各种社会关系时,难免遇到各种各样的问题,而各地公安机关也在此过程中进行了许多有益的探索。但是,从本次对我国警察形象的考察中,仍然发现了许多问题。

(一)重塑警民关系,转变以管为主的执法心态

当前,民警的日常勤务仍以业务工作为中心,公众对民警的评价也只

片面地以他们的工作成绩高低为依据。然而,由于公安工作的特殊性,公众往往难以接近和了解警务工作,因而只能被动地从其"所见到"甚至仅仅是"所听到"的警方日常的执法活动中去评价。在本次的数据调查中发现,其实很多的突发事件或舆情事件本身都是很小的事,但是当事警务部门或人员在执法时,往往只注重业务本身,而没有充分注重对执法对象和周边群众的沟通,没有把执法工作从提高和改善人民警察公众形象的高度来认识,也不善于正确运用各种有效措施和正常的信息传播渠道疏通警民关系,结果造成人民群众对警察产生疏离感和不信任。

特别是在政府职能转变的社会大背景下,社会治安管理也在逐渐摆脱孤立、封闭的状态,逐步转向由政府部门、公安机关和社区组织等多元主体合作治理的警务模式。在此基础上,要进一步梳理警察的良好形象,必须要将警务理念由管制到善治进行变革,变"管理型"机构为"服务型"机构。

(二)推动公民意识,建立更加开放的警务流程

由于公安工作的特殊性和公安机关长期以来的自我封闭,导致了社会公众对公安工作的不了解。虽然,公安机关在近年来为社会稳定和经济建设作了大量的工作,作出了很多牺牲和奉献,并得到了社会上相当的认可。但是,在重大负面舆情或突发事件面前仍然不堪一击。归根到底,从某种意义上来说,社会公众在直观上感觉到、看到的警察工作大都是带有干涉、强制、禁止、取缔等管理性质。加之官权意识等思想在公众心目中的根深蒂固,造成公众对国家法律、对民警执法上存在认知偏差,他们不愿主动接近和了解公安工作,只是被动地从民警日常的某个执法活动或某项工作中去片面地评价公安的整体工作,很容易造成警民关系的隔阂与对立。这种偏差会导致即使结果是公平公正的,但过程中的不公开等,也会使老百姓满意度不高,公平感不强。

因此,要建立良好的警察形象,首先要保证公众所能看到的警务活动确实具有"看得见的正义"。警察的执法不仅要在结果上强调公平公正,还要加强实体和程序规范,提高警察队伍的依法意识、程序意识、文明意识,在过程中做到程序正当、方式正当。此外,还要做到警务公开,最大限

度地公开执法依据、执法程序、执法进度、执法结果,避免媒体记者和"网络达人"仅仅通过寻找外围人员来试图还原真相,从而可能造成"事实"在还原过程中造成的偏差。

(三)强调全警参与,加大公关理念的全面普及

警察形象是公众对警察组织的整体评价,个体属于群体,群体属于每一个群体成员,公众对警察组织作出总体评价,并在此基础上来认识和评价每一个警察。同样,公众也透过每一个警察来评价整个组织形象,因此,每一个警察都代表整个群体,每一个警察的形象均影响整体的形象。但是,在实践中,我国全警公关的理念尚未普及,警察公共关系的推进还存在组织不健全、尚未形成系统化的问题,警察公共关系工作分散在宣传、政工、培训、信访等部门,展开的各项措施存在独立性、阶段性的特点,缺乏整体性、系统性等。

维护良好的警察公共关系、建构良好的警察形象是一项系统工程,警察公共关系部门是警察公共关系的"组织者",世界多国警察机构已经建立了专门的公关部门,负责统筹本单位的警察公共关系事务,组织和构思具体的有关活动;而每个民警都是警察公共关系的"参与者、实施者",要树立"警务活动就是警察公共关系建设"的意识,明确每一个民警都是警察形象的"建设者""发言人"观念,在日常执勤执法和服务群众的同时,注意保持人民警察的良好形象和亲民爱民形象,形成全警参与的全新格局。

(四)加强渠道建设,强调沟通行为的社交互动

在当今新时期新形势下,建立公众参与、互动和谐的警察公共关系是公安机关的一项重要使命。归根到底,警民关系是一种双向互动的过程和行为。要树立平等沟通的公关观念,一方面要充分尊重公众的权利,广开渠道听取公众意见;另一方面要积极建设互动沟通的平台载体,使群众对警方的了解更加全面,积极建立平等、互动、互信的警民关系。除此以外,还应当充分重视建立信息反馈及决策辅助机制,保证公众意见能对公安机关的决策、行为产生影响。

公众舆论在警察公共关系的建设中是不可或缺的,因为它既是公民知情权的体现,又是宪法公民言论自由权利的实现。所以,在处理与公众舆论的关系时,一要公正执法,避免社会舆论对个案的影响。社会舆论客观与否或多或少地会影响警察权的行使,保持警察执法的公正性必须严格按照法律规定和程序依法办事;二要变"被动"为"主动",加大对各类现代社交渠道特别是移动互联网端的应用,不断拓宽警务工作与社会公众之间的沟通渠道,积极处理与公众、新闻媒体的关系,及时发布社会治安信息和预警信息,公布重大案件的工作进展,正确处理群众的投诉和举报并公布查处结果,主动接受新闻舆论的监督等,使公众真正意识到警务工作的艰辛与价值。

习近平主席2017年5月19日会见全国公安系统英雄模范立功集体表彰大会代表并发表了重要讲话。习近平说:"和平年代,公安队伍是一支牺牲最多、奉献最大的队伍。大家白加黑、五加二,没有节假日、休息日,几乎是时时在流血,天天有牺牲。广大公安英雄模范身上体现的忠诚信念、担当精神、英雄气概,是中华民族伟大精神的真实写照。"[1]同时,习近平也强调"全国公安机关和公安队伍要坚持党对公安工作的领导,牢固树立四个意识,坚持人民公安为人民,全面加强正规化、专业化、职业化建设,做到对党忠诚、服务人民、执法公正、纪律严明"[2]。我们运用大数据所进行的这项研究,首先是要为建立我国良好的警民公共关系提供科学、扎实、可靠的依据,与此同时,我们要在此基础上,为我国警民公共关系研究提供新的学术视野、新的研究方法、新的研究理念。

---

[1] 《习近平:始终坚持人民公安为人民》,人民网,http://politics.people.com.cn/nl/2017/0519/c64094-29288020.html。
[2] 同上。

试论中国特色新闻发布理论体系的全面构建*

"新时代提出新课题,新课题催生新理论,新理论引领新实践"①,作为党的新闻舆论工作的重要组成部分,中国的新闻发布是伴随着改革开放发展起来的。20世纪80年代初,我国正式建立新闻发言人制度,新闻发布工作取得长足发展,经过多年的探索与实践,中国新闻发布工作的各项制度和机制已经日趋成熟,用较短的时间走过了西方100多年的历史。党的"十八大"以来,尤其是党的十八届三中全会提出"推进新闻发布制度建设"的重大决策以来,我国的新闻发布制度建设又上了一个大台阶,已经进入大力推进、全面发展的新阶段。从党的"十八大"到党的"十九大",我国的新闻发布制度建设更是具备了建构中国特色新闻发布理论体系的成熟条件,从特殊方面践行着"推进国家治理体系和治理能力现代化"这一全面深化改革的总目标。

一、中国特色新闻发布理论体系构建的历史图景

改革开放40年来,我国的社会生产力得到快速发展、综合国力得到增强、国际地位显著提高。党的"十九大"报告作出"中国特色社会主义进

---

* 本文为孟建与邢祥合作,原文发表于《新闻与写作》2019年第3期。本文为2017年上海市哲学社会科学规划研究项目"中国特色社会主义新闻发布理论体系研究"研究成果。
① 李捷:《理论创新与实践创新的良性互动和新时代新思想的创立》,载《红旗文稿》2017年第23期。

入新时代"的重大政治决断,蕴涵着以习近平同志为核心的党中央理论创新、制度创新、实践创新方面取得重大成就。习近平总书记指出,"中国特色社会主义进入新时代,意味着近代以来久经磨难的中华民族迎来了从站起来、富起来到强起来的伟大飞跃,迎来了实现中华民族伟大复兴的光明前景;意味着科学社会主义在二十一世纪的中国焕发出强大生机活力,在世界上高高举起了中国特色社会主义伟大旗帜;意味着中国特色社会主义道路、理论、制度、文化不断发展,拓展了发展中国家走向现代化的途径,给世界上那些既希望加快发展又希望保持自身独立性的国家和民族提供了全新选择,为解决人类问题贡献了中国智慧和中国方案"①。新时代带来新机遇,新时代迎来新挑战。中国特色社会主义进入新时代,为中国特色社会主义发展提供了广阔的发展空间,为中国的新闻发布工作提供了新的历史舞台。新时代中国仍然处于改革攻坚的关键阶段。中国改革"已进入深水区,可以说,容易的、皆大欢喜的改革已经完成了,好吃的肉都吃掉了,剩下的都是难啃的硬骨头……改革再难也要向前推进"②。这就要求党和政府工作要不忘初心,牢记使命,稳步推进全面深化改革,加快民主法治建设,加强思想文化阵地建设,改善人民生活水平,深入开展新时代外交布局,要深刻领会新时代中国特色社会主义思想的精神实质和丰富内涵,在各项工作中全面准确贯彻落实。中国日益走近世界舞台,世界需要听到中国声音。习近平总书记在"十九大"报告中指出,这个新时代是我国日益走近世界舞台中央、不断为人类作出更大贡献的时代③。经过中华人民共和国近70年的奋起直追,改革开放40年的跨越发展,中国作为全球第二大经济体,在与世界深度融合、相互激荡的过程中,如何向世界展现真实、立体、全面的中国,是我国新闻发布工作面临的重要问题。中国与世界的需要互相增加,中国需要了解世界,世界也需要了

---

① 《习近平指出,中国特色社会主义进入新时代是我国发展新的历史方位》,新华网,http://www.xinhuanet.com/politics/2017-10/18/c_1121819978.htm。
② 郭俊奎:《习近平说"改革该啃硬骨头了",如何啃?》,人民网,http://cpc.people.com.cn/pinglun/n/2014/0212/c241220-24335444.html。
③ 习近平:《决胜全面建成小康社会 夺取新时代中国特色社会主义伟大胜利——在中国共产党第十九次全国代表大会上的报告》,人民出版社2017年版。

解中国。"当今世界是开放的世界,当今中国是开放的中国。中国和世界的关系正在发生历史性变化,中国需要更好了解世界,世界需要更好了解中国。"①党的"十八大"以来,以习近平同志为核心的党中央高度重视对外传播工作,作出了一系列重要工作部署和理论阐述。习近平同志多次强调,要加强国际传播能力建设,精心构建对外话语体系,增强对外话语的创造力、感召力、公信力,讲好中国故事,传播好中国声音,阐释好中国特色,有助于增强国际社会对中国崛起的认同,从而为中华民族的伟大复兴创造更为稳定、友好、合作的国际环境。"西强我弱"的传播格局仍未改变,"有理说不出、说了传不开"的被动局面有待扭转。近年来,我国在对外传播过程中取得了一定成就,中国领导人的执政风范和中国社会发展所取得的成绩得到了国际社会的极大认同,但是"西强我弱"的舆论格局还没有根本改变,"中国威胁论"等噪声杂音依然存在,我国的国际形象在很大程度上都是"他塑"并非"自塑",在国际话语权的争夺中仍处于较为弱势地位,我国对外传播整体水平与世界第二大经济体的地位还不相称,传播规模、话语体系、渠道范围、沟通方法的构建还有很大提升空间。当今的世界,矛盾冲突的激荡、思维方式的差异、价值观念的对立依然存在,在这种情况下,中国的立场如何表达,中国的价值如何传递,中国的形象如何塑造,对于中国来说更加至关重要。"中国特色社会主义进入了新时代"重要论断的提出,把中国特色社会主义事业推到新的历史起点,为我国的对外传播工作提供了新的发展机遇。

二、中国特色新闻发布理论体系构建的理论依据

重视理论的作用是党的优良传统,在实践基础上进行理论构建与理论创新,是党和国家顺利发展的重要保证,是发扬马克思主义政党与时俱进理论品格的重要途径。2017年7月26日,习近平总书记在省部级主要领导干部专题研讨班开班式上强调,"我们党是高度重视理论建设和理论

---

① 《习近平致中国国际电视台(中国环球电视网)开播的贺信》,载《人民日报》2017年1月1日。

指导的党,强调理论必须同实践相统一。我们坚持和发展中国特色社会主义,必须高度重视理论的作用,增强理论自信和战略定力"①。我国的新闻发布制度推进主要是实践探索的过程,理论体系的构建和完善并不能很好地跟上现有的新闻发布实践工作。理论的缺失必然会导致实践的滞后。我国社会主义事业的发展,我国执政理念与水平的现代化,比任何时候都更加迫切需要构建完善的新闻发布理论体系。中国特色新闻发布理论体系是用马克思主义中国化取得的理论成果,尤其是以习近平新时代中国特色社会主义思想作为理论来源,用社会主义核心价值体系为核心全面构建中国特色的新闻发布理论体系。

"习近平新时代中国特色社会主义思想是从改革开放和社会主义现代化建设实践中产生而又服务于实践的伟大理论"②,"八个明确"的基本内容、"十四条坚持"的基本方略,构成了系统完整的科学理论体系。作为马克思主义中国化的最新成果,既是对马克思列宁主义、毛泽东思想、邓小平理论、"三个代表"重要思想、科学发展观的继承和发展,也是"十八大"以来党的理论创新和伟大实践的产物,又是我党面向新时代作出的深刻回答。我国的新闻发布工作既是党务、政务信息公开工作,又是新闻舆论工作的重要组成部分,习近平新时代中国特色社会主义思想为中国特色新闻发布理论体系提供了理论依据。习近平新时代中国特色社会主义思想开辟了当代中国马克思主义发展新境界。高度重视理论创新,以马克思主义为指导,坚持把马克思主义基本原理同中国实际相结合,不断推进马克思主义中国化、时代化、大众化,是中国特色社会主义的重要特征,也是我党永葆先进性的重要原因。党的"十八大"以来,以习近平同志为核心的党中央着眼新形势、新问题、新常态,开辟马克思主义新境界,"明确了新时代坚持和发展中国特色社会主义的总目标、总任务、总体布局、战略布局和发展方向、发展方式、发展动力、战略步骤、外部条件、政治保证

---

① 《习近平:为决胜全面小康社会实现中国梦而奋斗》,新华网,http://www.xinhuanet.com/politics/2017-07/27/c_1121391548.htm。
② 周正刚:《习近平新时代中国特色社会主义思想的本质特征》,中国共产党新闻网,http://theory.people.com.cn/n1/2017/1124/c40531-29665409.html。

等基本问题"①,形成了习近平新时代中国特色社会主义思想。习近平中国特色社会主义思想以问题为导向,具有很强的实践指导性。习近平中国特色社会主义思想在形成过程中,以问题为导向,"将坚定信仰信念、鲜明人民立场、强烈历史担当、求真务实作风、勇于创新精神和科学方法论贯穿于发现问题、解决问题、指导实践的全过程之中"②,具有很强的实践指导性,是全党全国人民为实现中华民族伟大复兴而奋斗的行动指南,为解决全人类共同面对的问题提供了中国方案、贡献了中国智慧。

具体而言,作为新闻舆论工作的重要组成部分,中国特色新闻发布理论体系的构建主要以中国特色社会主义新闻舆论体系为依据。舆论是影响社会发展和政治稳定的重要力量。马克思主义者高度重视新闻舆论工作,在马克思、恩格斯的著作中,"舆论"的概念出现达 300 多次。我党历来重视舆论工作,从江泽民总书记提出"福祸论"到胡锦涛总书记提出"舆论引导正确,利党利国利民;舆论引导错误,误党误国误民",一再强调了新闻舆论工作的重要性。"十八大"以来,以习近平同志为核心的党中央高度重视新闻舆论工作,发表了一系列讲话,多次作出重要指示,提出了一系列加强和改进新闻舆论工作的新论断、新观点和新要求,是习近平新时代中国特色社会主义思想在新闻舆论领域的生动体现,"形成了体系完整、科学系统的新闻思想,与我们党长期形成的新闻思想一脉相承又与时俱进,丰富和发展了马克思主义新闻理论,是做好新时代党的新闻舆论工作的科学指南,为新时代新闻舆论工作指明了前进方向、提供了根本遵循"③。

习近平总书记将党的新闻舆论工作提升到了"全局"的新高度,对党的新闻舆论工作性质作了新定位。他提出党的新闻舆论工作"是治国理政、立国安邦的大事"④,他强调:"做好党的新闻舆论工作,事关旗帜和道路,事关贯彻落实党的理论和路线方针政策,事关顺利推进党和国家各项

---

① 周正刚:《习近平新时代中国特色社会主义思想的本质特征》,中国共产党新闻网,http://theory.people.com.cn/n1/2017/1124/c40531-29665409.html。
② 李捷:《理论创新与实践创新的良性互动和新时代新思想的创立》,载《红旗文稿》2017 年 23 期。
③ 《习近平新闻思想讲义(2018 年版)》,人民出版社、学习出版社 2018 年版,第 1 页。
④ 《习近平总书记党的新闻舆论工作座谈会重要讲话精神学习辅助材料》,学习出版社 2016 年版,第 1~2 页。

事业,事关全党全国各族人民凝聚力和向心力,事关党和国家前途命运。必须从党的工作全局出发把握党的新闻舆论工作,做到思想上高度重视、工作上精准有力。"①这言明了在新时代对党的新闻舆论工作的精准定位,可谓在新的历史条件和时代背景下对新闻舆论传播理念不断深化的创新之举,体现了我国新闻舆论思想体系的进一步成熟。

中国特色社会主义新闻舆论体系对党的新闻舆论工作的职责使命作出表述。党的新闻舆论工作要围绕"高举旗帜、引领导向,围绕中心、服务大局,团结人民、鼓舞士气,成风化人、凝心聚力,澄清谬误、明辨是非,联接中外、沟通世界"②48 字方针展开,必须自觉承担起"举旗帜、聚民心、育新人、兴文化、展形象"③的使命任务,为新时代做好新闻舆论工作指明努力方向。

中国特色社会主义新闻舆论体系对党的新闻舆论工作的方针原则作出论断。党的新闻舆论工作必须坚持党性原则,坚持党性和人民性的统一,坚持党对意识形态工作的领导权,将马克思主义新闻观作为"定盘星",坚持正确的舆论导向,巩固壮大主流思想舆论,坚持正面宣传为主,把团结稳定鼓劲作为基本方针和原则,坚持改革创新。

中国特色社会主义新闻舆论体系对党的新闻舆论工作的能力建设方面作出规划。"做好宣传思想工作,比以往任何时候都更加需要创新。"④新闻舆论工作要牢固树立创新意识,"必须创新理念、内容、体裁、形式、方法、手段、业态、体制、机制"⑤,加强传播手段和话语方式创新,提高新闻舆论工作的传播力、引导力、影响力、公信力。

中国特色社会主义新闻舆论体系对党的新闻舆论工作的工作重点作出部署。中国特色社会主义进入新时代,必须把统一思想、凝聚力量作为工作中心环节,要将网上舆论工作作为重中之重来抓。随着移动互联技

---

① 《习近平谈治国理政(第二卷)》,外文出版社 2017 年版,第 331～332 页。
② 同上书,332 页。
③ 《习近平出席全国宣传思想工作会议并发表重要讲话》,央广网,http://pic.cnr.cn/pic/nativepic/20180823/t20180823_524339461.shtml。
④ 《习近平关于全面深化改革论述摘编》,中央文件出版社 2014 年版,第 84 页。
⑤ 《习近平总书记党的新闻舆论工作座谈会重要讲话精神学习辅助材料》,学习出版社 2016 年版,第 7 页。

术的兴起与广泛应用,我国舆论的主阵地已经发生偏移,互联网已经成为舆论斗争的主战场。因此,要牢牢把握网上舆论工作的领导权和主动权,加强网络内容建设,把握网上舆论引导的时效度,做大做强网上主流舆论,要"提高网络综合治理能力,形成党委领导、政府管理、企业履责、社会监督、网络自律等多主体参与,经济、法律、技术等多种手段相结合的综合治网格局"①。

中国特色社会主义新闻舆论体系对党的新闻舆论工作的国际传播能力建设方面作出阐述。中国日益走近世界舞台中央,"争取国际话语权是我们当前必须解决好的一个重大问题"②,党的新闻舆论工作要提升国际传播能力,主动设置议题,增强国际话语权;要让中国声音真正走出去,加强创新力度,拓展渠道平台;要优化战略布局,加强顶层设计;要加强话语体系建设,构建融通中外的话语体系。

中国特色社会主义新闻舆论体系对党的新闻舆论工作的队伍建设方面提出新要求。党的新闻舆论工作队伍要"坚持正确政治方向,坚持正确舆论导向,坚持正确新闻志向,坚持正确工作取向"③,要"不断掌握新知识、熟悉新领域、开拓新视野,增强本领能力,加强调查研究,不断增强脚力、眼力、脑力、笔力,努力打造一支政治过硬、本领高强、求实创新、能打胜仗的宣传思想工作队伍"④,要深入开展马克思主义新闻观教育,造就全媒型、专家型人才。

三、中国特色新闻发布理论体系构建的实现目标

在2013年的全国宣传思想工作会议上,习近平总书记就曾强调,"宣传思想部门承担着十分重要的职责,必须守土有责、守土负责、守土尽责"⑤。

---

① 《习近平新闻思想讲义(2018版)》,人民出版社、学习出版社2018年版,第29页。
② 习近平:《在全国党校工作会议上的讲话》,载《求是》2016年第9期。
③ 《习近平对新闻记者提出4点希望 做党和人民信赖的新闻工作者》,新华网,http://www.xinhuanet.com/zgjx/2016-11/07/c_135811858.htm。
④ 《习近平出席全国宣传思想工作会议并发表重要讲话》,新华网,http://www.gov.cn/xinwen/2018-08/22/content_5315723.htm。
⑤ 《做好宣传思想工作,习近平提出要因势而谋应势而动顺势而为》,新华网,http://www.xinhuanet.com/politics/2018-08/22/c_1123307452.htm。

时隔五年,在2018年的全国宣传思想工作会议上,习近平总书记对此问题进行了进一步的阐述和强调。新闻发布工作,作为党的宣传思想工作的重要组成部分,必须时刻坚守自己的职责与使命,适应时代变化,不断完善整体性的体系建设和具体的实施战略,使新闻发布制度更加科学、更加完善,从而实现党、国家、社会各项事务治理制度化、规范化、程序化,在实践中不断推进"国家治理体系和治理能力现代化"这一全面深化改革的总目标,在"强信心、聚民心、暖人心、筑同心"①方面显现着越来越重要的作用。

中国特色新闻发布理论体系的构建,是我党执政理念系统不可或缺的重要方面。执政理念是执政党在自身建设和执政活动中用以贯彻的指导思想、价值判断和执政宗旨的总和②。长期以来,我党的执政理念围绕"为谁执政、靠谁执政、怎样执政"的重要议题不断得到创新发展,党的执政理念的内容体系也不断丰富与完善,这既是党不断提升自身先进建设的重要体现,也是党执政能力构成的首要因素。我国的新闻发布工作,尤其是重大政治活动的新闻发布工作的顺利开展能够充分发挥信息发布、信息汇聚和舆论引导等功能,有效保障人民群众用直接明了的方式了解和把握党的执政理念、执政方式和执政行为。首先,中国特色新闻理论体系的构建,必须坚持党性原则。党的新闻舆论工作,要坚持党对意识形态工作的领导权,"要加强党对宣传思想工作的全面领导,旗帜鲜明坚持党管宣传、党管意识形态"③,"要体现党的意志、反映党的主张,维护党中央权威、维护党的团结,做到爱党、护党、为党"④,必须做到"与党同向、与人民同心、与时代同步"。我国的新闻发布工作肩负重要使命,肩负党和国家的重任,肩负媒体和公众的期盼,因此必须把统一

---

① 《习近平出席全国宣传思想工作会议并发表重要讲话》,新华网,http://www.gov.cn/xinwen/2018-08/22/content_5315723.htm。
② 梁巨龙、吴晓晴:《改革开放三十年来中国共产党执政理念的演进》,载《中共云南省委党校学报》2008年第6期。
③ 《习近平出席全国宣传思想工作会议并发表重要讲话》,新华网,http://www.gov.cn/xinwen/2018-08/22/content_5315723.htm。
④ 《习近平的新闻舆论观》,人民网,http://paper.people.com.cn/rmrbhwb/html/2016-02/25/content_1656513.htm。

思想、凝聚力量作为工作的中心环节,都要坚持正确舆论导向,围绕中心服务大局,唱响时代主旋律,做大做强主流思想。这就要求新闻发布工作必须坚持党性原则,增强政治意识、大局意识、核心意识、看齐意识。其次,中国特色新闻理论体系的构建,是以"人民为中心"理念的具体体现。我们党一直以来强调"全心全意为人民服务"的宗旨。党的"十八大"以来,以习近平同志为核心的党中央将"以人民为中心"置于治国理政思想的最核心,明确提出把"有利于提高人民的生活水平,作为总的出发点和检验标准"。这就要求我们在实际工作中要坚持人民主体地位,把党的群众路线贯彻到治国理政的全部活动中。我国的新闻发布工作起着发挥社会沟通职能,服务公众生活的重要功能。政府新闻发布制度理念层面的理论来源首先是公民知情权和政府信息公开理论。坚持党务、政务信息及时有效公开,是建立党、政府与民众之间信任,营造良性环境的重要前提。新闻发布工作既能宣介党和政府的政策、方针,又能有效服务公众,实现了党和政府信息的有效公开和精准传播,有力激发全党全国各族人民为实现中华民族伟大复兴的中国梦而团结奋斗的强大力量。因此,以"人民为中心"是中国特色新闻理论体系构建时必须遵循的基本原则和根本方法,这样才能结合民情民意,将民众关心的政策和问题讲清楚,在立场、情感上获得民众认可,增强民众对党和政府的信任感。

中国特色新闻发布理论体系的构建,是融入国家整体治理体系的重要部分,凸显国家治理能力现代化的重要途径。党的十八届三中全会明确指出:"全面深化改革的总目标是完善和发展中国特色社会主义制度,推进国家治理体系和治理能力现代化"[1],其中"国家治理体系和治理能力现代化"的提出是"一个国家的制度和制度执行能力的集中体现"[2],是适应社会发展和满足人民群众需要的必然选择。作为一项系统而庞

---

[1] 《中国共产党第十八届中央委员会第三次全体会议公报》,新华网,http://www.xinhuanet.com/politics/2013-11/12/c_118113455.htm。
[2] 《习近平:推进国家治理体系和治理能力现代化》,人民网,http://politics.people.com.cn/n/2014/0217/c1024-24384975.html。

大的工程,党的新闻舆论工作在其中起到不可或缺的作用。习近平总书记指出,"一个国家和社会要稳定,首先要保持舆论的稳定;一个政党要引导好人民的思想,首先要引导好社会舆论"①。党和政府通过及时有效的新闻发布工作,充分发挥其舆论引导职能,以思想共识凝聚行动力量,用正确舆论引领前进方向,不断提升舆论引导力和舆论掌控力,营造有利于推动当前社会改革发展和有利于全社会和谐稳定的舆论环境。尤其是随着移动互联技术的迅速发展,新兴媒体的大量使用和普及,中国特色新闻发布理论体系的建立是融入国家整体治理体系的重要部分,凸显国家治理能力现代化的重要途径。首先,制度化建设是核心问题。中国新闻发布理论体系的构建,必须以制度建设为抓手,致力于推进新闻发布制度更加成熟、更加定型。建设成熟完善的新闻发布制度,发挥新闻发布工作在推进国家治理体系和治理能力现代化建设过程中的作用,将新闻发布工作贯彻落实到治党治国治军、内政外交国防、改革发展稳定等各个方面,彰显新闻发布工作在信息公开、政策解读、回应关切等方面的核心地位,提高科学执政、民主执政、依法执政的能力与水平,不断提升党和政府的公信力。其次,平台建设和话语建设是关键问题。习近平总书记在全国宣传思想工作会议上指出,"要加强传播手段和话语方式创新,让党的创新理论'飞入寻常百姓家'"②。中国特色新闻理论发布体系要注重平台建设,不断提升我国新闻发布工作的传播力、引导力、影响力、感染力,应用新媒体技术、整合媒体资源,提升运用大数据的能力,采用集约发展方式,拓展新闻发布平台,增强新媒体用户群的参与度和体验度,建设综合信息服务平台,强化信息服务功能和能力。同时,注重话语建设,讲究新闻发布工作的艺术性,将政策话语、新闻话语和公众话语三者互相打通并合理转化,使新时代中国特色新闻发布理论体系真正助力党和政府工作,高效筑起党和政府与公众信息沟

---

① 习近平:《坚持正确方向创新方法手段·提高新闻舆论传播力引导力》,新华网,http://www.xinhuanet.com/politics/2016-02/19/c_1118102868.htm。
② 《习近平出席全国宣传思想工作会议并发表重要讲话》,新华网,http://www.gov.cn/xinwen/2018-08/22/content_5315723.htm。

通平台。

中国特色新闻发布理论体系的构建,是宣介中国主张,自觉践行中国特色社会主义道路自信、理论自信、制度自信、文化自信的重要体现。习近平总书记在全国宣传思想工作会议上强调,"宣传思想部门承担着十分重要的职责,必须守土有责、守土负责、守土尽责"[1]。我国新闻发布工作所承担的一个重要责任就是宣介政府主张,传播引领政治决策的方向,一方面国内外媒体和公众可以通过新闻发布工作了解党和政府的执政主张和政策内容,另一方面党和政府需要通过信号释放了解国内外媒体和公众的意见或建议,从而实现双向有效沟通。首先,有助于在国际国内舆论格局中争夺话语权。尤其是党的"十八大"以来,面对错综复杂的国内外形势,以习近平同志为核心的党中央主动认识新常态、适应新常态、引领新常态,不断提出"一带一路""人类命运共同体"等一系列全球治理的新思想、新观念、新主张,以及"四个全面"战略布局的完整形成,"进入中国特色社会主义新时代"等重要论断的提出。这些新思想、新观念、新主张的提出,在国际国内舆论格局中,不仅仅是局限在经济利益的发展,更主要是追求政治上的互信,争取国际规则制定权和话语权,争取占据国内舆论场的主阵地,追求共同利益、国家利益、民族利益的共通性和一致性。中国特色新闻发布理论体系的构建有助于在国内外宣介中国主张,阐述中国共产党和中国政府的历史使命,阐述中国特色社会主义发展的美好前景,改变过去"自话自说"的局面,追求沟通有效性,营造有利于推动社会发展、和谐稳定的舆论环境,鼓舞士气,以精神力量形成感召力与凝聚力,激发全党全国各族人民为实现中华民族伟大复兴的中国梦而团结奋斗的强大力量。其次,是展现"四个自信"的具体要求。习近平总书记在庆祝中国共产党成立 95 周年大会上指出:"坚持不忘初心、继续前进,就要坚持中国特色社会道路自信、理论自信、制度自信、文化自信。"[2]"四个

---

[1] 《做好宣传思想工作,习近平提出要因势而谋应势而动顺势而为》,新华网,http://www.xinhuanet.com/politics/2018-08/22/c_1123307452.htm。
[2] 《习近平在庆祝中国共产党成立 95 周年大会上的讲话》,人民网,http://cpc.people.com.cn/nl/2016/0702/c64093-28517655.html。

自信"的提出,解答了我们举什么旗、走什么路、怎么办、如何走的问题。我国的新闻发布工作通过信息发布将国家政策进行解读,将国家、媒体、社会和公众紧密结合在一起,发布什么样的信息和内容、如何发布信息和内容都体现了党和政府的治国理政的目标指向和价值导向。中国特色社会主义新闻理论体系的构建,是顺应时代潮流和发展、尊重公民知情权、服务改革发展大局的重要举措,有助于展现一个道路自信、理论自信、制度自信、文化自信的当代中国。

中国政府新闻发布制度建设与国家形象建构*

国家形象是一个集合概念。中共中央政治局2013年12月30日下午就提高国家文化软实力研究进行第十二次集体学习,习近平强调,要注重塑造我国的国家形象,重点展示中国历史底蕴深厚、各民族多元一体、文化多样和谐的文明大国形象,政治清明、经济发展、文化繁荣、社会稳定、人民团结、山河秀美的东方大国形象,坚持和平发展、促进共同发展、维护国际公平正义、为人类作出贡献的负责任大国形象,对外更加开放、更加具有亲和力、充满希望、充满活力的社会主义大国形象。习近平这"四大方面""十七维度",是对我国"国家形象是一个集合概念"最好的诠释。而其间的"政治清明"等,就直接表现为一个国家执政理念和实际运作的"信息公开""民众知晓"等"透明度"问题,这直接关乎国家形象的整体建构。如何看待中国的国家形象?从学理上看,这就深深涉及了宪法学的"知情权"、政治学的"政府信息公开"、传播学的"有效传播"和公共关系学的"双向对称"等诸多理论。

政治学对制度的定义,制度被认为是理念(认识)、规则(法律法规)和实践(行为方式)的集合体。据此,可以将政府新闻发布制度分为新闻发布理念、规则和运作三个层面。对这三个层面的考察基本能够描述出中国政府新闻发布制度的总体状态和内在逻辑,本文试图从理念、规则和运

---

* 本文原名为《国家形象建构与中国政府新闻发布制度》,发表于《国际新闻界》2008年第11期。

作层面梳理中国政府新闻发布制度的理论脉络,揭示理论与现实之间的紧密关系,从而进一步考察中国国家形象建构与新闻发布的关系。

事实上,制度的这三个层面的理论是密不可分、相互关联的,对于某一个层面最具有解释力的理论也会同时作用于其他层面。但是,为了论述的清晰,在本文中分别对这三个层面的理论进行了阐释。

一、观念更新:中国政府新闻发布制度的理念

在对中国政府近年来的施政理念和施政文件进行分析后,不难得出这样的结论,政府新闻发布制度理念层面的理论来源首先是知情权和政府信息公开理论。从中国政府施政政策的演进来看,中国政府将完善政府新闻发布制度和信息公布制度作为政务公开的一项重要方针。政务公开是实现民主政治的前提,而知情权和政府信息公开则是现代民主政府执政理念一个硬币的两面,一面是公民参与政治生活的诉求,一面是政府给予这种诉求的法律保障。

狭义上的知情权,即知政权,是指公众获取官方的消息、情报或信息的权利。随着社会的发展,知情权不仅仅限于知政权,而是发展为公众获知公共领域信息的权力。正如传播学者施拉姆的定义,"知情权是公民获取有关公共领域信息或本人相关个人信息的权利。在新闻传播领域,特指受众通过媒介获取信息,特别是公共生活的权利"[①]。有学者认为,"知情权被认为是从表达自由中引申出的一项'潜在'的权利"[②]。随着社会的发展,知情权在其权利的性质方面已经从一种单纯的消极权利变成一种积极权利,也就是说掌握信息的主体负有公开信息的义务。政府作为掌握政务信息的主体,当然负有公开信息的义务。国务院办公厅关于进一步加强政府信息公开回应社会关切提升政府公信力的意见(国办发〔2013〕100号)和国务院办公厅关于在政务公开工作中进一步做好政务舆情回应

---

① 转引自王烨发:《知情权·话语权·新闻炒作——关于媒体价值观的思考》,载《江西财经大学学报》2003年第6期。
② 魏永征、张咏华、林琳:《西方传媒的法制、管理和自律》,中国人民大学出版社2003年版,第48页。

的通知(国办发〔2016〕61号)等,都进一步将中国政府新闻发布制度的建设列为中国政府政务公开的一项重要内容。

中国政府新闻发布制度理念的另一个重要理论来源是软实力理论。中国政府近年来提出一系列政策和方针,暗合了构筑国家软实力的目标。非常值得注意的是,中共中央政治局在刚刚开完十八届三中全会后就以"提高国家文化软实力"为题进行了第十二次中央政治局集体学习。由此可见,中国政府已经在理念上认同构筑国家软实力的重要意义,特别是文化软实力的特殊意义,并努力在实践层面积极运用。软实力理论从特殊的视角发现了国家或政府在国际社会的竞争力,其理论颠覆了传统意义上以国家资源、经济力量、军事力量、科技力量等"硬实力"为评判国家竞争力的标准,提出了"硬实力"和"软实力"作为国家的有形力量和无形力量均为国家综合国力的构成要素。软实力包括国家凝聚力、文化影响力、国家协调力、国际活动的参与力,这些软实力的体现都需要借助传播的力量。所以大众传媒将信息向外扩散的能力——"传播力"是软实力中必不可少的要素。软实力理论在中国受到重视与中国近年来经济飞速发展,综合国力不断增强有很大关系。中国政府在逐步增强其国际影响力并不断致力于塑造自身的国家形象。所以,有学者认为,在国家形象塑造和对外传播这个层面,软实力理论能很好地融入公共关系理论中,构筑以软实力为核心的"大公关"理论[1]。

在软实力理论基础之上,无论是新闻传播视角的国家"传播力",还是公共关系视角的国家"公关力",都呼唤国家在文化和核心价值观的传播上有制度和物质的保证,"如果没有与信息扩散相适应的制度安排与政策保障,传播力的物质基础部分就不可能产生应有的效能"[2],这就需要政府用一个全新的视角来看待对内和对外的传播。

以政府信息公开理论和软实力理论为基础的中国政府新闻发布制度理念目前呈现出一种"由外而内""由宣到传"的良好走向。所谓"由外而内"是指在传播方向上,中国政府从传统的外宣思维逐渐转到外宣内宣打

---

[1] 孟建:《以软实力为核心构筑大公关理论》,载《国际公关》2005年第6期。
[2] 程曼丽:《论我国软实力提升中的大众传播策略》,载《对外大传播》2006年第10期。

通的理念,体现了中国政府"内外结合""内外贯通"的新闻发布理念。所谓"由宣到传"是指中国政府在传播策略上的变化,政府在传播策略上更加注重塑造自身形象而非硬性的宣讲①。习近平关于"讲好中国故事 传播好中国声音"的重要思想和丰富实践,是指导我们新闻发布完成"内外结合""内外贯通"理念转变的重要理论基础。我们一方面积极主动地展示国家软实力,另一方面借助传播力来传播"硬实力",以很好地塑造国家形象。例如,对中国航天事业发展的新闻发布(重大航天发射,如最近的天宫发射),对中国国防活动的新闻发布(重大军事演习,特别是国际间的合作军演)等,就分别在多个维度强化着世人对中国"硬实力"快速发展的深刻印象。

二、体制推进:中国政府新闻发布制度的规则

政府新闻发布制度的规则是以法律、法规、文件等文本形式固定下来的。经历 2003 年的"非典事件"之后,新闻议程的设置和公共突发事件的危机管理引起中国政府的高度重视。政府出台了若干与政府新闻发布制度有关的法规和文件。虽然,这方面的步伐还远远不够,但是毕竟已经很好地在推进(当然,由于中国"党管宣传、党管新闻"特殊管理体系,一些制度性的规则还是以党的文件形式体现)。

学者麦考姆斯(McCombs)说:"自从 80 年代早期以来,议程设置理论的核心领域之一就是考察媒介议程的起源。"②也就是说,议程设置理论在媒介议程与公众议程这一研究框架下寻找着一些中介变量来阐释议程的发生、发展和影响。但是,在中国独特的社会体制和环境中,如果将政府看作一个传播者,加入议程设置的"媒介议程—公众议程"理论范式中,则政府、媒体、公众三者的关系将呈现一种独特的结构。政府议程有强烈的宣导意味,在放松对媒介的规制的同时仍强有力地管控着"舆论导向",而中国媒介在"事业—市场"二元体制的影响下艰难而小心地调整着自己的

---

① 参见国务院新闻办公室网站,http://www.scio.gov.cn/xwfbh/xwbfbh/♯Menu=ChildMenu2。
② 蔡雯、戴佳:《议程设置研究的历史、现状与未来——与麦库姆斯教授的对话》,载《国际新闻界》2006 年第 2 期。

议程,受众议程则在互联网的影响下与媒介议程保持着若即若离的暧昧关系。政府、媒介和受众议程这三者的关注点一定存在着某种的相关性。虽然,现有的研究并不能证实谁是真正的议程设置者,但是可以肯定的是在政府新闻发布这个层面,政府议程始终是决定性的力量并有能力影响到其他两方的议程。

从2004年4月,中共中央明确指出"建立中央对外宣传办公室、国务院各部委及省级政府三个层次的新闻发布工作机制,明确职责,注重策划,加大对新闻发言人的培训力度,提高新闻发布的效果和权威性,做到经常化和制度化"①,到党的十八届三中全会通过的《中共中央关于全面深化改革若干重大问题的决定》中要求"推动新闻发布制度化",明显可以看出党对新闻发布制度建设不断提升其"制度安排"的重大决策。深入理解中央"制度化"的内涵,积极转变新闻发布观念,在新的舆论格局中找到合适的发展路径,推动我国新闻发布制度化建设取得更大进步,已经成为一种"文化自觉"。当然,我们目前新闻发布制度建设中的"议程设置"与之前"强制设置议程"(授权中央媒体发布政府信息)有了很大的不同,现在强调的"议程设置"更加要求符合新闻传播的规律,注重通过新闻发布活动各种形式的"议程设置",充分考虑了政府、媒体和公众三方的议程博弈规律,把政府信息和政府意图的传播从"只传不通"变为"既传且通"。

随着现代社会的媒介化程度加深,组织的危机应对影响着组织的声誉,作为无形资本的组织声誉反过来影响着组织的生存。经历了古巴导弹危机后的美国非常重视国际政治生活层面的危机的研究,而经历了SARS风波的中国从制度层面也坚定地运用已有的理论成果努力地完善自身应对公共突发事件的能力。中国政府针对公共突发事件的应对措施,是危机传播理论在政府新闻发布制度规则层面的应用。

有学者总结了危机传播的五种理论,分别为"企业(组织)辩护理论,形象修复理论,阶段分析理论,焦点事件理论和卓越关系理论"②。从理论

---

① 王国庆:《加强地方政府新闻发布制度的建设》,载《政府新闻发言人十五讲》,清华大学出版社2006年版,第47页。
② 廖为建、李莉:《美国现代危机传播研究及其借鉴意义》,载《广州大学学报》2004第8期。

归属来看,这五种理论分别侧重于组织传播、声誉管理、核心信息设计、类型事件、公共关系等不同的视角。现代危机传播理论虽然侧重不同的方向,但至少有一点是共通的——危机状态下必须要求组织有一个对信息进行管理和发布的机构并且有专人负责信息的发布。特别值得注意的是,国务院办公厅关于在政务公开工作中进一步做好政务舆情回应的通知(国办发〔2016〕61号)对重大突发事件提出了相当明确、相当系统、相当具体的要求——"对涉及特别重大、重大突发事件的政务舆情,要快速反应、及时发声,最迟应在24小时内举行新闻发布会,对其他政务舆情应在48小时内予以回应,并根据工作进展情况,持续发布权威信息。对监测发现的政务舆情,各地区各部门要加强研判,区别不同情况,进行分类处理,并通过发布权威信息、召开新闻发布会或吹风会、接受媒体采访等方式进行回应。回应内容应围绕舆论关注的焦点、热点和关键问题,实事求是、言之有据、有的放矢,避免自说自话,力求表达准确、亲切、自然。通过召开新闻发布会或吹风会进行回应的,相关部门负责人或新闻发言人应当出席"[①]。这些重大举措,既包含了政府符合应对危机的基本原则,也体现了政府主动设置议程的意图,更体现出政府在新闻发布制度建设上迈出了坚实有力的一大步。

三、运作方式:中国政府新闻发布制度的实践

中国新闻发布制度的建设,从一个特殊的方面践行着"推进国家治理体系和治理能力现代化"这一全面深化改革的总目标,并不断形成着自己的新体会、新方法、新经验。某种程度上,这也是逐步探索构建自己的新闻发布理论。我们欣喜地看到,在中国新闻发布制度建设中,我们也不断吸收着人类文明,特别是人类政治文明的成果。例如,我们在新闻发布制度建设的实践中,对"框架理论"和"公共关系理论"的借鉴和吸收,在新闻发布运作方面就有很大的收获。

[①] 《国务院办公厅关于在政务公开工作中进一步做好政务舆情回应的通知(国办发〔2016〕61号)》,中华人民共和国中央人民政府网,http://www.gov.cn/zhengce/content/2016-08/12/content_5099138.htm。

加拿大著名社会学、传播学研究的专家高夫曼(Goffman)认为框架是人们将社会真实转换为主观思想的重要凭据,也就是人们或组织对事件的主观解释与思考结构,一方面框架源自过去的经验,另一方面框架经常受到社会文化意识的影响①。以政府新闻发布的视角来考察新闻的生产,会注意到除了媒介对新闻的建构和受众依据既有框架进行解读之外,还存在着传播主体(政府)主动对所发布信息的选择、组合、强调和排除。这类主动"框架"传播信息的做法符合传播主体的利益并能令传播主体在传播活动中占得先机。

传播者框架能让传播主体将信息分类并依据有利于自己的方式进行选择、强调和排除。媒介框架能使新闻生产者面对大量错综复杂的信息时,迅速将大量信息加工或"打包"。受众框架是受众依据自身经验及社会意识对信息进行解读和思考并进一步强化或消解既有的框架。由此可见,新闻在受众端的意义生产不仅仅在于对受众既有框架的影响,传播主体设置的新闻框架和媒介框架也极大地影响着受众端意义的生产。所以,对于政府新闻发布活动来说,框架理论的意义在于政府主动选择议题来架构(Framing)公众的意义生成,达到想要的结果。例如,近年来中国政府大力地推进制度建设的一个重要举措是在各省市设立新闻发言人并不断地加强培训,培训课程中非常重要的内容是发布主题的策划,其中核心的内容是所发布信息的选择原则,这正是框架理论在政府新闻发布实践中的具体运用。

虽然,在运作层面使用框架理论来影响受众意义生成的做法,并未以文字的方式固定下来形成文件上升成为规则层面的制度,但是在具体新闻发布的运作中,这些理论却潜移默化地发挥着作用。例如,2008年的四川汶川大地震发生后,国务院新闻办公室举行了发布频次极为密集的30多场新闻发布会,其间,既有5月17日的国防部首次新闻发布,又有温家宝总理5月24日在四川映秀镇举行了被境外媒体称之为"世界从未见过的中国总理在大地震废墟上的举世瞩目的现场新闻发布会",这些新闻发

---

① 张洪忠:《大众传播学的议程设置理论与框架理论关系探讨》,载《西南民族学院学报(哲学社会科学版)》2001年第10期。

布,对树立国家良好形象起到了极为重要的作用。又如,国务院新闻办为纪念中国改革开放30周年,纪念中国人民抗日战争暨世界反法西斯战争胜利70周等系列组合新闻发布活动都能很好地说明这些。我们已注意到,中央关于信息公开、政策阐释、新闻发布的重要文件中,已经将运用好"公共关系"的理念与方法列入其间,这也标志着我们党和政府在新闻发布实践运作上更加自觉地寻求学术理论的支持。诸如,公共关系中"第三介入""双向平衡"等理论与模式,正在越来越多地应用于我国的新闻发布运作,并取得了很好的效果。

公共关系被认为是"一个组织与其相关公众之间的传播管理"。作为一门综合性的应用学科,公共关系的研究和实践越来越深入并越来越受到各类组织的重视。从政府新闻发布制度的实践层面来考察,也可以看到公共关系研究中的许多理论都在深刻地影响着政府公共关系的处理和操作,其中最为重要的理论包括公关四步法和公共关系的四种模式。对公共关系研究产生广泛影响的《有效的公共关系》($Effective\ Public\ Relation$)一书,提出了公共关系的四步工作法,将公共关系的工作程序概括成四个基本步骤:调查研究、策划设计、传播执行和评估反馈。公关的四步理论清晰地界定了公共关系操作的程序和方法,对于组织公共关系的管理有着极强的指导作用。新闻发布制度建设的很多操作规范基本都借鉴和运用公共关系的相关理论和方法。例如,在政府新闻发布的操作流程上,基本使用了公关四步法。例如,自"非典"以来已经坚持了13年之久的国务院新闻办公室新闻发布评估工作,卓有成效。国务院新闻办公室委托第三方的学术研究机构(复旦大学和清华大学)所进行的新闻发布工作评估,充分体现了中央所要求的"科学发展观"精神。

格鲁尼格(James E.Grunig)和亨特(Hunt)提出了公共关系的四种沟通模式:新闻宣传模式(Press Agency/Publicity)、公共资讯模式(Public Information)、双向不对称模式(Two-Way Asymmetric)、双向对称模式(Two-Way Symmetric)。根据格鲁尼格的理论,从传播方向上,双向的"对话"优于单向的"独白";从沟通反馈模式上,对称的"协商"优于非对称的"说服"。所以,双向对称模式被称为"卓越模式"为研究者所倡导。我国政府新闻发布制度在操作层面上的变化也能看出在沟通模式上的许多转变,例如,用制度的方式规定缩短发布辞的时间,加大提问环节的比重,加快答问的节奏等表现出一种"双向""对话"的姿态。在内部管理上,政府新闻发布部门舆情搜集反馈机制的建立,能够进一步根据公众关注的焦点调整政策并保持与公众的沟通。在国务院新闻办公室主持编写的《政府新闻发布手册》(继2007年首版后,2015年出了新修订版)中,也强调了一些操作层面的运作机制,例如,舆情收集研判机制和信息发布反馈机制等。这意味着政府新闻发布制度在操作层面也在朝向公共关系双向对称沟通的科学模式发展。

  从中国政府在新闻发布制度建设取得的成效来看,积极借鉴既有的理论研究成果,结合学术机构的智力支持,是促使其不断完善的主要原因。从目前中国政府新闻发布制度建设的速度和效果来看,中国政府对有关新闻发布制度的相关理论成果的认同度也非常高,无论是有意还是无意,中国政府在新闻发布制度建设上都显现了对相关理论纯熟的运用。正是由于这些,才使得中国的新闻发布制度建设得以不断推进,中国的新闻发布水平得以迅速提升。

融入国家治理体系的中国
新闻发布事业*

正值改革开放 40 周年之际,非常高兴与大家共同探讨"新闻发布与国家治理"这一重要主题。国家治理是一个庞大而复杂的系统工程,涉及方方面面。我国的新闻发布与国家治理是紧密相关而又高度依存的。新闻发布工作,是国家治理体系和治理能力现代化的题中之义,是融入国家整体治理体系的重要部分,是凸显国家治理能力现代化的重要途径。

一、新闻发布制度建设在国家治理体系中的特殊地位和作用

经过十余年的大力推进,我国的新闻发布制度建设已经成为推进民主政治进程、增加政治透明度的重要举措,成为我国加快政治发展道路和政治体制改革、完善国家和社会治理的先行战略,为改革开放和社会主义现代化建设提供了强有力的支撑,并不断形成着自己的新体会、新方法、新经验。这主要体现在两个方面。

首先,发挥社会沟通职能,服务公众生活。我国新闻发布制度理念层面的理论来源首先是公民知情权和政府信息公开理论。坚持党务、政务信息及时有效公开,是建立党、政府与民众之间信任,营造良性环境的重要前提。新闻发布工作既能宣介党和政府的政策、方针,又能有效服务公众,实现党和政府信息的有效公开和精准传播,有力激发全党全国各族人

---

* 本文为孟建在国务院新闻办公室主办的"2018 中国新闻发言人论坛"上的发言。

民为实现中华民族伟大复兴的中国梦而团结奋斗的强大力量。

其次,发挥舆论引导职能,凝聚社会共识。早在2016年2月19日,习近平总书记在党的新闻舆论工作座谈会上就指出,"一个国家和社会要稳定,首先要保持舆论的稳定;一个政党要引导好人民的思想,首先要引导好社会舆论"①。党和政府通过及时有效的新闻发布工作,充分发挥其舆论引导职能,以思想共识凝聚行动力量,用正确舆论引领前进方向,不断提升舆论引导力和舆论掌控力,营造有利于推动当前社会改革发展和有利于全社会和谐稳定的舆论环境。

2013年8月19日,习近平总书记在全国宣传思想工作会议上发表重要讲话时强调,宣传思想部门承担着十分重要的职责,必须守土有责、守土负责、守土尽责。新闻发布工作,作为党的宣传思想工作的重要组成部分,必须时刻坚守自己的职责与使命,适应时代变化,不断完善整体性的体系建设和具体的实施战略,使新闻发布制度更加科学、更加完善,从而实现党、国家、社会各项事务治理制度化、规范化、程序化,在实践中不断推进"国家治理体系和治理能力现代化"这一全面深化改革的总目标。

二、新闻发布制度建设在国家治理体系中的"四个统一"

我国的新闻发布工作要进一步发挥好在国家治理中的作用,需要高度关注新闻发布制度建设在国家治理体系中的"四个统一"问题。

第一,理论构建与实践探索相统一。重视理论的作用是党的优良传统,在实践基础上进行理论构建与理论创新,是党和国家顺利发展的重要保证,是发扬马克思主义政党与时俱进理论品格的重要途径。我国社会主义事业的发展,我国执政理念与水平的现代化,比任何时候都更加迫切需要构建完善的新闻发布理论体系。因此,在新闻发布的实践工作中,新闻发布工作者和相关专家学者要善于思考和总结,用马克思主义中国化取得的理论成果,尤其是习近平新时代中国特色社会主义思想作为理论

---

① 习近平:《坚持正确方向创新方法手段·提高新闻舆论传播力引导力》,新华网,http://www.xinhuanet.com/politics/2016-02/19/c_1118102868.htm。

来源,用社会主义核心价值体系为核心加强理论构建与实践探索相结合、相统一。

第二,顶层设计与基层落地相结合。经过多年的努力探索与砥砺前行,我国新闻发布工作已经形成"横向到边,纵向到底"的新闻发布格局。尤其是在国家级新闻发布平台的工作机制和能力建设方面已经较为成熟,在国家级发布议题的合作、国家级发布平台的合力、国家级发布活动的合办等方面都取得了一定的成绩。在今后的工作中,要不断完善基层新闻发布工作,做到顶层设计与基层落地相结合。加强顶层设计与基层落地相结合,有助于开启多级对话模式,有助于向基层民众传达顶层决议,增进党、政府与民众之间的沟通,凝聚社会共识,缓解政治信任随政府层级的降低而逐层衰减、流失,甚至扭曲的现象。

第三,发布目的与发布效果相统一。新闻发布的实际效果是检验新闻发布的重要标准。我们不能只停留在"为了发布而发布"的阶段,而是应当"不忘初心",明确发布目的,厘清发布内涵,追求发布效果。党的"十八大"以来,以习近平同志为核心的党中央将"以人民为中心"置于治国理政思想的核心。新闻发布工作是服务于改革发展的大方向,发布是为了对话,对话是为了沟通民意,让民意为国家治理提供决策。因此,我国新闻发布工作要以"为人民发布"为理念,加强效果评估,注重政府新闻发布的舆论关注度和回应民意关切的重合率,凝聚社会共识,做到"强信心、聚民心、暖人心、筑同心"。在具体实践中,首先,注重新闻发布平台的建设,尤其是加强新媒体的运用,在平台维度和形式维度等方面不断创新。其次,加强话语建设,讲究新闻发布工作的艺术性,将政策话语、新闻话语和公众话语三者互相打通并合理转化。同时,加强新闻发布工作者的队伍建设,不断提升业务能力。

第四,"对内"和"对外"相结合。在世界经济一体化、政治格局多极化、文化观念多元化的全球语境下,中国在向世界讲述"中国梦""一带一路""人类命运共同体"等主张时,要积极主动阐释好中国道路、中国特色,讲好中国故事,既不能妥协也不能对抗,在世界交往体系中展现一个道路自信、理论自信、制度自信、文化自信的当代中国。与此同时,还应明确新闻发布工作中"对内"和"对外"的界限在不断模糊与消弭,尤其是随着移动互联技术的互联与互通,不论国内的日常的新闻发布(信息公开、政策阐释),还是突发的新闻发布(突发事件应对)工作都有可能引发国际关注和国际议论。因此,我们在新闻发布工作中即使是主要针对国内受众的新闻发布,也应充分考虑国际舆论及其国际影响力。

三、新闻发布制度建设要把握好依法治国与依法发布的关系

依法治国是国家治理的核心问题。新闻发布制度建设要高度关注这一问题,并全面体现在新闻发布工作中。

作为党领导人民治理国家的基本方略,依法治国为法治国家建设所面临的问题提供了制度化解决方案。公开透明是法治政府的基本特征。在新闻发布工作中坚持依法发布是依法治国、依法行政在政府信息发布工作中的具体表现。一切信息公开行为都要以法律为依据,牢固树立法制观念,要秉承合法合规公开的原则。

在发布信息之前,一定要充分了解信息公开的法律法规,使新闻发布工作符合国家的法律法规,严格遵守各项法律及规章制度。近年来,关于新闻发布和信息公开方面不断有新的法律、法规和文件出台,力度之大,前所未有,这些法律、法规和文件都为我国的党务和政务公开工作以及其他方面的工作,提出了整体性的指导性意见。虽然,关于信息发布等方面的"上位法"仍有缺失,需要进一步完善,但是相关法律、法规和文件的提出,不断完善了以新闻发布为核心的信息公开制度建设体系,对新闻发布的工作原则、程序和运行机制都作了明确规定,为新闻发布工作的有效开展奠定了坚实的法律基础。

新闻发布工作一定要考虑是否合法,尤其是面对社会转型过程中出现的各种问题,为应对、防范可能出现的矛盾、风险、挑战,必须充分发挥法治的引领和规范作用,用法治思维谋划新闻发布工作、处理新闻发布面临的许多问题。"普遍建立法律顾问制度"是党的十八届三中全会确立的改革任务。党的十八届四中全会对推行法律顾问制度进一步明确要求,提出要"积极推行政府法律顾问制度,保证法律顾问在制定重大行政决

策、推进依法行政中发挥积极作用"①。在具体发布工作的每个环节中要请法律专家或者顾问帮忙把关,在新闻发布制度建设中建立法律顾问制度,一切以依法发布为首要要求和任务。

  我们相信,我国的新闻发布制度建设一定会更好地融入国家整体治理体系,并更加凸显其在国家治理能力现代化中的特殊地位和作用。

---

① 《十八届四中全会〈决定〉全文发布》,中国社会科学网,www.cssn.cn/fx/fx_ttxw/201410/t20141030_1381703.shtml。

中国新闻管理制度的历史性进步*

——我国实施"北京奥运会外国记者采访规定"的理论阐释

2007年1月1日,《北京奥运会及其筹备期间外国记者在华采访规定》(以下简称"规定")正式实施,根据"规定",外国记者来华采访不必再由中国国内单位接待并陪同;记者赴地方采访,无须再向地方外事部门申请,只需征得被采访单位和个人同意;外国记者可以通过被授权的外事服务公司聘用中国公民协助采访报道工作;还简化了器材入关手续[1]。"规定"的实施,反映了北京奥运会与奥运会惯例的接轨,也反映了1990年以实行《外国记者和外国常驻新闻机构管理条例》(以下简称"条例")为标志的我国严格的外国记者管理制度出现了松动。外国媒体和记者是国际社会了解中国各方面发展情况的重要渠道,调整现行外国记者管理法规,对其加以积极引导并提供良好服务,有利于促使外国新闻媒体全面、客观、真实地报道中国,为我国的发展提供客观友善的国际舆论环境。

一、奥运会采访呈现的国际性特点

根据国际奥委会(IOC)《媒体指南》,北京奥运会期间将有21 600名

---

* 本文为孟建与陶建杰合著,原文发表于《新闻记者》2007年第5期。
[1] (第477号国务院令)《北京奥运会及其筹备期间外国记者在华采访规定》,中华人民共和国国务院办公厅网,http://www.gov.cn/xxgk/pub/govpublic/mrlm/200803/t20080328_31692.html。

注册记者采访奥运会,同时根据奥运会惯例,还将有近万名非注册记者来中国采访①。从以往情况看,奥运会是主办国全方位展示形象的绝佳机会,这些记者不仅关注奥运会本身,也关注主办国政治、经济、社会等各方面情况,并进行大量报道。

国际奥委会拥有注册记者名额分配和资格审定的权力②,主办国负责媒体的服务和配合工作。由于注册记者的决定权在国际奥委会,北京奥运会的注册记者中可能包括一些我国现行政策中界定的禁止入境人员。

奥运会非注册记者是20世纪90年代以来出现的新情况,由于国际奥委会的注册媒体配额远远不能满足各国媒体的需求,奥运会期间出现了大量的非注册记者。他们没有国际奥委会派发的记者证件,不能进出各比赛、训练场馆从事采访活动,但是他们同样关注奥运会,更关注奥运会举办城市及其所在国家的政治、经济、文化等各个方面的情况。主办国一般也非常重视对非注册记者的服务和管理。悉尼奥运会首次成立了非注册新闻中心;据希腊国务部秘书长兼政府副新闻发言人里瓦达斯介绍,雅典奥运会期间,约有1 000多名非注册媒体的记者聚集雅典,雅典市政府为此专门成立了"第二新闻中心",即非注册记者新闻中心,负责接待非注册媒体记者。非注册记者新闻中心从奥运会开始前两个月开始运转,在三个半月的时间内,有大约4 000名工作人员为这个24小时运转的新闻中心服务③。雅典的这种做法受到了媒体的广泛好评,也为雅典奥运会的成功举办营造了良好的舆论氛围。

二、我国原有的外国记者管理制度

1990年1月,根据中国当时非常特殊的历史环境,国务院颁布了《外国记者和外国常驻新闻机构管理条例》,根据"条例"精神,各地又相继制

---

① 北京奥组委执行副主席蒋效愚2005年12月15日在"北京奥运会首次国内媒体研讨会"上的发言。
② 《奥运会记者注册报名工作启动》,中国网,http://news.china.com.cn/txt/2006-08/24/content_7102191.htm。
③ 北京奥组委:《希腊国务部秘书长:非注册媒体不容忽视》,中国网,http://www.china.com.cn/chinese/zhuanti/2008ag/754197.htm。

定了更为详细的外国记者采访管理规定,这些共同构成了我国目前的外国记者管理制度。其主要内容有四个方面。

(1) 对外国记者的界定。外国常驻记者,是指由外国新闻机构派驻中国六个月以上、从事新闻采访报道业务的职业记者。外国短期采访记者,是指来中国六个月以内、从事新闻采访报道业务的职业记者。

(2) 外国记者的派驻。派遣常驻记者,向外交部新闻司提出申请,实行批准注册制。批准后,该记者应在抵达七天内到新闻司办理注册手续,领取外国记者证。到北京以外地区的,到新闻司委托的地方人民政府外事办公室办理手续。外国短期采访记者、记者组团到中国采访,应向中国驻外使领馆或中国有关部门提出申请,经批准后,到中国使领馆或外交部授权的签证机关办理签证。

(3) 有关采访规定。外国记者在中国境内的采访活动由接待单位负责安排、提供协助。采访中国主要领导人,应当通过新闻司提出申请,并经同意;采访中国的政府部门或其他单位,应通过有关外事部门申请,并经同意。到开放地区采访,应事先征得省级政府外事办公室同意;到非开放地区采访,应向新闻司申请,经批准并到公安机关办理旅行证件。外国记者和媒体不得聘用中国公民进行采访报道。

(4) 采访禁止及处罚。外国记者不得在中国境内架设无线电收发信机和安装卫星通信设备,不得歪曲事实、制造谣言或者以不正当手段采访报道,不得进行与其身份和性质不符或者危害中国国家安全、统一、社会公共利益的活动。违反"条例"规定的由新闻司视情节给予警告、暂停或者停止其业务活动、吊销证件的处罚,违反中国法律、法规的由中国有关主管机关依法处理。

三、原有外国记者管理制度的缺失

总体上,由于当时极为特殊的历史环境,我国对外国记者的采访进行了非常严格的规定。从 16 年的操作实践看,我国的外国记者管理制度对维护国家安全、加强对外国记者的管理发挥了特有的重要作用。但是,随着国际社会的发展,特别是中国政治、经济、文化的巨大变化,"条例"许多做法与国际惯例有相当大的差距,难以适应举办奥运会的需要,难以适应中国改革开放的需要。具体问题表现在以下五个方面。

(1) 采访区域较狭窄。"条例"规定,采访计划必须先经各省外事办公室批准,采访中一般不得超越。赴中国非开放地区采访,应当向新闻司提出书面申请,经批准并到公安机关办理旅行证件。事实上,奥运会记者希望全面了解中国各地政治、经济、文化、社会的情况,各地也都有扩大对外交流的迫切愿望,人为划分"开放地区"和"不开放地区",有悖双方的需求。在某些省市,外国记者想去不开放地区采访,更是困难重重。

(2) 采访审批手续繁琐。之前,除上海外的大部分省市都规定了外国记者赴开放地区采访,事先必须向所在省的外事办公室提出书面申请,经同意后方可进行①。如此一来,不仅给外国记者的正当采访带来了繁琐的程序,如遇到重大突发新闻事件,走正常审批程序,根本不能适应新闻报道的时效性原则,也导致了事实上的诸多违规操作。

(3) 采访活动限制严格。"条例"规定,外国记者赴中国开放地区采访,应事先征得有关省、自治区、直辖市人民政府外事办公室同意。具体执行中,外国记者的采访,从申请、审批、进行等全过程,均处于外事办公室的严密安排之下,而且对采访范围、采访时间均要求事先报批,这与新闻采访突发性、偶然性的特点明显不符。奥运会惯例,除军事设施、政府机关等涉及国家安全和机密的场所外,主办国一般不会对前来采访奥运会的外国记者采访区域作出限制,也无须向主办国有关地区政府部门提出采访申请。

(4) 中国雇员的违规采访。"条例"规定,外国记者通过当地外事服务单位,可以聘任中国公民担任工作人员或服务人员,但不能担任记者,相关实施办法更不许雇佣在华留学人员。也就是说,中国人不得在驻中国的外国媒体机构里做正式记者,没有采访权。实际上,外国媒体在华雇佣工作人员,只能通过外交人员服务局提供,难以满足需求。从目前国内举

---

① 详见上海市《外国新任驻沪记者申请办理有关手续及采访工作指南》《北京市执行〈外国记者和外国常驻新闻机构管理条例〉实施办法》《安徽省政府外事办公室关于加强外国记者管理工作的若干规定》《湖北省人民政府〈关于加强外国记者来鄂采访管理的规定〉的通知》。

办的大型国际体育赛事的情况看,外国媒体私雇工作人员的情况大量存在。按奥运会惯例,奥运会期间境外媒体雇佣当地人员协助进行新闻报道,只要对方合法、没有违法犯罪记录,组委会一般会给予相应的采访许可,并提供必要证件。

(5) 出入境及采访设备受限制。目前,除个别情况外,记者临时来华签证一般是一次入(出)境有效。事实上,奥运会记者在整个奥运会筹办、举行过程中,需要多次出入中国。"条例"规定,外国短期记者需要携带和安装卫星通信设备,须向外交部提出申请,并经批准。但是,在实际操作中,往往从严掌握:外国记者携带器材来华时,需接待单位事先办理保函,离境时接待单位负责结案,手续十分繁琐。由于技术的发展,电视机构越来越多地运用便携式卫星转播设备进行电视转播,这些设备越来越隐蔽,一般的检查很难发现。于是,严格的限制已经形同虚设。

可见,原来的外国记者管理制度与奥运会惯例有诸多冲突之处。如果对媒体限制过严,北京 2008 奥运会的成功度将大打折扣。国际奥委会终身名誉主席萨马兰奇曾不止一次说过:"媒体是一届成功奥运会的裁判。外国媒体比任何其他媒体更能衡量奥运会的成功。"[1]因此,调整管理制度,使之与国际惯例接轨,做好媒体服务,势在必行,也是确保树立奥运会良好形象的明智之举。

四、新出台外国记者管理制度的深远意义

中国的飞速发展,吸引了全世界的目光。根据外交部新闻司的统计,目前,已有 49 个国家 319 家新闻机构共 606 名外国记者在北京、上海、广州、重庆、沈阳常驻。近年来,每年均有 3 000~5 000 名外国记者来华采访,奥运会期间将达到高潮[2]。《北京奥运会及其筹备期间外国记者在华采访规定》的实施,有效地解决了我国现行外国记者管理制度与奥运会惯例的矛盾,为外国记者在奥运会期间的采访活动提供了便利,从而有利于

---

[1] 易剑东:《不可忽视媒体运行》,《新体育》2006 年第 9 期。
[2] 外交部新闻司司长刘建超在国务院颁布实施《北京奥运会及其筹备期间外国记者在华采访规定》举行中外记者会上的讲话,2006 年 12 月 1 日。

全世界更加了解中国,树立中国开放的大国形象。

(一) 有利于吸引更多外国记者报道奥运,展示中国国际形象

从多年实践看,虽然外国新闻媒体特别是西方媒体对我国尚存误解,负面报道不少。但不可否认的是,我国同时也借助他们在国际上树立了政治经济社会不断进步、在国际事务中发挥积极而重要作用的国际形象。根据《奥林匹克宪章》规定,凡持国际奥委会颁发的奥林匹克身份和注册卡的记者,凭护照或正式旅行证件,在奥运会期间及前、后不超过一个月内,可多次进出境。一些外国重要媒体(如奥运会主转播商美国全国广播公司 NBC)的记者也需要在奥运筹备阶段多次进出中国,以落实奥运会期间的服务和设施需求或进行采访报道。新规定为外国记者的采访提供了便利,与奥运会惯例衔接了起来。众多外国记者来华采访,必然在国际上掀起报道中国的高潮,有利于中国的对外宣传。

"规定"的颁布实施,是我国政治经济社会不断进步、自信心不断增强的具体表现,相比过去的有关管理规定,"规定"对外国记者来华审批等方面大大简化,方便了外国记者的采访,有利于营造良好的舆论环境。

(二) 给予外国记者广阔的采访空间,保障了他们的正当权利

"规定"允许外国记者在华采访,只需征得被采访单位和个人的同意。对原先"接待单位"的废除,给外国记者在中国的正当采访提供了保障,维护了外国记者的权利,这对奥运会期间数万名非注册记者意义尤为重要。如何解决近万名非注册记者的接待单位问题,原来是非注册记者管理和服务工作的难点。悉尼奥运会的非注册记者是由澳大利亚的一些旅行社安排入境的,雅典奥运会的非注册记者则是由希腊驻外使领馆邀请安排的。新规定为中国在北京奥运会期间借鉴类似做法提供了合法性。

(三) 对既有事实加以承认,维护了中国法律的权威性

实际操作中,外国记者雇佣中国人协助采访、外国记者未经中国有关部门允许私自进行采访等情况屡见不鲜。这些行为被"条例"所禁止,但却有其存在的客观原因。例如,中国公民对本地情况更熟悉,有广泛的人脉;在大多数突发事件报道中,如果按照原制度审批,根本没有时效性;部分地方政府信息公开做得还不够,远远满足不了外国记者的需求等。因此,原制度在实际操作中被屡屡突破,形同虚设。如果不改进,既是对法律权威性的亵渎,也不能满足与时俱进的需求。新规定可以认为是对以上既有事实的合法性追认,从而维护了中国法律的权威,同时也体现了中国政府实事求是的态度。

(四)履行了申奥承诺,树立了中国的国际信誉

按照奥运会惯例,主办国政府一般不对记者采访事项作硬性规定,记者可自行向被采访人提出申请,只要被采访人同意,采访就可进行。在奥运会期间,一些电视机构会用自备的便携式卫星转播设备进行电视转播,主办城市通常也都给予积极配合。外国记者按照IOC《媒体指南》的要求,直接向主办国驻外使领馆提供入境器材清单,审查靠前,入关时不再需要办理其他手续。《北京2008年奥运会申办报告》(以下简称申奥报告)中对这些方面也有相应的承诺。此次"规定"出台,可以视为中国对申奥报告中有关承诺的兑现,体现了中国有信誉的大国形象。

外交部新闻司司长刘建超在"规定"颁布当天,面对中外记者时表示,今后中国政府向外国记者提供的便利和协助将越来越多,这个政策不会变。因此,"规定"的出台,具有里程碑式的意义。

媒介融合：粘聚并造就新型的
媒介化社会*

"媒介融合"（Media Convergence）这一概念最早由美国马萨诸塞州理工大学的 I.浦尔教授提出，其本意是指各种媒介呈现出多功能一体化的趋势。最初，人们关于媒介融合的想象更多集中于将电视、报刊等传统媒介融合在一起，但事实上，随着信息技术的发展，特别是 Web2.0 技术的不断成熟，以"博客"为代表的新的媒介形态的出现，都使得当下的媒介融合正日益超出人们的想象，呈现出诸多全新的特质，并逐渐成为推动媒介化社会形成的核心动力。

一、"媒介融合"形成媒介裂变重组的重大契机

"媒介融合"就其表现形式而言，主要有两种：其一，是在传媒业界跨领域的整合与并购，并借此组建大型的跨媒介传媒集团，打造核心竞争力，应对激烈的市场竞争；其二，则是媒介技术的融合，将新的媒介技术与旧的媒介技术联合起来形成新的传播手段，甚至是全新的媒介形态。

媒体间的整合作为媒介融合的第一种表现方式，来源于传统媒体在面对新兴媒体时的竞争压力，在充分利用自身既有的信息平台和资源优势的前提下介入、整合新兴媒体是其必然的选择。在互联网的媒体特质不断彰显之后，越来越多的传媒公司开始进入互联网行业，实行传统媒体

---

* 本文为孟建与赵元珂合著，原文发表于《国际新闻界》2006 年第 7 期。

与网络媒体的融合，与此同时，传统媒介丰富的信息资源和庞大的受众市场也激发了与媒介相关的企业强烈的赢利欲望，所有这些，都推动了媒体整合浪潮的形成。

早在1992年，美国《圣何塞信使新闻报》就增创了全球第一份电子网络报纸，中国的《杭州日报》也在1993年成为国内第一份拥有网络版的报纸。1995年12月，美国的微软公司与全国广播公司联手，在互联网上开设24小时连续播出的有线电视频道。2002年3月7日，北京开办了一个传统媒体协作网站"千龙网"，千龙网几乎包括了北京最有实力的几大传媒，首次以产业的形式实现了电视、报纸、广播和网络的融合。紧接着，上海九家单位联合成立的"东方网"和广东以报业集团与广播电视、出版单位联合打造的"南方网"，都成功地实现了跨媒介的融合。

从目前来看，进行跨媒体的整合，可以充分地利用媒介资源，降低媒介运营成本，同时借助新媒介的传播手段，可以最大范围地寻求受众，打造强势媒体，所有这些仅仅依赖单一的传统媒介都是无法实现的。

但是，在媒体整合的汹涌浪潮面前，我们同样必须清醒地认识到，仅仅依靠媒体自身在激烈竞争中所产生的压力所引致的融合并非媒介融合的本质，归根结底，媒介融合的根本动力来源于技术的力量。新的传播技术的发展，不仅使得媒介的传播范围更广、传播速度更快，更重要的是，新的传播技术带来了传播方式的革命，为未来的媒介发展带来了全新的想象，并极有可能催生出全新的媒介形态。

以Web2.0技术为例，相较Web1.0而言，Web2.0以个人应用为核心线索，互联网的使用者可以自己提供网络内容并进行复杂的交互沟通，构造个性化的网络空间，其应用以博客最为典型。事实上，博客的出现，很快与媒介结合在一起。在美国，以博客为平台的个人电视台已经初具雏形。在未来，更多的博客将与媒介紧密结合在一起，不仅仅博客可以成为大众传媒重要的信息来源，甚至每一个博客都可能是一个独立的媒体。

当然，从新技术所引致的可能性转化为成熟的媒介模式，很可能是一个漫长的过程，但在国外，这种尝试已经开始，并且初具成效。在美国，媒介综合集团（Media General Inc.）设立了"多媒体新闻总编辑"的职位，统管新闻的策划和报道的运作。论坛公司(The Tribune Company)旗下的《芝加哥论坛报》则更进一步,该报先是在 1996 年创办名为"MetroMix"的娱乐性网站,大获成功,但经过调查发现,这个网站的用户中竟有 60 万人不读《芝加哥论坛报》,报社在研究了这一庞大受众群的需求之后,创办了一份全新的报纸《红眼报》(RedEye),大受年轻人的欢迎,其娱乐版至今还叫"MetroMix 新闻"。这种由网络派生新报纸的模式在美国屡见不鲜①。

如果说在"媒介融合"这一概念出现之初,人们更多的是将之理解为将传统媒介的不同优势集中在一起,寻找一种综合的新媒介的话,那么,在信息技术飞速发展的今天,"媒介融合"呈现出了种种有别于以往的全新特质。

在信息技术飞速发展特别是互联网进入大众视野的 20 世纪 90 年代,敏锐的大众传媒的弄潮者就已经感觉到了互联网技术对于媒介的潜在价值,许多报纸都开始开设网络版或者干脆直接建立自己的网站,电视台也开始把部分视频节目上网,广播的在线节目也逐渐增多,包括默多克旗下的新闻集团和李嘉诚旗下的 Tom.com 集团纷纷大举进军互联网领域,"媒介融合"这一全新的词汇也正是在这一时期开始被大众传媒的从业者频频提及。

但是,在那一时期,"媒介融合"带给人们的想象,更多的是浅表意义上的,或者说,"媒介融合"与风靡一时的"媒介集团化"密切联系在一起,不同媒介的合并成为"媒介融合"的主题。从业者们更多的是考虑传统媒介如何利用新媒介的优势来打造核心竞争力,最大限度地争取受众,而尚未意识到信息技术的发展,将给大众媒介带来翻天覆地的革命。

天才却怪诞的麦克卢汉曾经用"媒介即讯息"昭示技术的巨大影响力,在麦克卢汉看来,媒介带给人类社会的信息,在一个方面表现为媒介"在人类事务中引入的规模或速率或模式的变化"②。21 世纪媒介技术的

---

① 蔡雯:《新闻传播的变化融合了什么——从美国新闻传播的变化谈起》,载《中国记者》2005 年第 9 期。
② McLuhan·Marshall, *Understanding Media* (Second edition), McGraw-Hill Book Company (New York), 1964, pp. 23-24。

飞速发展也有力地证实了这一点,无论是 IPTV 的出现,还是 Web2.0 技术的崛起,媒介与受众的交互性都不断增强,"博客"的出现更使得崭新的个性化的网络空间不断涌现,这些独立的"博客"们为大众传媒提供了更多样化的信息来源,所有这些,都将成为未来媒介融合的核心动力,催生出关于未来媒介的无尽想象。

二、"媒介融合"引发媒介生产方式的巨大革命

"如果物质生产本身不是从它的特殊的历史的形式来看,那就不可能理解与它相适应的精神生产的特征以及这两种生产的相互作用。"[1]诚如马克思所言,从某种意义上说,媒介行为是精神生产的过程,属于意识形态领域,但媒介行为又不是纯粹的意识形态,事实上,媒介自诞生之日起,就带有形而下的物质生产的性质,随着媒介技术的不断发展,全新媒介的涌现、媒介生产方式的变革也必然随之而来。

但是,回顾媒介生产方式的变革,我们会发现,在"媒介融合"时代到来之前,虽然有报纸、电视和广播这些不同的大众传播媒介,但其媒介生产方式具有某种程度的共性。例如,传统的媒介生产,往往是线性的,遵循既有的成熟的采编模式,技术手段也相对比较单一,报纸由不同栏目的编辑来控制分工,电视同样依据不同的栏目架构来完成新闻节目的生产。但当"媒介融合"时代到来时,一切都变得与以往不同,传统媒介之间的界限被打破了,电视不再仅仅是电视,报纸也不再仅仅是报纸,新的媒介技术的出现打破了传统的媒介生产观念。例如,今天你运用 Skype 这样的即时通信工具可以方便快捷地完成网络对电话的语音采访,通过流媒体技术可以几乎同步地完成异地的直播。由此,新闻的独家性也受到了严峻挑战,甚至从严格意义上讲,在今天的网络上,"独家新闻"无异于天方夜谭。

因此,如果说"媒介融合"带来的关于媒介新形态的想象还存在诸多可能的话,"媒介融合"所带来的媒介生产方式的变革则已经展开。

---

[1] [德] 马克思、恩格斯:《马克思恩格斯全集》(第 26 卷,第 1 分册),中共中央马克思恩格斯斯大林著作编译局编译,人民出版社 2016 年版,第 296 页。

不同的媒介的融合，必然打破过去单一媒体对于媒介生产的限制，而要求在跨媒介介质的平台上整合不同媒介的新闻，这也必然催生出不同于传统意义的新的媒介生产流程。这也意味着以编辑为核心的传统的媒介体制发生了根本性的转变，在媒介信息流动的关隘，"把关人"们的个人智慧被团队智慧所替代。

在"媒介融合"的背景下，新闻报道小组将由电视记者和报纸记者共同组成，还包括网络传播方面的技术人员，新闻报道也将以网络、电视和文字多种形式，依据不同媒介在时效性和受众互动方面的优势以不同的时间和形式发布，从而全面反映新闻事件全貌，满足不同受众的需求。这也使得新闻采集的独立性大大增强了，很难严格区分某一次新闻报道是从属于某一个单一媒体的，而是从新闻传播效果最优化的角度，运用尽可能多的技术手段来完成新闻的制作和发布。如果说，独立的节目制作公司是未来电视业发展的一个重要趋势的话，"媒介融合"则对这种节目制作的独立化运作起到了推波助澜的作用①。

与之相对应，媒介生产方式的革命也意味着对媒介从业人员的素质有了更高的要求，对此，美国密苏里新闻学院副院长布来恩·布鲁克斯（Brain Brooks）教授的话颇具代表性："我们将会看见，随着媒体企业之间的合作，电视、广播和网络的资源都会被集中起来，新闻工作者必须具备跨媒介的新闻工作能力，现在，98%的新闻工作与媒体融合无关，但这个情况将会在未来几年内出现极大改变。"②如果说布鲁克斯更多的是从新闻业务的角度来分析媒介从业人员素质的话，对于媒介的管理者而言，无疑要求更高，上海SMG总裁黎瑞刚曾经坦承自己自2005年开始将大约三分之一的时间用于新技术的学习上，作为未来媒介的管理者，在以媒介技术为核心推动力的"媒介融合"时代，仅仅懂得新闻传播、懂得市场还远远不够，还要了解技术的发展，保持对技术的敏感度，并时时思考技术为

---

① 蔡雯：《新闻传播的变化融合了什么——从美国新闻传播的变化谈起》，载《中国记者》2005年第9期。
② 王岚岚、淡凤：《聚集媒介融合和公共新闻——密苏里新闻学院副院长Brian Brooks教授系列讲座》，载《国际新闻界》2006年第5期。

媒介发展带来的种种可能性。

三、"媒介融合"助推媒介化社会的迅猛发展

社会的媒介化肇始自19世纪30年代大众媒介的出现，但媒介化的突飞猛进则自电视普及之后开始，电视极大地提高了人们对于媒介的依赖性，并大大增强了媒介对于社会政治、经济和文化的影响力。但是，即便如此，在新的媒介技术特别是网络技术出现之前，媒介对于社会的影响力依然是有限的。在网络技术出现之后，社会的媒介化进程才开始大大加速。

媒介化社会的一个重要特征，就是媒介影响力对社会的全方位渗透。在真实世界之外，媒介营造出一个虚拟的无限扩张的媒介世界，人们通过媒介来获取对于世界的认知，甚至依据从媒介获取的信息来指导现实生活，这也恰恰验证了李普曼关于"真实环境"与"虚拟环境"的预言。

但是，仅仅是通过媒介营造的虚拟空间来构造媒介化社会是远远不够的，媒介化社会从其本质上讲，意味着人的媒介化，或者说，每个人都是在媒介深刻影响下的"媒介人"，对于生活在媒介化社会中的人来说，不仅对于世界的全部想象都由媒介来构建，其思维方式、个体意识也烙上了媒介化的烙印。

从这个意义上讲，网络技术所带来的社会媒介化进程的加速的确使得媒介化社会雏形初具，但只有媒介技术发展所带来的"媒介融合"才能够从更深层的意义上建构媒介化社会的社会意义和个体意识，成为推动媒介化社会形成的核心动力。

事实上，这种推动正在潜移默化中进行，例如，媒介技术的发展，DV的普及，使得普通老百姓自己拍摄的节目也可以在电视台播出；网络视频点播的日益增多，使人们不需要每天都守候在电视机前按时等待喜爱的电视节目；互动电视的出现，意味着电视台的信息资源可以为普通受众很方便的积累。所有这些，从表面上看，改变的是传统电视节目的信息集中、线性和高度权威，就社会意义和个体意识而言，则象征着个人多元化视角和去中心化意识的逐渐成熟。

不仅仅电视是如此，网络游戏的普及也已超越了单纯的电子游戏的范畴，而成为重要的电子媒介。从某种意义上说，那些穿越时空、手执兵器的游戏角色，带有了很强烈和鲜活的生命痕迹；那些由三维模拟出来的虚拟空间，则同样可以见证与现实生活并无二致的喜怒哀乐。在这些虚拟的、影像化的空间里，年轻人们找到了自己渴望的生活方式，在不知不觉中，成为一个个"媒介化人"。

事实上，无论是互动电视对于"互动"性的追逐，还是网络视频点播对于"实时"性的扬弃，抑或是网络游戏超越了游戏本身而成为一种多元化的"电子媒介"，在"媒介融合"浪潮业已到来的今天，不同媒介技术的相互交融，对于媒介化社会的形成影响深远。

四、"媒介融合"昭示媒介化社会发展的未来之路

2006年4月18日，盛大公司明确宣布放弃了"盛大盒子"计划。作为一种集成众多厂商技术、具有自主产权的新型电脑终端，"盛大盒子"具有播放影碟、浏览互联网、参与网络游戏、编辑电视等多种功能，可以说是"媒介融合"的典型产品，但为什么会夭折？由此，也引发了我们关于"媒介融合"未来的种种思索。

尽管，有相当多的人诟病"盛大盒子"的高昂价格，但这毕竟不是决定因素，其核心还在于"电视内容的网络化"。根据国家广播电视总局的规定，只有拥有 IPTV 牌照，才有将电视节目网络化的权利，而这个牌照目前只有上海 SMG 一家拥有，没有 IPTV 牌照意味着即使用户安装了"盛大盒子"，也不可能享受到所有的电视节目，盒子无法取代电视的功能，盛大所倡导的"数字家庭"理念也就无从谈起。"牌照门"的背后，也映射出"媒介融合"所必然面临的难题——"内容桎梏"[①]。

这一桎梏至少在"媒介融合"开始之初是不存在的，不同媒介之间发挥各自优势，资源共享，制作新闻节目当然没有内容方面的问题，但一旦新的媒介技术制造出全新的媒介终端（比如"盛大盒子"），而这种终端又

---

① 张樊：《难破政策和内容桎梏：陈天桥"聪明"弃盒》，载《IT 时代周刊》2006 年第 9 期。

需要来自各种渠道的不同的媒介内容,体制和经济利益纠葛下出现的内容渠道问题便必然会显现出来,技术固然可以解决能否实现的问题,但传统媒介框架的内容渠道决定了即使真的有能够容纳一切媒介的终端出现,它也很难承载所有的媒介信息,这样,真正的"媒介融合"也就无从谈起。

仅仅在技术层面上实现了简单的"媒介融合"的"盛大盒子"还远远不是"媒介融合"的完美形式,或者从某种意义上说,"媒介融合"的未来并不需要通过某种具体的终端来实现,而是一种媒介发展的趋势,未来的媒介可能在其外在表现形式上与今天的大众传媒并无二致,但其内容的深度和丰富程度已经是天壤之别。

技术推动社会的进步是需要过程的,由媒介技术进步所引发的"媒介融合"从其概念的肇始到最终完美的实现,也可能经历曲折的过程。但是,无论如何,"媒介融合"浪潮的影响是不可小视的,它不仅将引起媒介生产方式的革命,并将成为最终推动"媒介化社会"形成的核心动力。

第三辑

国际传播的阐发

跨文化传播视域：中国形象的建构与传播*

一、中国形象：跨文化传播研究中不可忽视的母题

国家形象的跨文化传播是学术界一直较为关注的话题，究其原因主要包括两个层面：一是国家形象本身是一种极为重要的战略资源，塑造良好的国家形象有助于该国在世界话语体系中拥有更为积极、主动的活动空间；二是国家形象这一话题承载了文化地理学、比较文学形象学等多学科的知识脉络，是历久弥新的学术命题。马克思在《关于费尔巴哈的提纲》中说，"哲学家们只是用不同的方式解释世界，而问题在于改变世界"①。从理论上探讨国家形象的跨文化传播是将国家形象作为一个问题进行学理性探讨，去解释这一问题所蕴含的理论依据与理论脉络，而从实践的角度探讨国家形象如何进行传播则是最终的目的，即有助于我们建构一个客观、公正的国家形象。

中国国家形象一直存在着被塑造、被误读、被歪曲的客观现实，以至于在中国历史上的若干时刻，中国的国家形象一直在"人间天堂"和"东方地狱"两种状态中徘徊。造成这种现象的原因大体有三个：一是，世界话语体系尤其是西方世界看待中国的视角由西方现代性自我批判与自我确认的两个维度导致，宗教改革、启蒙运动、地理大发现等标志性的事件使

---

* 本文发表于《中国新闻传播研究》2016 年第 2 期。
① ［德］卡尔·马克思：《关于费尔巴哈的提纲》，载《马克思恩格斯全集（第三卷）》，人民出版社 1960 年版，第 6 页。

西方确立了现代优于古代、西方优于东方、自我优于神祇的观念,以此,中国成了西方世界自我发展与自我反思的参照物,它不是客观实在的,而是由自我想象和若干带有偏见的文本构成;二是,某些境外媒体以意识形态偏见和意识形态谋略为主导,对中国进行的选择性报道刻意放大中国某些负面问题,造成中国的负面国际影响,或者制造一些并不符合中国具体状况的新闻事件以迎合西方世界长期以来一直存在的刻板偏见;三是,中国长期以来缺乏有效的自我表达,在世界话语体系中,中国没有以积极、主动的姿态去表明自己的身份,讲述好自己的故事,传播好自己的声音,塑造好中国形象,以至于印证了马克思的经典表述——"他们不能表述自己,他们只能被别人表述"。

二、中国形象:不同领导代际的认知与发展

1949年中华人民共和国成立以来,党和国家领导人就格外重视国家形象的跨文化建构与传播,毛泽东、邓小平、江泽民、胡锦涛、习近平多代领导人专门就国家形象做过非常详细、深入的论证。例如,毛泽东强调说,"一个不是贫弱的而是富强的中国,是和一个不是殖民地半殖民地的而是独立的,不是半封建的而是自由的、民主的,不是分裂的而是统一的中国,相联结的"[①];邓小平认为,"要维护我们独立自主、不信邪、不怕鬼的形象。我们绝不能示弱。你越怕,越示弱,人家劲头就越大。并不因为你软了人家就对你好一些,反倒是你软了人家看不起你"[②];江泽民在1996年12月12日西安事变六十周年纪念大会上的讲话中强调说,中华民族有着"酷爱自由,追求进步,维护民族尊严和国家主权"的光荣传统和民族品格[③];2011年年初胡锦涛访美期间,中国国家形象宣传片亮相美国纽约时代广场,引发了学术界的高度关注,相比于宣传片所承载的信息和意义,学者们更关注这一行动本身所预示的可能性——中国在跨文化传播

---

① 《毛泽东选集(第三卷)》,人民出版社1991年版,第1080页。
② 《邓小平文选(第三卷)》,人民出版社1993年版,第320页。
③ 《江泽民在西安事变六十周年纪念大会上的讲话》,人民网,http://www.people.com.cn/GB/shizheng/252/6619/6629/20011012/579831.html。

中以更为主动、积极的姿态建构国家形象已是大势所趋。2013年11月，习近平在全国宣传思想工作会议上发表的重要讲话中指出，"在全面对外开放的条件下做宣传思想工作，一项重要任务是引导人们更加全面客观地认识当代中国、看待外部世界"①。

在上述所摘录的若干领导人的讲话中，可以看出的是：第一，党和国家领导人一直关注和重视中国的国家形象建设，重视国家形象的自我塑造以及有效地进行对外传播；第二，在不同的历史发展阶段，中国国家形象进行跨文化传播的命题、任务、策略与技巧都应该进行变化和调整。在中国已经成为世界第二大经济体的今天，中国的国际影响力空前提高，新一代领导集体正在以更加积极的姿态融入国际话语体系，与世界各个国家、各种文化圈层展开积极的对话，这不仅对于国家形象的理论研究是一个前所未有的契机，对于中国国家形象的跨文化传播实践而言也是一个鼓舞人心的历史时刻。

中国以积极的姿态进行国家形象的跨文化建构与传播让我们增强了文化自信与道路自信，因为中国正以一个"和平崛起"者的姿态成为世界话语体系中不容忽视的一支力量。但是，我们也应该看到，中国所面临的国际国内形势仍然极为严峻，尤其是近年来中国快速的经济、社会等各方面的发展在世界话语体系中表现极为突出，势必导致一些传统的西方大国的失落、猜忌甚至是恐慌，唯恐中国会再现西方世界"强国必霸"的历史；同时，频繁的国际交往、互动、合作使中国获得了更多的与世界话语体系进行对话的机会，但却并没有从根本上扭转中国国家形象被塑造的状况，尤其是"西强我弱的国际舆论格局仍然没有发生根本改变"②。此外，中国自改革开放以来取得了丰硕的成果，这些宝贵的经验不只是中国独有的财富，它应是多彩世界共同享有的伟大宝藏，中国有理由借助各类机会和平台进行积极的跨文化传播，所以，我们更应该"加大向

---

① 《习近平出席全国宣传思想工作会议并发表重要讲话》，中国广播网，http://china.cnr.cn/news/201308/t20130821_513374392.shtml。
② 张昆：《从"他塑"为主转向"我塑"为主：改革创新国家形象传播方式》，载《人民日报》2016年6月19日。

世界宣传中国"①。最后,中国如何立足现实向世界表述自己还是一个策略性和技巧性的问题,"桃李不言下自成蹊"的时代一去不复返,"酒香也怕巷子深"的时代早已悄然来临,中国的故事、中国的精彩、中国的道路、中国的成绩应该积极地进行对外传播,并且以我们为主导进行传播。因而,习近平多次在重要场合强调"讲好中国故事,传播好中国声音",强调"讲中国故事是时代命题,讲好中国故事是时代使命"。

三、中国形象:当下跨文化传播理论与实践的历史性突破

国家形象的跨文化建构与传播包括三个维度:一是对中国身份、中国历史、中国故事进行的界定和解读;二是将这些界定和解读转化成国际通用语言(这儿的语言是一个广义的范畴,不仅仅是狭义的语言表达)进行合理的表述;三是选择恰当的渠道或者路径将这些表述进行有针对性的跨文化传播。概而言之,国家形象的建构与传播需要处理好两大问题:一是解决与中国身份和本土现实相关的"是什么""为什么""怎么样"的问题;二是解决国家形象对外传播过程中应该"如何做"的问题。这一切,都要以达到"有效传播"的良好效果为终极目的。

就中国形象跨文化传播的实践而言,传播路径尤为值得关注,因为它涉及国家形象应该如何做以适应中国实践、国际环境和现今时代需要的问题。在国家形象跨文化传播研究的若干讨论中,对"怎么做"的探讨较多,而对于"怎么做"的理论依据探讨的较少。并不是一个非常具有操作性的问题就应该撇开对理论建构方面的关照,同样,也不是因为一个所关注的问题极其宏大就应该停留在书斋中。正如马克思所强调的那样,"人应该在实践中证明自己思维的真理性,即自己思维的现实性和力量,亦即自己思维的此岸性"②,思维与实践的辩证关系要求我们所做的一切工作都能够以科学的理论作为指导,同样,任何科学的理论都需要在实践中得

---

① 中共中央宣传部《党建》杂志社:《印象中国——43位外国文化名人谈中国》,红旗出版社2012年版,第23页。
② [德]卡尔·马克思:《关于费尔巴哈的提纲》,载《马克思恩格斯全集(第3卷)》,人民出版社1960年版,第4页。

到检验。我们对跨文化传播路径的探讨不应该仅仅停留在一时脑洞大开的想象或幻想中,也不应该仅仅停留在经院哲学的纯粹思辨阶段,为此,我们需要关照不同学科脉络对国家形象跨文化传播路径进行的理论梳理,也要以中国自近现代以来若干建构和传播国家形象的尝试作为镜鉴进行深度考察——既要尊重前人研究过程中所取得的优秀的理论成果,也要注重中国本土长期以来的实践经验,更要注重特定的传播路径与不同的历史时期、国际环境与现实语境之间的勾连。

中国历代领导人就国家形象或中国形象进行过的若干论述表明,中国在不同的发展阶段都会有对自己相应的表述以及相应地进行跨文化传播的实践策略。在中华人民共和国成立之前,中国在世界话语体系中一直是被忽略的他者,一个在沉默中时刻被他人表述的对象;中华人民共和国成立第一次向世界发出了自己的呼声,让世界惊叹于中国自己的选择和自己的道路;改革开放更是让世界发现了一个积极与世界对话的东方大国;中国成为世界第二大经济体后,又让世界看到了中国道路所散发出的魅力。在中国不断转型的过程中,中国一直用自己的方式来建构和传播国家形象,先是以抗争的姿态消解西方老牌的资本主义国家对中国这个话语主体的漠视,进而以对话的方式来重塑中外交往、交流的主体间性。时至今日,我们逐渐从"中国可以说不"的对抗话语转变为"睦邻友好""积极承担国际责任""世界大家庭中的一员"的对话话语;并且,我们也正在以更为积极的姿态探讨中国这个基础薄弱但发展势头迅猛的"醒来之狮"如何以开放的姿态向世界贡献自己的文明成果和丰富智慧。

仅以中国改革开放以来对外传播的战略表述为例,在20世纪90年代,以"和平崛起"作为对外传播的叙述话语,采用"和平"与"崛起"的组合来表明两种含义:第一,中国已经不再是世界话语体系中的沉默的他者,而是以极强的主动性和主体性在世界舞台上扮演着举足轻重的力量,此为"崛起";第二,中国的"崛起"不会像近现代世界史那样导致世界格局和国际秩序的严重失衡,甚至对外输出武力,是为"和平"。在跨文化传播中,这一表述引发了世界主流舆论的高度关注,媒体界、政治界和学术界人士纷纷对这一表述进行阐释和解读;尽管中国强调了"崛起"所带有的

"和平"含义,但显而易见的是,在这些以自己的发展史作为参考的解读者眼中,"和平"成了点缀,"崛起"成了亮点,而对外的征服、侵略和殖民变成了对"中国和平崛起"的另类解读。正如库珀·雷默所分析的那样,"'崛'字中像 P 的那个部分,实际上是汉语里面用来指称死人身体的一个字——尸",因而,"中国的崛起将会将世界旧秩序之'尸'弃之不理。太平洋两岸的个别新保守主义者不得不想办法判断中国有可能认为哪个国家会被埋葬、哪个国家将会成为掘墓人"①。

针对西方学者的这种分析或者认识,我们研究认为,中国进行跨文化传播的过程中理应重视将抗争作为一种表述自我身份的策略,从而助于消解西方话语体系对中国习以为常的刻板偏见。抗争话语是中国在长期发展过程中的必然选择,是中国以振聋发聩的声音向世界宣告"中华民族站起来了"的有效举措。但是,我们也认为,在历经了中国抗争性的崛起之后,有理由向一个基于主体间性的对等传播阶段过渡,塑造一个和平、友善、文明、民主、幸福的大国形象,并且这种国家形象不是以高高在上的姿态取代西方某些国家成为世界话语体系的领导力量,更不是以自我西方化和自我边缘化的方式迎合西方的某些优越感,而是摆脱了污名化和被塑造局面的大国,一个世界大家庭中不断为全人类创造智慧成果的家庭成员。尔后,我国对"和平崛起"的对外传播叙述话语进行了反思,代之以"和平发展"的叙述话语,显然,这向符合跨文化传播规律走近了一步,收到了较好的跨文化传播效果。但是,这样的叙述话语,仍然存在着跨文化传播的一些问题。

在 2012 年 11 月 29 日,习近平同志参加"复兴之路"展览时提出了"中国梦"的构想,我们在跟踪研究中发现,"中国梦"这一表述不仅成为以习近平同志为核心的领导集体的执政理念,甚至也成为中国形象跨文化传播实践中极为重要的自我表述方式。中国形象在跨文化传播的过程中,基于跨文化对话、协作与本国文化贡献的"中国梦"正在日益成为现今中国积极构筑国家形象,向世界讲好中国故事,传播好中国声音的基石。

---

① [美]乔舒亚·库珀·雷默等:《中国形象:外国学者眼里的中国》,沈晓雷等译,社科文献出版社 2008 年版,第 5 页。

党的"十八大"召开不久,2013年12月31日,中共中央政治局就"提高国家文化软实力"问题进行第十二次集体学习。习近平在主持学习时强调,提高国家文化软实力,要努力提高国际话语权,要加强国际传播能力建设,精心构建对外话语体系,发挥好新兴媒体作用,增强对外话语的创造力、感召力、公信力,讲好中国故事,传播好中国声音,阐释好中国特色。习近平在谈到我国国家形象时特别强调,要注重塑造我国的国家形象,重点展示中国历史底蕴深厚、各民族多元一体、文化多样和谐的文明大国形象,政治清明、经济发展、文化繁荣、社会稳定、人民团结、山河秀美的东方大国形象,坚持和平发展、促进共同发展、维护国际公平正义、为人类作出贡献的负责任大国形象,对外更加开放、更加具有亲和力、充满希望、充满活力的社会主义大国形象。习近平对我国国家形象完整而全面的概括,绝非仅仅是对国家发展的定位,同时,也是符合新闻传播规律,特别是符合跨文化传播规律的独特把握。应当说,"讲好中国故事",表面上理解并非是一个学术命题。但是,"讲好中国故事"背后所表征的,所蕴涵的,却是一个博大的"跨文化传播"重大命题。对此,我们投入足够的关注和研究,是我们研究中国形象塑造与传播所必需的。

跨文化对话：中国形象的"主体间性"与三维构建*

中国形象之于西方，"是西方文化投射的一种关于文化他者的幻象，他并不一定是再现中国的现实，但却一定表现西方文化的真实，是西方现代文化自我审视、自我反思、自我想象与自我书写的形式，表现了西方现代文化潜意识的欲望与恐惧，揭示出西方社会自身所处的文化想象与意识形态空间"①。于是，中西文化的对话便变成了西方现代性的固有矛盾，即西方现代社会在自我确证和自我怀疑的过程中所生成的"妖魔化"的或"乌托邦"式的两种形象身份。国家形象跨文化传播研究的一个出发点是对于中国而言，应该通过何种方式在国际舞台上建构我们的国家形象，并且能够使这个形象符合"我们"的需求，而不是被异域他者任意建构。基于这种思考，在长期以来的跨文化实践中，始终或多或少存在的一个误区是，过于强调传播者的意图、强调建构者的身份存在感。

毋庸置疑的一个问题是，中国形象目前依然处在被塑造的局面。"在西方主导的国际话语格局中，中国形象很多时候只能被'他塑'为'社会主义体制下'的'沉默他者'。中国威胁论、中国责任论、中国崩溃论不绝于耳。中国形象的'含混'和'失语'，在一定程度上也导致了西方的舆论机

---

* 本文为孟建与史春晖合作，收录于《华文传播与中国形象——第九届世界华文传媒与华夏文明国际学术研讨会论文集》，华中科技大学出版社2016年版。

① 周宁：《世界之中国：域外中国形象研究》，南京大学出版社2007年版，第7页。

制将中国形象'定型',使中国形象处于'被塑造'的不利境地。"①在这一背景下,中国形象的跨文化面临的一个重要问题是,如何以自塑的姿态冲破西方中心主义的框架,在西方现代性"自我确认"和"自我批判"所产生的"意识形态"和"乌托邦"的两种关于中国的想象面前强化自我言说的可能性。本研究认为,对国家形象的考察应放在一个动态的演变过程中进行全局性思考,只有理清中国在世界话语体系中所处的地位以及所扮演的角色,才能有助于我们改进和优化当前的中国形象。本研究立足"自我—他者"这一对关系,就中国形象在跨文化建构中的实践进行了全局性和历史性的思考认为,近代以来的中国经历了沉默的他者、主体性抗争和跨文化对话这三个阶段。

一、中国身份处在世界话语体系：被遮蔽的他者

在世界话语体系中,西方中心主义沿袭现代性根深蒂固的思维框架,塑造了中国这个"低劣的他者"身份以确立其自身的合法性,又建构了一个"高尚的他者"的身份以满足自身某些"乌托邦"的想象。就在西方世界现代性逐步确立的过程中,中国却在封建社会晚期的发展中迷失了方向,从而导致了中国身份在世界话语体系中的缺失。于是,就在西方世界不断以自己的立场对中国进行大量阐释与解读的时候,中国这一原本是对话者另一个重要的主体却在应该在场的时候缺席了。也就是从这一时刻开始,"中国形象"日渐成为一个问题。

一旦失去自我发声的机会,自己的形象就完全失去了自我在形象建构层面的主动性从而沦为被表述的对象物,在这个层面上,哲学上的三个终极命题——"我是谁,我从哪里来,我到哪里去"——就变成了"他是谁,他从哪里来,他到哪里去",这也意味着中国如果不能清晰且高声地界定自我,那么自我在异域中的表述就成为完全与中国无关的事情。西方自启蒙运动、地理大发现、科技革命之后通过定义和阐释"东方",表述和塑造中国这个"他者",放大和强化中国的"他性"来巩固现代性的威权。恰

---

① 孟建:《中国形象不能被"他塑"为"沉默对话者"》,载《中国社会科学报》2011年11月9日。

恰因为在西方轰轰烈烈的发起科技革命和发展资本主义的时候，中国的发展几乎进入了停滞的阶段，当西方以"他者化"东方的方式来建构自我的想象时，中国的沉默使其意识形态的谋略得以达成。

道格拉斯·凯尔纳说，"身份继续成为它曾经贯穿现代性的问题，身份远非消失在当代社会里的身份，相反，它被重新建构和重新定义"①。近代中国，这个时而如天堂般美丽，时而如地狱般遥远的国度却始终没有自己的声音。物理空间的遮蔽和文化心理的遮蔽，使中国在西方成为一个"看不见"或"视而不见"的异乡，中国的形象也就成为一种若有若无、时而清晰时而模糊的幻象。西方文化在摹写、虚构、塑造和幻想他者形象的时候，也完成了对自己历史的书写过程，中国在他域中的形象就始终处在天堂与地狱、进步与野蛮、开放与封闭、聪明与懒惰、诚信与欺诈这些简单的二元对立的叙事逻辑中。因而，中国形象、中国身份在"被表述"和"被塑造"的情况下，中国需要让自己的声音突显在世界话语框架中，成为主动而勇敢的发声者，以此来彰显中国的身份，表明中国的态度，从而建构一个去除了污名化的国家形象。

中国形象的"他塑"因中国的"不在场"引起，因而，强化中国的主体性是理论上的应然。米歇尔说，"形象不仅仅是一种特殊符号，而颇像历史舞台上的一个演员，被赋予传奇地位的一个在场或人物，参与我们所讲的进化故事并与之相并性的一种历史，即我们自己的'依造物主的形象'被创造、又依自己的形象创造自己和世界的进化故事"②。我们致力于建构国家形象，首先要认识到这一点，即无论是妖魔化的中国还是乌托邦的中国，其塑造的过程往往是中国这个他者的不在场为前提，因而这两种极端化的中国形象所表述的往往都不是一个真实的中国。相反，中国的身份是一个由"我们"而非由"他们"定义的身份，中国形象的传播目标也不是致力于建立一个"乌托邦"式的中国，而是建构一个真正脱离了刻板偏见，

---

① ［英］斯图亚特·霍尔、保罗·杜盖伊：《文化身份问题研究》，庞璃译，河南大学出版社2010年版，第22页。
② ［美］W.J.T.米歇尔：《图像学：象形、文本、意识形态》，陈永国译，北京大学出版社2012年版，第5页。

摆脱了污名化的国家形象。

正是因为世界话语舞台中,中国这个"他者"始终以不在场的姿态为异域任意言说,这一言说以西方现代性的自我批判和自我确认为逻辑支撑,将中国排斥在话语秩序之外。对于中国而言,应该如何超越西方现代性的遮蔽就成为一个亟待解决的问题,这一问题从晚清开始一直持续到中华人民共和国成立之前。

二、超越西方霸权的主体性抗争:身份置换的追求

雅斯贝尔斯说,"人的思想只有通过言传才能为他人知晓。完全沉默同时意味着什么也听不到,事实上就像无。我们依赖于说和听。认识在传播时,无论为自身的理解还是为他人的理解都得进入适合理解的、有所名称的、确定的、区别的和有所指的思考"①。近代以来,中国形象急转直下的一个重要背景是,中国本土在转型过程中遇到一系列的困境,先是中国封建制度走到明清之际开始飘飘欲坠,进而在闭关锁国的对外政策中缺乏有效的沟通,继而是中国早期的先行者在探讨自身生存路径中屡屡碰壁。以至于在中西间进行的跨文化传播中,中国失去了自身的主体性,成为被西方塑造、言说、阐释的客体化对象。也就是说,"中国形象"之所以成为一个问题,是由长期以来跨文化传播中,中国的"不在场"引发并累积所致。中国形象的扭转经历了两个历史性的时刻:一是中华人民共和国的成立使中国走上了独立自主解决自身问题的道路;二是中国的改革开放和以经济建设为中心政策的确立,缔造了经济、社会等各个方面的成就。这两个历史性的时刻使中国在跨文化传播中拥有了崭新的身份——一个新兴的、能够带领其民众走向幸福的社会主义国家。

20世纪末开始,一系列以"说不"为话语策略的畅销书得以出版,成为中国主体性启蒙的重要读物,并引发重视。实际上这些"说不"类的作品正是以中华人民共和国成立以后数十年来发生的翻天覆地的变化为背景的,这些变化成为中国进行从沉默的他者到积极的言说者的转折点。以

---

① [德]夏瑞春编:《德国思想家论中国》,陈爱政等译,江苏人民出版社1989年版,第248页。

《中国可以说不》为代表的叙述文本带有抗争性话语和民族主义的情绪，暗含了中国主体意识的觉醒，又迎合中国民众对于自身被承认的诉求。虽然，任何民族主义都蕴涵排他性和放大自身优势的逻辑，但在数百年作为沉默他者的传统习惯下，这种抗争话语不可否认的起到了主体性自我启蒙和挑战陈旧的世界话语体系的效果。此类图书的出版引发中国从官方到民间的普遍关注。从某种意义上说，这些抗争既是在向国人宣扬一种民族自豪感和自信心，也在向西方中心主义的认知框架和话语秩序表达强烈的不满——他在宣告中国是当今社会一个绝对不容忽视的言说主体，一个在国际秩序中应有其重要地位的存在。费约翰也直言不讳地说，"说不"这一现象，"将一种更积极的眼光来看，将它们视为'起来，不愿做奴隶的人们'系列，可能会更加合适。其中每一本书都向美国、欧洲和日本发出警告：中国已经在20世纪初醒过来，在20世纪中叶站起来了，并将在20世纪末飞起来"①。

显而易见，中华人民共和国的建立更以有别于西方资本主义道路的社会主义迈出了中国与西方观念抗争的第一步，确立了中国自身在道路选择上的主体性，而中国的改革开放至中国成为世界第二大经济体又在经济上确立了自身的主体性，中国的"和平崛起"则无可争议成为中国以强化主体性作为形象突围的重要路径。中国的"抗争"是一种以强调主体的身份感、存在感、优越感为内在本质的言说策略，又是一种不甘于沉默并且试图打破西方霸权框架的抗争策略，它对于打破长期以来中国被西方塑造的局面具有极为重要的意义：它宣告了在"西方—中国"这一段关系中"主体—客体"身份置换的诉求，它直接解构的是西方作为叙事主体、中国作为被塑客体的阐释框架，其最终的结果是打破了西方中心主义的遮蔽，使中国不再是视而不见的"他者"。

三、走向主体间性的跨文化传播：互为主体的存在

文化帝国主义和媒介帝国主义之所以遭受世界上占大多数人口的发

---

① [美]费约翰：《国民革命中的政治、文化与阶级》，李霞等译，生活•读书•新知三联书店2004年版，第1页。

展中国家的反对和抵抗,其根本的原因在于发达国家凭借其资本优势不断进行文化输入,并消解欠发达地区文化的差异性,从而迫使差异性消失,使得带有鲜明的资本主义特色的文化、生活方式和观念取代本土化的文化、生活方式和观念。以传者作为中心去向世界传播中国的文化,有助于提升中国在世界话语体系中的影响力,但其目的还是使中国这个民族国家的身份共同体在世界话语体系中获得认可,并且能够保持不同国家之间良好的国际关系。因而,以"我"为主体的传播必然会导致另一个中心主义的诞生,虽然这有助于提高中国的国际影响力,但并非我们建构和传播国家形象的初衷。为此,我们强调的是基于和平崛起的对话意识,用对话思维来解决国际争端,用对话思维来协调世界各个国家间的关系。

萨特在《存在主义是一种人道主义》中用"主体间性"(intersubjective)一词指"作为自为存在的人与另一作为自为存在的人的相互联系与和平共存",认为"主体间性不仅是个人的,因而人在我思中不仅发现了自己,也发现了他人,他人和我自己一样真实,而且我自己的自己也是他人所认为的那个自我,通过我影响力他人来了解我自己"[1]。主体间性同样也是哈贝马斯的用语,用来表述以"以沟通为取向的行为模式",并且认为,"认知主体针对自身以及世界中的实体所采取的客观立场就不再拥有特权",在此基础上,"互动参与者通过世界中的事物达成沟通而把他们的行为协调起来"[2]。在这一逻辑框架下,国际话语体系中理想的传播秩序应遵循的逻辑是:每一个在场或不在场的国家都是独立自主的个体,他们不因为自身的不在场而时刻面临着被别人言说、塑造的情况,也不因某一个国家的强盛或落后而时刻成为任由别人塑造的"他者"。在哈贝马斯看来,通过"交往理性"(communicative reason)可以解决不同的主体之间进行交往时存在的压制、操控等问题,其具体的特征是"通过所有相关人员的自由和公开讨论获得一个最后的决断,这个决断依赖于更佳论证的力量,而

---

[1] 冯契:《外国哲学大辞典》,上海辞书出版社2008年版,第278页。
[2] [德]于尔根·哈贝马斯:《现代性的哲学话语》,曹卫东译,译林出版社2011年版,第247页。

绝不依赖于任何形式的强迫"①。哈贝马斯预设了交往主体通过互相尊重和平等对待对方的方式来解决争端的可能,并将所有的参与者都放到同等重要的地位上,换而言之,对于真理或结论的讨论不再依赖言说主体背后所依赖的政治、经济、军事力量等资源,而是依赖谈话本身是否具有某种合理性和公正性。因此,一个国家在经济和军事层面具有强大的基础并不能构成理论上的交往的合法性,而最终合法性的建立是靠多个主体之间共同遵守的辩论机制。

中国的"和平崛起"已经成为国际舞台中颇具影响力的主体性话语,中国这个曾经被讥讽为"东亚病夫"和"睡狮"的衰落的大国也逐渐成为西方世界中敬畏的"崛起的他者"。在这一背景下,中国的形象已经逐渐摆脱不在场的他塑状态——近年来,中国经济一跃成为世界第二大经济体,频繁举办奥运会、世博会等特大型的国际事件,在科技及军事建设上更是高歌猛进,频繁刺激着西方某些国家敏感的神经。根深蒂固的西方中心主义在世界话语体系尤其是一些西方大国中仍有市场,基于自身曾经崛起过的历史、基于自身经济社会发展的困境和国际优越感的丧失,中国的崛起逐渐演变成一种带有威胁意味的话语。

哈贝马斯的"主体间性"理论为我们最终的归宿提供了理论依据,这一理论强调不同的传播主体往往是互为主体而存在,无论是异域还是本土,无论种族与经济状况,两者都是对等的传播主体。中国建构积极的国家形象,并不是要进行文化输出,也不是新一轮的文化殖民,更不代表着要取代西方国家成为世界秩序的定义者和革命者,而是注重由内而外的主体性建设,转变宣传和广告为导向的形象传播理念,强化自身在国际舞台上的存在感,强调中国文化对世界文化的贡献,在中华文明与世界各类文明共生的基础上寻求广泛的合作。中国作为世界上第二大经济体,并没有对外输出战争和征服,也没有动摇以美国等发达资本主义国家为核心的世界版图;相反,这个占世界人口三分之一的国家将"和平共处"作为对外交往的基本原则,正成为世界上最强大的一支和平力量,不断致力于

---

① [英]安德鲁·埃德加·哈贝马斯:《关键概念》,杨礼银等译,江苏人民出版社2009年版,第25页。

用和平和谈话的方式来解决国际争端。中国5 000年的文化和历史以及中国目前的发展状态都证明,中国对外传播的目的不是建立世界文化或文明的另一个中心以抗衡以美欧为中心的资本主义世界,而是倡导多种文明之间的协作、对话与贡献。

源于西方现代性自我确认和自我批判的固有矛盾,中国形象在近代历史上的认知为西方以自我为中心的认知框架所遮蔽,因而成为世界话语体系中被"视而不见"的"他者"。中国有过沉默的历史,有过被放大的"他性",但中国不可能永远在世界话语体系中沉默下去。20世纪后半期及21世纪初,中国不断在国际舞台上发出自己的声音,并通过实际行动证明了中国充分具备参与跨文化对话的能力。从跨文化传播的角度来看,上述这一过程涵盖了主体性缺失、强化主体性再到强调主体间性这三个过程的转变。正是在中国"和平崛起"不断推向高潮的时候,习近平同志提出了"中国梦"构想,这一构想不仅成为新一届领导人的执政理念,也成为现阶段我们进行跨文化传播时重要的叙事话语。

从跨文化传播的角度来讲,"中国梦"是对话性的话语,是基于不同交往主体进行的身份对等的双向、多元的互动交流,它不以某一特定的叙事主体为主导,也不以刻意缔造任何污名化的"他者"为前提,而是倡导一种多元文化间的合作与交流,强调不同文化或文明对世界文化或文明体系的贡献。因此,"中国梦"对于建构今天的国家形象至少具有三个维度的价值:第一,"中国梦""具有广泛的社会文化内涵"[1],是"国家梦"和"个人梦"的有机统一,前者强调身份共同体的构建,后者强调个人对该共同体的认同,为跨文化叙事提供了源源不断的动力;第二,"中国梦"作为一种叙事话语,建构了中华民族在新的历史发展阶段的全新身份,这个身份有别于历史上的任何一个时刻,是基于自身的发展逻辑、历史现实对自身的国家角色和国际地位作出的全局性思考;第三,"中国梦"关注并尊重世界上不同国家和民族关于自身的梦想和追求,是以求同存异的方式将世界话语体系中每一个独立的个体都视为平等自主的对话者。因而,以"中国

---

[1] 侯智德:《"中国梦"话语建构的文化内涵》,载《社会科学家》2014年第8期。

梦"为代表的叙事话语"作为中国民族身份的自我想象,规避了'和平崛起'所蕴含的'威胁'可能,将抗争性话语演变为对话话语,为中国与世界各个国家进行对话寻找到了契机"[1]。

---

[1] 孙祥飞:《从"和平崛起"到"中国梦":中国形象跨文化叙事的话语转型》,载《编辑学学刊》2015年第2期。

中国对外传播的迷思与拐点*

——试论中国对外传播的"区隔化"传播

许多学者认为,"以张骞通西域为内容的传播活动,掀开了中国传播史上对外传播的第一页"①,"在古代的对外传播中,国家实力与国家政策决定了该国对外交往和传播的强弱"②。而在当下,传播革命的迅猛发展,使得不同国家、不同地区以及不同族群间的信息交流互动更加迅捷、更加频繁、更加复杂,中国如何面对这场前所未有的变革,如何在激烈的媒介化竞争中做好我国的对外传播工作,已经成为当前一个极为重要的课题。习近平总书记在"7•26"讲话(2017年7月26日习近平在迎接"十九大"省部级领导干部研讨班上的讲话)中指出"在新的时代条件下,我们要在迅速变化的时代中赢得主动"。经过中华人民共和国近70年的奋起直追,改革开放近40年的跨越发展,中国已经走到了世界舞台的中央。但是,"西强我弱"的舆论格局还没有根本改变,我国对外传播中传播观念、话语体系、传播技巧的构建还有很大提升空间。这诚如《人民日报》社社长杨振武所指出的,"主动做好对外传播,才能在国际舆论场中亮明我们的观点、表明我们的态度,才能构建好国家形象,提高我们的感召力和影响力"③。

---

* 本文为孟建与史春晖合作,发表于《中国新闻传播研究》2017年第1期。
① 李敬一:《中国传播史论》,武汉大学出版社2003年版,第146页;转引自陈日浓:《中国对外传播史略》,外文出版社2010年版,第1页。
② 陈日浓:《中国对外传播史略》,外文出版社2010年版,第1页。
③ 杨振武:《人民日报:把握对外传播的时代新要求——深入学习贯彻习近平同志对人民日报海外版创刊30周年重要指示精神》,观点—人民网,http://opinion.people.com.cn/n/2015/0701/c1003—27233635.html。

对外传播是一条双向交流的对话之路,"中国对外传播经历了从硬件设施到核心能力的打造,再到护航'一带一路'的发展阶段"[①],对外传播理念从以宣传为主到进入注重对话与交流层面,但理念认知和实践运作方面仍有很大的提升空间。当今世界价值观念的对立依然存在,中国话语若要深入其他国家(地区),就必须要考虑当地受众的理解与接受程度。在这种情况下,如何进一步认识我国对外传播存在的误区,如何进一步提高我国对外传播的效果,是新闻传播界面临的一个重要课题。本文通过分析当下中国对外传播中的现实环境和制约因素,试图以传播学视野为主导,从传播学、社会学、国际关系学三个学科交叉维度中分析中国对外传播中的"区隔化"这一传播学研究的命题,阐释我国对外传播的新理念与新路径。

一、对外传播的现实环境与制约因素

随着中国走到了世界舞台的中央,世界需要了解一个客观、真实的中国的声音越来越强烈。长期以来,西方国家占据着世界话语的主导权,中国对外传播的声音与话语处于弱势地位。我国"软实力"在对外传播领域的缺失,特别是在"有效传播"方面的缺失,严重制约着我国进一步的发展。那么,中国对外传播的现实环境是怎样的?制约因素又有哪些?这是让世界了解一个真实中国需要面对的首要问题。

(一)对外传播的现实环境

中国对外传播的现实环境主要体现在三个方面:一是世界迫切地需要中国声音;二是西强我弱的舆论格局仍旧存在;三是中国对外传播核心能力建设,特别是有效传播能力建设有待进一步提升。

随着"一带一路""人类命运共同体"等理念的提出,中国在世界的发声越来越频繁,影响力也日见其大;与此同时,"中国威胁论""中国殖民论"等唱衰中国的声音仍旧不减。世界需要中国声音,同时迫切地需要了解一个客观真实的中国。如今,在西方媒体借助互联网的兴起不断更新

---

① 程曼丽:《中国对外传播的历史回顾与展望(2009~2017年)》,载《新闻与写作》2017年第8期。

自己的传播手段与传播技巧的同时,我们在对外传播的过程中也取得了相应的成绩。早在2009年,我国就以前瞻性的战略眼光,把官方媒体的传播能力建设纳入重要的战略规划并予以推进。在国家强大政策的支持下,担负对外传播主要责任的新华社、《人民日报》、中央电视台、中国国际广播电台等官媒在硬件方面得到了大范围的提升,覆盖面更广的同时也更有利于中国声音传到各地。"目前,新华社海外分社已达170多个,驻外机构数量居世界首位。中央电视台开播了9个国际频道,成为全球唯一用中、英、法、西班牙、俄、阿拉伯6种联合国工作语言播出的电视机构。中国国际广播电台使用64种语言对外播出,是全球语种最多的媒体机构。"[①]而与此相对应的是,规模的扩大和硬件的提升并不能全面代表传播能力的有效性,"西强我弱"的总体格局实际上并没有实质性的改变。传播效果一直是传播学研究的重要领域,在这样的现实环境下,如何在对外传播的过程中取得较好的传播效果,即如何让中国声音传递的响亮有效,我们必须首先要深入分析目前中国对外传播运作过程中的制约因素有哪些。

(二)对外传播的制约因素

中国对外传播的突出问题体现在维度单一、层次不分、效果不佳,具体表现为三个方面。首先,有效传播理念的缺失,分层传播结构的失衡与精准运作的偏差。在传播理念上,我们在对外传播的过程中仍然缺乏有效传播理念。由于我国新闻传播工作长期受到思想僵化等方面的干扰和影响,对外传播工作、对外传播研究在理念上一直存在着诸多偏差甚至是误区,缺乏"有效传播"理念的问题显得格外突出。其次,在现有的对外传播结构中,对外分层传播战略尚未全面进入决策视野,"有效传播"理念的缺失带来对外传播结构的失衡。最后,对外传播往往还停留在"自说自话"层面,缺乏应有的效果,对外传播操作中的偏差给我国的对外传播工作带来了诸多困境。

以上三点问题直接导致传播主体存在一定程度的模糊性,传播内容

---

① 程曼丽:《中国对外传播的历史回顾与展望(2009~2017年)》,载《新闻与写作》2017年第8期。

无法有的放矢,传播受众层次不清。虽然,传播内容极为丰富,基础设施不断增强,但传播效果依旧非常有限。杨振武看来,我国对外传播存在的问题突出表现在"找不准站位,对不准频道,发不准声调,讲不好故事",其实正是找不准站位,对不准频道,发不准声调才导致了讲不好故事。在这方面,近年来诸如"立体传播""精准传播"等概念的提出实际上都是在试图寻找"实现有效沟通"的学术努力。本文将从"有效传播""分层结构"与"精准运作"存在偏差这三点制约因素出发,提出"区隔化"传播理念并寻找运作路径。

二、对外传播的"区隔化"传播理念

全球化以及互联网的发展正在重构世界媒介传播格局,这也就使得对外传播需要跨越社会区隔以及政治、文化差异的传播样态。而跨越这种区隔与差异的前提首先就是要实现区隔化,先区隔才能跨越区隔。也就是说,只有在实现区隔化的运作理念的基础上才能够有的放矢,尊重差异,最终实现融合,打造融通中外的对外传播体系。

(一)"区隔"与"区隔化"传播

"'区隔'意指区别、差别,译自英文 distinction。在《牛津高阶英汉双解词典》中解释为事物或者人按照其质量、品质进行的区分和隔离。"[①]"区隔"这一理论概念源自哲学家布尔迪厄的阶级分层理论。布尔迪厄在文化、阶级与权力层面提出区隔理论。他认为人们美学趣味的对立最终形成社会意义上的区隔。"趣味进行区分,并区分了区分者。社会主体由其所属的类别而被分类,因他们自己所制造的区隔区别了自身,如区别为美和丑、雅和俗。在这些区隔中,他们在客观区分之中所处的位置被明白表达或暗暗泄漏出来。"[②]

布尔迪厄将趣味与阶层联系起来,他的"区隔"理论被广泛应用于美学、流行文化以及广告等领域。他从文化美学层面来分析文化、资本与权

---

① 陈煜婷:《阶层化与文化区隔》,载《美与时代(下)》2014 年第 4 期。
② [法]布迪厄、朱国华:《纯粹美学的社会条件——〈区隔:趣味判断的社会批判〉引言》,载《民族艺术》2002 年第 3 期。

力的关系,进而分析社会阶层的问题,这也是社会学研究布尔迪厄理论的一个切入点。布尔迪厄的阶级分层理论是在马克思的生产资料分层和韦伯的资源分层的基础上,将阶层外化为一系列的符号区隔而形成的。格雷厄姆·默多克(Graham Murdock)在他的评论性文章《布尔迪厄,区隔:趣味判断的社会批判》("Pierre Bourdieu, Distinction: A Social Critique of The Judgement of Taste")中认为,"布尔迪厄认为阶级的位置是由社会与文化资本以及经济资本的拥有来限定的。"①布尔迪厄的"区隔"理论可以给我们带来相当的学术启发,不同的阶级习惯造就趣味区隔,区隔就是一种社会阶层的分化。"不同人群之间的生活习惯、生活情趣和生活品位引发了群体'区隔'这种社会分层的最初形态,不同的生活习惯、生活情趣和生活品位成为人群聚合的标准,不同人群的组合形成了社会分层。"②那么,我们在对外传播中可以首先从"区隔"出发,采用一种区隔化的传播理念。这种区隔化的传播理念并不是从批判的视角来分析阶级的分层,而是将分层作为对外传播的前提。这种"区隔化"传播理念同时又是跨越社会区隔,跨越政治、文化差异,最终建构人类"命运共同体"的前提。

从这个意义上来讲,我们若想建立立体化的对外传播体系,首先就是要实现区隔化传播。区隔化传播可以说是包含了立体传播、精准传播、分众传播等的一种传播理念。与区隔化传播相对的是"一体化"传播理念,这种一体化的传播理念是我们在过去的对外传播中的偌大误区,也是我们在对外传播过程中理念层面已经意识到局限性但实践层面仍未突破的藩篱。在对外传播的过程中,应当避免"一刀切"和"一视同仁",而是做到分层传播。从传播主体、渠道、内容、受众等方面都要做到科学系统的分层,最终建立一种立体化的对外传播体系。区隔化传播主要有两个特点——层次化与动态化。我们在对外传播的过程中首先要做到层次化,即通过对不同区隔的认知,建立不同的分层体系。此外,由于区隔是一个动态的概念,随着空间场域的不同和变更,社会分工的不同会形成不同的交往群

---

① Graham Murdock, "Pierre Bourdieu, Distinction: A Social Critique of the Judgement of Taste", *International Journal of Cultural Policy*, 2010, 16(1), pp. 63—65.
② 黄亦军:《区隔与认同:费孝通与贵州少数民族》,载《贵州民族研究》2011年第6期。

体,也就是说层级并不是一个固定不变的群体。金(King)和安伯哈德(Nembhard)在《在阶层群体中角色改变与互动的动态性》("Role Change and Interaction Dynamics in Hierarchical Groups")一文中认为,在社会交往的网络结构和传播范式中,角色的变化会改变传播的层次结构,这种传播的层次结构与群体中的人所处于的阶层相关,其对传播的效果有着重要的影响。因此,我们在对外传播的过程中也要不断地调整策略,用动态的眼光来进行清晰的层次划分,并制定相应的传播策略。

(二) 对外传播中的"区隔化"传播

虽然,国内有不少学者并未直接采用"区隔化"传播来研究对外传播,但是"区隔化"传播的理念却早就渗透相关研究中。早在2013年,孟建、董军在《中国对外传播战略的现实困境与适时转向》的论文中就提出,我们要迅速改变以往"大一统"的对外传播格局,应立即实施区别化、区域(国别)化、精准化的对外传播战略[①]。张昆、王创业在《疏通渠道实现中国国家形象的对外立体传播》一文中也指出"所谓的立体传播,指的是传播渠道的多样化、传播主体的多元化、传播面向的多维度和传播覆盖的多层面,进而形成国家形象对外立体传播体系"[②],并从桥梁人群、组织机构、传播媒介三个视角对国家形象的对外传播渠道进行论述,提出要将各渠道进行统合,实现国家形象对外立体的"战略传播"。所以,区隔化传播是包含"精准传播、立体传播"等在内的一种传播理念,是对外传播在今后运作过程中实现历史性拐点的基础。

通过对对外传播的现实环境和制约因素进行梳理,我们可以发现,对对外传播效果的忽视,除去对传播主体认知的欠缺外,很大程度上在于未对受众进行清晰地分层。分层其实指的就是多层,就是进行"区隔"。既然区隔化传播要求做到层次清晰,那么在对外传播的过程中理应首先对受众进行分层。只有从受众的视角出发,在对受众进行清晰的分层的基础上,才能够有的放矢地确立不同的传播主体、传播生产符合不同圈层的

---

① 孟建、董军:《中国对外传播战略的现实困境与适时转向——兼论"中国威胁论"的缘起、发展和我们应有的策略》,载《对外传播》2013年第11期。
② 张昆、王创业:《疏通渠道实现中国国家形象的对外立体传播》,载《新闻大学》2017年第3期。

传播内容,选取不同的传播渠道,建立起中国对外传播的立体传播体系,最终实现有效传播。传播效果研究一直以来占据着传播学研究的半壁江山,是传播学研究的重要领域。但是,在对外传播的过程中,如果仅仅从传播效果单方面研究出发,寻找有效传播的路径已经是一种比较单一的思维方式。这一领域的研究亟须引进新的学科视野。本文在坚持传播效果研究作为主导的基础上,从传播学拓展到社会学、国际关系学另外两个主要学科维度,去探寻对外传播中"区隔化"传播的运作路径。

三、"区隔化"传播的运作路径

总结中国近年来的对外传播实践可以发现,不同国家(地区)、不同政体、不同文化、不同语言的传播受众差异很大,这些差异都影响着有效传播的实现。中国的对外传播要深入不同的文化圈,对受众进行分层是探寻"区隔化"传播运作路径的关键。从传播学的视野来看,媒介是绕不开的概念。传播学作为研究人类传播行为和传播发展规律的学科,正随着人类真正进入"媒介化社会"而日益受到重视。互联网的发展以及数字媒介的兴起正在重构人类交往,主要是精神交往的路线图,在这样的背景下,媒介资源的拥有理应成为对外传播运作路径的探寻中不容忽视的重要因素。社会分层理论是社会学研究的重要命题,社会学分层理论可以为解决受众分层提供基础模型。国际关系学理论为对外传播运作路径提供指引,区分国别(地区)是我们在对外传播过程中最重要的"单元要素",如何基于国别进行具体的分层是我们探讨的主要路径之一。

(一) 数字区隔:基于信息资源的传播分层

在社会分层研究中,对社会资源的占有不同是产生层化的主要原因,社会资源的种类包括经济资源、政治资源、声望资源、文化资源等。从传播学的视角看,信息资源也是社会资源的一个重要类别,对信息资源的占有和使用不平等的研究产生了著名的"知沟""信息沟"等理论。知沟理论的立足点就是传播资源的垄断性,信息资源也可以说是媒介资源的占有对社会结构具有巨大的影响,推动社会结构的再生产。随着数字媒介的兴起,数字信息资源的占有与使用同样带来数字鸿沟。"在当今的知识经济时代,数字鸿沟的存在可谓牵一发而动全身,影响着国家、社会、群体发展的方方面面。在此背景下,网络的使用者与非使用者之间的区隔已成为社会分层的新维度。"①有鉴于此,数字区隔就是基于信息资源的占有与使用进行的分层设计。

对外传播过程中的数字区隔主要体现在媒介使用以及信息资源的占有上,具体主要从传播主体层面和受众层面进行区隔。我国当前对外传播主体依然局限在国内主要媒体机构范围内(比如《人民日报》、新华社、中央人民广播电台、中央电视台、中国国际广播电台、《中国日报》等国家媒体机构);对外传播客体已经开始初步寻求按照国别来进行分类传播的一些趋向。但是,传播主体和客体都还不同程度存在着结构单一的问题。如何通过信息资源的占有分别进行主体与传播客体的数字区隔至关重要。首先,应对受众进行具体化、多层次的区隔设计。从受众层面来讲,媒介接触越频繁的人占有的信息资源就更多,由于不同的阶层(上层、中层、底层等)对于媒介的接触情况是不一样的,在"高媒介"(特指信息发达国家与地区)接触国家或地区,该如何传播;在"低媒介"(特指信息不发达或欠发达国家与地区)接触国家或地区,该如何传播,都是我们在对外传播过程中要着重区分的。只有在这样的基础上,才能决定使用什么样的媒体资源,通过什么样的渠道,传递什么样的内容等不同的具体传播战略。

信息资源的区隔同样带来传播主体的区隔。我们在对外传播的过程中应实现从传播主体的一元传播到多元传播。传播主体的多元就其基本划分来看,可以划分为国家作为传播主体、社会组织作为传播主体、个人作为传播主体三个方面。我们现在的传播主体基本上是停留在国家传播主体上。有效整合传播资源和力量,充分发挥政府、社会组织、企业、公民个人等不同主体的责任,形成中央和地方相结合,外宣部门和实际工作部门相结合,官方和民间相结合,组织机构和个人相结合全方位、多元化的多元传播体系,是彻底改变"一元传播"格局的关键。在当下,传播学所面对"所有人对所有人的传播"的新态势,就是对这种"多元传播"格局最好

---

① 丁未、张国良:《网络传播中的"知沟"现象研究》,载《现代传播》2001年第6期。

的概括。因此,我们在对外传播的过程中应该整合不同的传播主体,充分发挥"多元传播"的整合效应。

(二)阶层区隔:基于阶层身份的社会分层

"社会学关于区隔的研究主要以阶层化为切入点,研究的基本逻辑认为人们由于具有不同的阶层属性,从而分化成不同的社会群体。"[①]目前,我们在对外传播的实践中,往往将社会看作一个整体而忽略了整体中各个层级的区隔。社会整体观作为一种社会学的重要理论,固然有其重要意义,但从马克思主义社会分层理论看来,该理论尚存在着过于笼统、过于概念的弊端。马克思主义社会学研究的对象是人类社会中的具体层级,社会学分层理论为解决受众分层提供了重要的理论基础。

社会成员总是因为各种资源分配的不平衡形成不同的阶层,同一阶层的成员往往具有相似的特征。社会分层研究始终是社会学领域关注的重要问题,它对理解社会运行规律和开展社会治理实践有着突出的价值。马克思、韦伯等分别提出的阶级、阶层理论构成了社会学分层研究的经典理论。马克思依据生产资料占有的不平等对社会进行分层,韦伯根据市场资源竞争提出权力、声望、财富三个维度,这两种分层理论取向基本是社会学分层研究的两个主要框架,为后来的分层研究提供了方向。在当下,影响社会分层的因素日趋复杂,社会分层理论也出现了很多新的流派。"布迪厄根据个人所拥有的资本(包括经济资本、文化资本和社会资本)总量差异,将社会阶层划分为支配阶级、中间阶级及普通阶级。"[②]布迪厄将文化带入分层领域,提出了自己的分析框架。我们不管采用何种分层形式,都应将对外传播中的受众视作具有共性的多层次群体的有机组合体,只有通过针对不同层次受众的精准传播才能提升传播有效性。

(三)空间区隔:基于地理空间的国别分层

我们在这儿所说的"空间区隔"特指基于地理空间进行的"国别分层"。国际关系理论为解决空间区隔提供了路径指引。其间,"国别"作为

---

① 陈煜婷:《阶层化与文化区隔》,载《美与时代(下)》2014年第4期。
② 朱伟珏、姚瑶:《阶级、阶层与文化消费——布迪厄文化消费理论研究》,载《湖南社会科学》2012年第4期。

国际关系最基本、最重要的"要素单位"的研究思想,对我们做好对外传播工作,实施好对外传播战略是极为重要的。然而,在对外传播研究上,我们恰恰长期忽视了这一重要的维度。对外传播作为影响者和被影响者在国际关系中形成了复杂的互动关系。在当下的全球化时代,任何国家都不可独立发展,国际社会日益成为你中有我、我中有你的"命运共同体",而这种"命运共同体"绝非大一统的概念,需要基于地理空间进行"国别"的区别对待,精准传播。

胡邦盛在《我国对外宣传如何实现精准传播》一文中认为要做到变粗放式传播为精准传播,"必须进行实证的国别研究、区域研究和受众研究,在充分了解受众需求基础上,立足中国实际,贴近受众需求,精心设置议题,针对不同国家不同地区受众,采取不同策略"[①]。我国当前的对外传播已经开始考虑国别(地区)差异的情况,但是受主客观原因的局限,在对外传播过程中尚未形成分层传播战略,这是我国对外传播战略尚未高度重视的重要领域。即便是我国实施对外分层传播战略,也要看到不同国家(地区)内部存在明显的差异化现象,如何在保证可行性的情况下更为精细地实施区隔化传播是需要解决的重要问题。因此,实现空间的区隔,从"多国一策"到"一国一策"的多层次运作路径要求在我们充分调研的基础上,针对不同国别(地区)分别制定与之相适应的对外传播策略。

(四) 效果区隔:基于传播效果的重点传播

"区隔化"传播"层次化"之外的另一个特点,即"动态性"。对外传播若要实现真正意义上的有效传播,必须尽快建立起"中国对外传播效果的测评体系",以实现"实践—反馈—调整—实践"的动态传播过程。唯其这样,才能将中国对外分层传播战略落到实处,真正管用。因此,我们在对外传播的运作中首先要对传播效果进行评估,并在这基础上认知不同的区隔状态。我们要依照科学性、操作性、有效性的评估原则,制定出对外传播效果的直接指标与间接指标,通过媒体效果评估(质、量)、专家评估、受众评估三个方面,依托大数据等分析方法,紧紧围绕对外传播的现实状

---

① 胡邦盛:《我国对外宣传如何实现精准传播》,载《中国党政干部论坛》2017年第7期。

况和现实需求,制定出对外传播效果测评体系,构建起行之有效的运作体系。我们只有在注重效果区隔的基础上,才有可能实现真正意义上的有效传播。在这方面,首先要将一般推进与重点布局结合起来。受资源限制,在进行对外传播过程中,应当根据传播效果与我们的战略利益,将不同国别、地区进行分类,确立"一般推进"国家(地区)和"重点布局"国家(地区),有针对性进行分层传播。其次,要将国别差异与区域协同结合起来。比如,"一带一路"沿线国家的传播,既要尊重差异化又要寻求同质性,做到区域协同。

在对外传播的过程中,内容的区隔也是需要着重考量的重要因素,但内容的分层主要还是在实现以上三点区隔的基础上才能进一步深入与细化。数字区隔、阶层区隔以及空间区隔这三个层面的受众区隔是对外传播运作的先行条件,在此基础上再进行传播主体、媒介使用以及传播内容的分层设计。最终依据效果区隔,有的放矢地建构我国富有传播效果的对外传播战略体系。

传播学作为研究人类传播行为和传播发展规律的学科,正随着人类真正进入"媒介化社会"而日益受到重视。纵观世界传播学100多年的发展历史,如果说有一条贯穿红线的话,那就是"传播效果研究"。传播效果研究有两个基本方面:其一是对个人效果产生的微观过程分析;其二是对社会效果产生的宏观过程分析。历史表明,每一种传播媒介对其接受者的影响,从这种媒介出现之日起即存在。但是,只是近些年来,人们才对传播媒介对个人和社会的影响以及它们的具体作用进行系统分析。我国的对外传播工作,虽然取得了一定的成绩,但是,就其得到传播学科的真正大力支持,还是远远不够的。即便是得到传播学科的支持,也往往停留在一般意义上,缺乏学科深层次的支撑。这反映在"传播效果研究"领域所存在的问题就更为突出,如片面强调宣传无视传播效果,片面强调舆论斗争忽视传播沟通等,使得我们对外宣传工作走过了一段相当曲折的路程。本文在某种程度上就是反映了我国对外宣传工作正在逐步走向一种"文化自觉":将传播学研究,尤其是忽视了的"传播效果研究"前所未有地提上了议事日程。如何实现有效传播,本文认为制定科学的传播方案是有效提升中国对外传播效果的关键。对外传播有自身的特点和规律,在合作共赢的理念下要积极探索符合国情和世情的传播战略。面对媒介化社会的真正来临,要在对外传播战略中运用好区隔化传播理念,以期卓有成效的传播效果,为中国的发展创造良好的舆论氛围。

城市形象建构与传播战略的思考与发现

——基于"G20 杭州峰会"为例的研究

复旦大学国家文化创新研究中心是由文化部正式批准,在复旦大学建立的一个国家级研究平台。复旦大学国家文化创新中心 2015 年 3 月开始参与 G20 峰会的一些研究,首先承担的课题是"G20 峰会:杭州新形象的建构和传播战略"。这个研究课题来得很突然,2015 年 3 月中旬,杭州市相关部门找到我们这个研究团队,邀请我们参与 G20 峰会的研究工作。在第一次会议上,杭州市相关部门的领导向我们传达了中央决定在杭州召开 G20 的重要指示:中央选择在杭州举办 G20 峰会,是中央给杭州的一块金字招牌,杭州要用好这块金字招牌,把杭州推到世界上去。"G20 峰会:杭州新形象的建构和传播战略"这一研究课题作了近四个月,杭州市领导相当满意。后来,我们团队又先后参与了"杭州 G20 峰会与杭州国际大都市建设研究""杭州 G20 峰会的遗产开发与应用研究"以及"杭州 G20 峰会与后 G20 杭州发展研究"。这些项目的完成,为 G20 峰会,为杭州的发展,提供了重要的智力支持和决策支持。关于这一课题的研究,我们有以下四个方面的思考。

一、确立了"多维分析"的城市形象研究前提

任何城市形象的建构与传播必须以大量的基础研究、数据分析为基础,这是做好城市形象研究的前提。具体而言,我们作了这样几个具体的

研究工作：一是我们对历次举办G20峰会的城市进行了全面的梳理和多层次的比较；二是我们对历次举办G20峰会城市的海内外媒介呈现做了大数据的挖掘与分析；三是对海内外公众对所召开过G20峰会的城市认知态度做了进一步的分析研究。限于篇幅，以下仅以海外媒体关于杭州的报道为例，介绍一下我们的研究分析。

（一）抽样媒体构成及总体情况分析

海外媒体对杭州有着广泛的关注，本研究选取了西方12家主流媒体作为文本分析的对象，包括美国的《纽约时报》《华尔街日报》《华盛顿邮报》，美联社、CNN，英国的《金融时报》、路透社、BCC，日本的共同社、《朝日新闻》，以及韩国的《中央日报》《朝鲜日报》。

总体而言，英美主流媒体除了美联社以外，其他媒体对杭州的关注度都比较高，特别是对杭州的居住环境、旅游、商业贸易的关注都分别占总量的40%以上（报道分类有交叉；详见表1）。其中，对阿里巴巴和马云的关注占据了总量的20%以上，但主要集中在近三年。韩日媒体对杭州的关注度相对低很多，但报道内容所占比重与英美媒体基本一致（详见表2）。

表1　英美媒体检索（2015.7.18）

关键词＼媒体	纽约时报	华尔街日报	美联社	华盛顿邮报	CNN	路透社	BBC	金融时报	小计	占比
hangzhou	924	984	10	394	3 840	3 350	683	521	10 706	100.00%
hangzhou+living	423	124	1	65	304	411	44	43	1 415	13.22%
hangzhou+life	512	630	1	115	1 160	3 510	106	262	6 296	58.81%
hangzhou+environment	250	95	2	31	253	1 790	66	84	2 571	24.01%
hangzhou+tourism	45	87	1	22	1 060	367	20	17	1 619	15.12%
hangzhou+travel	459	548	3	78	2 860	520	279	180	4 927	46.02%
hangzhou+bussiness	576	853	3	171	1 200	519	675	333	4 330	40.44%
hangzhou+trade	211	323	5	63	295	1 390	26	124	2 437	22.76%
hangzhou+alibaba	65	295	2	30	272	1 070	479	118	2 331	21.77%
hangzhou+jack ma	41	159	1	22	62	330	21	59	695	6.49%

表2 韩日媒体检索(2015.7.18)

关键词\媒体	日本共同社	韩日新闻	中央日报	朝鲜日报	小计	占比
杭州	6	150	347	294	797	100%
杭州+生活	1	27	141	221	390	48.93%
杭州+环境	0	20	141	82	243	30.49%
杭州+旅游	3	100	154	96	353	44.29%
杭州+商业	0	4	121	48	173	21.71%
杭州+贸易	1	9	127	68	205	25.72%
杭州+阿里巴巴	0	0	63	16	79	9.91%
杭州+马云	0	1	130	74	205	25.72%

(二)海外媒体关于杭州人居环境的报道

2010年,杭州在新华社《瞭望东方周刊》发布的中国"最具幸福感城市"中,杭州再度居首,这个评比活动被英美各大媒体转载,杭州也成为中国"最幸福"的城市。而且,杭州独特的地理、文化、历史也被海外媒体广为报道,如2013年9月12日《金融时报》中文版刊载了美国伊利诺理工大学教授孙贤和的文章《我眼中的杭州》,文章以散文的方式描写道,"我爱西湖,是因为她把历史的沉重化作千年的浪漫,把晦涩的文化变作爱情的经典;她没有泰山压顶式的相逼,只有烟雨蒙蒙地呵护,伴你同行,共做心灵的探索"。

但是,近几年来,有关杭州生活环境的负面报道不断涌现。例如:垃圾焚烧厂项目引发警民冲突、巴士人为纵火、雾霾、交通拥堵、出租车罢工等方面的报道在英美各大主流媒体中均有一定数量。2010年7月15日《华尔街日报》刊文《活在杭州,死在……伦敦?》,文章写道,"中国有句俗话说,生在苏州,活在杭州,吃在广州,死在柳州,事实上,一项新的研究表明伦敦可能才是'好死'之地"。文章分析称,由于看病难、社会保障不完善等问题,中国的杭州等地已经不是好"活"或好"死"之地。2012年6月27日《金融时报》刊文《'0.5线城市':杭州》,文章报道称,"杭州人眼里,一线城市实在没有任何可羡之处,北京脏,广州乱,上海装",而杭州的房价、交通拥堵等方面都不次于一线城市,有人戏称"俺们杭州,可是塞得动也不动的。除了塞得动也不动外,杭州更有一绝,打的难,难于中国男足出线"。2014年我国交通拥堵情况调查结果也被海外媒体广为报道,其排名是:上海第一、杭州第二、北京第三、重庆第四、深圳第五、广州第六、福州第七、沈阳第八、成都第九、济南第十。也就是说,杭州比北京还要堵。数据可能并不完全准确,但杭州的交通状况可能已经很严峻了。西湖景区的"人堵"更是被外媒所关注,甚至有报道戏称,杭州景区"只见人潮不见景"。

(三) 海外媒体关于杭州商业环境及阿里巴巴的报道

近年来,外媒有关杭州的商业方面的报道几乎被阿里巴巴和马云所主宰。杭州成为阿里巴巴和马云的标签,因为外媒在报道阿里巴巴和马云的时候,总要提到阿里巴巴的总部所在地和马云的出生地。正如《纽约时报》2014年5月7日刊载的一张图片的标注"阿里巴巴总部位于杭州,这里也是马云的故乡",《华尔街日报》2014年9月18日刊载了对马云的访谈《马云:喜欢香港,但杭州才是家》。在外媒的报道中,杭州已经与阿里巴巴和马云绑定在了一起。从某种意义上说,阿里巴巴和马云已经成为杭州的象征。

对于杭州的商业环境,外媒几年前就已经以阿里巴巴为例进行过深入的分析。2012年9月13日《纽约时报》刊载了托马斯·L.弗里德曼的一篇题为《中国缺少的不是创新,是信任》的文章,文章分析称,"当社会中存在信任时,就会出现持续创新的情况,因为人们有安全感,他们就敢于进行冒险,做出创新所需的长期承诺",有了信任,人们就不害怕创意被盗取,愿意分享,愿意合作。现代中国想要成为一个创新社会所面临的最大问题是:"它还是一个信任度很低的社会"。但是,阿里巴巴却为信任提供了一个正面的例子,阿里巴巴能有如此成绩,部分是因为,它在中国国内建立了一个可信可靠的买卖双方市场,将消费者、发明家以及制造商会聚在一起,如果没有这个平台,这些人就很难做交易。路透社2015年5月21日刊文《杭州为中国新型经济发展提供诠释样本》,文章称,杭州的发展表明,"中国的改革可能正在取得成效:杭州高科技产业和软件业蓬勃发展,在全国经济减速的大背景下,大大提振了当地经济的发展",自主创业的氛围形成了一个以阿里巴巴为中心的生态系统。由于阿里巴巴和马云的成功,杭州已经成为世界关注的中国创业之都。

(四)海外媒体关于杭州旅游目的地的报道

杭州的风景图片在外媒的各大媒体上随处可见,有关杭州的旅游信息、旅游攻略、餐饮酒店等方面的文章也有一定数量,如对雷峰塔、断桥、岳王庙、保俶塔、湖滨路、君度酒吧、天目山、龙门古镇、桐庐县、千岛湖、新叶古民居等景区的介绍等。2008年6月2日路透社转载了网易的一篇文章《杭州:通往彼岸的运河》,文章写道,"杭州是一个得天独厚的城市,占尽了中国最好的湖,最好的江,最好的山,居然还靠海"。外媒对"龙井茶"也有一定的报道和关注,赏杭州美景、品西湖龙井似乎是游杭州的重要环节。

但是,现代的城市发展和城市化进程对杭州自然景观的负面影响也早已被外媒关注,如杭州西溪湿地周围的房地产、酒店、停车场的开发等。2008年9月28日《金融时报》刊文《失去灵魂的杭州西溪湿地》,文章认为,城市化的发展使湿地"失去了原有的乡村灵魂,那种人与自然的和谐,那种田园生活的宁静"。

(五)海外媒体关于杭州报道的研究发现

近些年来,外媒对杭州的报道中,有关生态环境方面的负面居多,但有关商业创业方面的以积极评价为主。英美主流媒体对杭州的关注量明显高于韩日媒体,一方面说明杭州在欧美的认知度比较高,但是,另一方面也说明,杭州、阿里巴巴、马云在征服了欧美的同时,可能忽略了亚洲。

二、创新了"形象组合"的城市形象建构理论

在多方面的基础研究背景下,我们确立了杭州城市形象"多维形象组合"的理念。这也就是说,杭州的城市形象应当是"为国,为会,为城"的一个全新构成体系,即杭州城市形象应当是国家(中国)形象、会议(G20峰会)形象的"多维组合"。以往,即便是比较全面的城市形象建构,也往往存在着许多的矛盾甚至冲突,也就是一个城市的形象往往正在"招商的形

象""旅游的形象"和"外宣的形象"三者间发生矛盾,互为冲突,甚至抵消。我们认为"G20峰会:杭州新形象的建构和传播战略"这个项目,要"颠覆"原来的形象构成体系。为此,我们的课题创造了"多维形象组合"的理念。这一理念借用文学研究的术语表述就是,我们就是要像文学注重"人的性格组合"一样注重"城市的性格组合"。从"城市性格的组合"去研究G20峰会的传播的主体(具象为城市形象这一承载)怎样满足传播的客体(国际、国家、受众)的需求。我们在使用这一理念时受到了一个极大的启发:我们以前的国家的形象,往往就是围绕几个词组做文章,如"改革,开放,民主,进步"等,但是习近平主政后,在中央政治局第十二次集体学习的讲话中专门全面论述了国家形象塑造的问题。我们理解习近平论述的中国国家形象塑造应该是"四个方面十七个纬度"。四个方面分别是文明大国的形象、东方大国的形象、负责任大国的形象和社会主义大国的形象。至于详细展开的十七个维度更是非常全面、非常具体。我们就是按照这样的启发展开了杭州新形象的建构,这也就是前面所讲的"为国,为会,为城"的独特形象构成体系。当然,在具体建构杭州新形象构成的时候,我们又有进一步的多维度延展。

我们在对国际举办过"G20峰会"国家的比较后发现,无论是体现出"雷尼尔效应"的绿色发展的西雅图,或是商务科技空间呈现"离心化布局"的阿姆斯特丹,还是将"高科技立市"贯穿于经济发展战略始终的圣何塞市,杭州都具备它们的特质,并在城市发展创新诸多方面取得了举世瞩目的成绩,我们应在此基础上积极总结提炼形成代表未来世界城市发展的"杭州模式",并在G20峰会之际向全世界进行介绍和推广。总体看来,杭州目前的形象建构与传播仅侧重于环境生态和生活品质的描述,对市场经济发展活力和"互联网+"前沿经济领先等优质资源的传播有所不足,这样的建构,仅仅满足了一般受众体(不同国家、具体受众)对杭州形象存在着"刻板印象"。课题组认为,杭州的新形象应是立体的、丰满的、优势突出的、个性鲜明的,这主要集中在以下四个维度。

(一)"世界级品质之城"——展现城市有机更新的典范

钱学森曾提出"山水城市是未来城市发展模式"的理念,拥有西湖、中国大运河两大世界文化遗产,"五水共导"(有江——钱塘江、有河——京杭大运河、有湖——西湖、有海——钱塘江入海口、有溪——西溪湿地)的杭州,可谓世界级山水城市。杭州在建设和发展中不仅注重城市与山水的有机更新,注重人与自然的协调发展,注重智慧产业与可持续发展的和谐共振,着力打造涵盖物质品质、文化品质、社会品质、环境品质的品质之城,探索出一种基于解决人类社会与自然环境矛盾的新理念,示范了一条实现城市实现可持续发展的新路径。

(二)"云上的日子"——凸显城市信息服务的智慧城市

2015年,杭州市委市政府第一个大会就交给了"一号工程"——"发展信息经济、推进智慧应用"。未来三年,杭州要推进包括智慧政务、智慧民生、智慧健康等在内的56项智慧应用。如今,"智慧杭州"手机门户客户端,内容覆盖政务、交通、旅游、公共事业、生活、医疗、教育、金融等多个方面。其中,"我的云"版块将为市民提供云备份、云恢复、云分享等随身云服务。智慧交通,实现交通、交警、城管、铁路、民航等单位和公交、地铁、水上巴士、公共自行车、出租车五位一体公交体系相关数据的接入和整合;智慧健康,以目前全球最大的互联网就医服务平台挂号网为龙头,打造全国最大的医疗网络就诊中心,改变百姓寻医问药的传统模式;智慧旅游,在出发去景区游玩前,就可以通过 APP,查看景区住宿、吃饭、停车情况,并可提前预约。

(三)"美丽发展先行区"——注重生态环境美丽的杭州样本

2005年,时任浙江省委书记的习近平到安吉天荒坪镇余村考察,首次提出"绿水青山就是金山银山"的科学论断。"两山"理论由此发端,引领中国迈向生态文明建设的新时代。2012年,党的"十八大"首次将"美丽中国"作为执政理念提出,成为中国建设五位一体格局形成的重要依据。2013年,习近平总书记在听取杭州工作汇报时指出:杭州山川秀美,生态建设基础不错。要加强保护,尤其是水环境的保护,使绿水青山常在。希望更加扎实地推进生态文明建设,使杭州成为美丽中国建设的样本。按照总书记的要求,杭州作出建设"美丽杭州"的战略决策:2013年12月,发布"杭改十条",设立杭州市生态文明(美丽杭州)建设委员会,建立生态文明建设形势分析例会、重大决策公众听证和专家咨询论证制度,完善重大环境公共事件应急处置工作机制。

杭州并没有走其他城市工业化的道路,即从工业化到工业化后期,再到后工业化,而是直接对应后工业化社会的要求,依靠科技进步、劳动者素质提高、管理创新转变,引领信息经济的智慧变革,推动创新型经济实现跨越式发展,努力使产业结构变"轻"、发展模式变"绿"、经济质量变"优",使美丽风光变身美丽经济,美丽经济提升美丽生活;美丽山水融入科学发展,激情碰撞激发乘数效应,努力走出一条低碳、绿色和高效的发展道路,而高端产业聚群恰恰对生态环境、信息环境、生活配套、会议交流环境等方面有着较高的要求。这就是作为"美丽发展先行区"——杭州的"美丽经济"的发展路径。

(四)"精致和谐中的大气开放"——繁荣经济激扬文化的交相呼应

杭州有着以"双世遗"为代表的与生俱来的优美环境,有着以四大国字号博物馆为首涵盖丝、茶、瓷、药、经、石、书、画的精致和谐的东方文化气质,有着独特的政治经济优势、举世瞩目的经济活力及大气开放的发展环境。有着"惊世一托最美妈妈""忍痛一刹最美司机""勇敢一跃最美爸爸"等"最美现象"。这是一座带着体温的城市,这是一座看得见心灵的城市。

杭州重视活态保护重塑文化遗产活力,以民间力量丰富文化生态空间,逐渐消解工作和休闲时间的界限、生产和消费的界限、程式化和非程式化模式的界限,形成了"后福特社会文化环境",而这恰恰符合现代科技商务对城市空间的要求:离心化的去都市化发展、以空港为主的临港型经济、资源互动共享及有序良性竞争的产业集群化、休闲气息浓郁创意及休闲空间,这也将进一步加速杭州从"西湖时代"迈向"钱塘江时代"。

杭州有着灵活的市场机制,高效的公共管理能力,大批的高技术人才,加上近年来服务型政府的不断打造,各项硬软环境不断朝着更加适合民营经济发展的方向改善,以此形成了适合私营经济尤其是"草根"生根发展的肥沃土壤,具备了创业创新的城市特质。杭州的私营经济有着较强的自我完善意识和自我提升的主动性,他们对商机有着敏锐的嗅觉,对市场可以灵活地适应,对行情加以准确把握。杭州市注重发挥企业的主体作用,鼓励更多企业在建设中"唱主角",特别支持阿里巴巴等龙头企业积极参与、主导国际规则和标准制定,增强在全球贸易体系中的话语权。

三、重构了"四位一体"的城市形象话语体系

我们重构了杭州形象塑造的话语新体系。我们在做"G20峰会:杭州新形象的建构和传播战略"这个课题时,杭州的形象体系应当说已有了较好的基本建构,但问题是这样"较好的基本建构"还是基于"常态下"的城市形象建构,一旦遇到了G20峰会,这样"较好的基本建构"远远符合不了G20峰会的特殊要求。比如说,当时杭州形象建构的三个重要元素是:美丽杭州(主要是自然环境、湖光山色的美丽)、人居杭州、生态杭州。但是,我们感觉中央把G20峰会放在杭州,杭州形象建构绝非这三个重要元素所能"支撑",所能"担当"。按照中央的要求,我们在做这个课题时,实际上是把整个形象体系,特别是形象体系中的话语体系完全重构了。我们重构的话语是按照国际话语、专业话语、媒体话语、市民话语四个体系来进行组合重构的。国际话语,就是侧重做国际传播、跨文化传播,通过传播把"杭州推到世界上去";专业话语,就是要充分看到G20峰会是一个世界级的专业经济高峰论坛,在这次峰会上中国要开出有利于世界经济发展的"药方";媒体话语,在今天要重构一个全媒体时代的媒介话语体系,特别是要注重新兴媒体与传统媒体融合的话语体系;市民话语,就是要让来参与峰会的成员充分体悟到一个中国城市市民特殊的亲和力。实际上,这四个话语体系,与前述的"为国,为会,为城"的形象构成体系是"承接、延展、细化"的关系。

在推进"G20峰会:杭州新形象的建构和传播战略"项目时,我们认为有责任重构出一个立体的、丰富的、符合中央特殊要求的杭州形象,诸如杭州改革开放以来所孕育的、所展现的、所昭示的"私营经济起航地""前沿(网络)经济集聚地""现代文化传统文化交融地"等,而且这些都要"大比重""大尺度"地纳入杭州新形象的构成体系,而这些,恰恰是原来所谓的杭州城市形象远远没有企及的。即便是对于原来已有的"美丽杭州",

也远远不只是停留在杭州自然环境的美丽;而是大大拓展到杭州的社会之美(美丽妈妈、美丽司机等酿就的社会美丽现象)、素养之美(杭州市民较好的素养,重参与、不排外、有礼貌)等。我们就是按照这样的城市形象建构的理念重构了杭州形象的新话语新体系。

重构杭州形象传播新体系,还包括了对杭州形象的内涵和外延的理解和拓展。G20峰会期间的流程是有严格限定的,但"艺术外交""夫人外交""公共外交"等会外活动则是G20峰会的重要组成部分,且对推动峰会主题有着十分重要的作用。杭州作为G20峰会的承办者而非主办方,应高度重视相关活动的话题设计,以"中国议题的杭州故事"为核心,使杭州新国际形象与G20峰会主题形成双轮驱动与有机统一。这样在与外交部、G20组委会等部门的对接中,才能凸显杭州的发言权,以城市特质各维度开展柔性传播,形象立体地诠释峰会主题,同时有效传播杭州新国际形象。作为峰会的举办地,其本身已为杭州带来了良好的品牌形象,并集聚了一大批国际关系网络,峰会的成功举办将使杭州担当起全球资源配置的角色。要充分利用举办G20峰会的有利时机,以"综合牌"打开国际形象传播的"新局面",主要体现在开展:首脑外交、夫人外交、艺术外交、民间外交、绿色外交、经济外交、公共人文外交、全方位外交,使峰会成为城市间相互联系、增进了解的桥梁,进而建立紧密的合作关系,同时也为商业交流及合作提供了良好的平台。

此外,重构杭州形象传播新体系,也包含了对如此大规模、高规格的国际峰会进行话语拓展的问题。我们引入了经济学中的"长尾效应"理论,提出了"后G20"这一全新概念。作为一个时间上的节点,"后G20"固然直接与G20峰会相关,然而从更为广阔的视野来看,"后G20"也意味着杭州开始进入一个全新的发展阶段。因此,"后G20"的杭州应当是以G20峰会为起点的长期战略时间,而非一个权宜性的时间策略。基于此,"后G20"杭州形象战略,并非峰会期间的简单"后续发展",而是峰会后的"全新发展",必须要将自身的形象战略与城市的整体发展战略、全球化的背景结合起来。显然,这样的新话语,对杭州的形象建构与传播,起到了很好的拓展和提升的作用。

四、践行了"有效传播"的城市形象传播终极目标

在这一课题的研究中,我们将"有效传播"作为这一项目孜孜以求的目标。全球化以及互联网的发展正在重构媒介格局以及舆论格局,全球传播正不断实现从区隔到融合,这也就使得对外传播同样是一种需要跨越社会区隔以及政治、文化差异的传播样态。跨越这种区隔与差异的前提首先就是要实现区隔化,先区隔才能跨越区隔。也就是说,只有在实现区隔化的运作理念的基础上才能够有的放矢,尊重差异,最终实现融合,打造融通中外的对外传播体系。"区隔"这一理论概念源自布尔迪厄的阶级分层理论。布尔迪厄在文化、阶级与权力层面提出区隔理论。布尔迪厄将兴趣与阶层联系起来,他的"区隔"理论被广泛应用于分析社会文化、资本权力等社会关系,进而分析社会阶层的问题,这也是社会学研究布尔迪厄理论的一个切入点。布尔迪厄的阶级分层理论是在马克思的生产资料分层和韦伯的资源分层的基础上,将阶层外化为一系列的符号区隔而形成的。

所以,我们倾力而为,科学地制定了杭州形象"区隔传播"的整体战略。在这个总传播策略下面我们制定了三个分传播策略:第一个是国际传播策略(全域传播);第二个是国别传播策略(区域传播);第三个是特定群体传播策略(分众传播)。所以,我们"G20峰会:杭州新形象的建构和传播战略"这项目一整套传播体系是比较庞大的,但是也是相当完整的。考虑到国际传播的特殊性,我们专门组织了一个国际创意团队,进行专题的传播创意研究。他们的智慧对我们很好地完成这一项目很有帮助。例如,他们提出,对于国际间的传播,特别是对于美国的传播,马云是认可度极高且具有震撼力的"形象代言人",一定要将马云与G20杭州峰会密切"关联",甚至直接"介入"。在创意策划中,这个国际创意团队连广告语都帮助我们想好了——"云的故乡"。我们的确将马云"策划进了"项目,并起到了十分独特的传播效果。例如,马云为G20代言的视频播出后就产生了很大的影响力。

"G20峰会:杭州新形象的建构和传播战略"这一项目于2015年7月

初就完成了,那时离 2016 年 11 月 16 日习近平在土耳其出席 G20 峰会时宣布 G20 峰会将在杭州举办尚有近四个月时间。习近平在宣布 G20 峰会在杭州举办的讲话中提到的"活力杭州"等诸多"新定位",正是对杭州"立体的、丰富的、符合中央特殊要求的杭州形象"的最好概括。这也证明了我们团队在做这一课题时的城市形象定位与中央"顶层设计"的要求是完全吻合的。

城市广播电视台如何做好对外传播*

习近平总书记最近明确指出,在新的时代条件下,党的新闻舆论工作的职责和使命是:高举旗帜、引领导向,围绕中心、服务大局,团结人民、鼓舞士气,成风化人、凝心聚力,澄清谬误、明辨是非,联接中外、沟通世界。在这48字箴言中,"联接中外、沟通世界"既是我国对外传播工作的重要指导思想,也是我国城市广播电视台对外传播工作的精髓。

我们要看到,随着中国站在了世界舞台的中央,除了中央级广播电视媒体外,省、市以及基层广播电视媒体的对外传播亦成为众多城市工作的重要一环。"十三五"时期,如何更好地向世界展示我国城市的形象,建构城市软实力,进行卓有成效的跨文化传播,这些都是我们面对的课题。我们要深刻领会好习近平的对外传播思想,以全新的传播理念、国际化的视角、特色化的内容、全媒体的推广方式,在讲好"中国故事"理念的统领之下,努力讲好各自的"城市故事",打造出中国城市那一张张亮丽的"国际名片"。

一、习近平对外传播思想与城市广播电视台对外传播规律

习近平对外传播思想已经形成了较为全面而系统的思想体系。这套

---

* 本文发表于《中国广播电视学刊》2016年第7期。

思想体系也应当作为我国城市广播电视台对外传播的重要指导思想。我国以往的对外传播主要以党和政府代表国家，而在习近平对外传播思想体系中，则更强调对外传播主体的多元性。习近平的对外传播思想是在确立党和政府具有主导地位的前提下，将党和政府、社会组织、普通民众都列入对外传播主体的范畴，并高度注重这些传播主体间的协调，以共同实现对外传播的目标。

习近平认为，对外传播的根本目的在于维护国家利益，争取国际话语权、塑造良好的国家形象、营造和平安宁的国际环境。这些都是致力于实现我国的核心利益，有利于我国实现"两个一百年"目标[①]。习近平认为，中国的发展离不开世界，中国的发展也必将促进世界其他国家和地区的发展和繁荣。中国的对外传播需要放眼全球，要努力在传播中寻求不同国家和民族的多元共识，建立命运共同体，将我国自身的发展和进步拓展为整个共同体共同的发展和进步，这与我国的利益契合，也与全人类的利益契合。习近平还认为，在对外传播中，深层次的文化和文明的交流是自然而然地发生的，文化与文明的共识与冲突一直潜藏在对外传播的实践中。因此，习近平开拓性地将文化和文明的交流作为对外传播思想体系的重要组成部分，致力于增进不同国家与民族交流中的相互理解、推动共识的达成、避免误解与冲突[②]。同时，习近平对外传播思想重视调整传播策略，尊重国外受众的习惯和心理，习近平非常重视国外汉学家的建议，"将中国传统文化和当代文化更好结合，并以外国人容易接受的方式对外传播"[③]。显然，习近平上述一系列的对外传播思想，遵循了新闻传播规律，不但规划出了我国对外传播的总体战略思想，而且也为我国的城市广播电视台的对外传播工作，指出了发展方向，需要我们各地的广播电视台深刻领会和切实把握。

---

① 《坚定不移沿着中国特色社会主义道路前进　为全面建成小康社会而奋斗——在中国共产党第十八次全国代表大会上的报告》，载《人民日报》2012年11月18日。
② 《为改革发展提供强大精神动力——二〇一四年宣传思想文化工作综述》，载《人民日报》2015年1月5日。
③ 《习近平同德国汉学家、孔子学院教师代表和学习汉语的学生代表座谈》，载《人民日报》2014年3月30日。

二、政府、社会、民众三者的协同构成了城市广播电视台对外传播的主体

我国有学者将传播的主体分为"人类主体形态""社会总体形态""集团形态"和"个人形态"四大类:"人类主体形态"是一种理想类型,将"全球"即"人类"作为"隐形主体",是一种理想性的假想;"社会总体形态"是指"国家、政党、政府";"集团形态"是指"社会组织""各种共同体";"个人形态"是指个人主体①。借鉴上述分类,对外传播涉及的主体主要有党和政府、社会组织和普通民众。

习近平对外传播思想对传播主体的行为方式,特别是政府的工作提出了指导性意见,他指出"宣传思想工作一定要把围绕中心、服务大局作为基本职责。做到因势而谋、应势而动、顺势而为。动员各条战线各个部门一起来做"②。实际上,习近平对外传播思想所预设的,是一个"强大政府"。只有"强大政府"才能坚持正确的思想指导、争取国际话语权、实现共同体战略、提升文化软实力,它是习近平对外传播思想中处于主导地位的传播主体。中国的"强大政府"也吸引了西方学者的关注和研究,弗朗西斯·福山2014年出版的新书《政治秩序与政治衰败:从工业革命到民主全球化》对"政府"的作用作出了新的论述,他强调"强大的政府"是维护社会秩序的首要因素,而后才是"法治"和"民主问责制"③。同时,政府主导与社会组织、普通民众协同,共同构成了对外传播的主体,习近平提出,要"让13亿人的每一分子都成为传播中华美德、中华文化的主体。要综合运用大众传播、群体传播、人际传播等多种方式展示中华文化魅力"④。

十分值得关注的是,2015年年底的中央城市工作会议指出:统筹政

---

① 荆学民:《论中国特色政治传播中的"主体"问题》,载《哈尔滨工业大学学报(社会科学版)》2013年第2期。
② 《胸怀大局把握大势着眼大事 努力把宣传思想工作做得更好》,载《人民日报》2013年8月21日。
③ Francis Fukuyama: *Political Order and Political Decay: From the Industrial Revolution to the Globalization of Democracy* [Kindle Edition], Farrar, Straus and Giroux(New York), 2014, p. 11.
④ 《建设社会主义文化强国 着力提高国家文化软实力》,载《人民日报》2014年1月1日。

府、社会、市民三大主体,提高各方推动城市发展的积极性。城市发展要善于调动各方面的积极性、主动性、创造性,集聚促进城市发展正能量。城市凝聚力,是一个城市的居民把对城市的认同和对自身的认同连接在一起,城市的发展、进步和外界口碑被城市市民内化为自我认同的一分子。体现为一个城市的市民对所在城市的认同程度和热爱程度,也体现为一个城市对外部民众的深深吸引和令人神往的程度。城市凝聚力最终要体现为全体市民对该城市强烈的归属感。这些,都是我们城市广播电视台要高度关切并"创造性"地转化为城市广播电视传播内容的重要方面。

三、建构良好的城市形象是城市广播电视台对外传播的核心

在国际传播和国家交往中,有关"话语权"的较量从未停止过。长期以来,在国际社会中,西方主导着建构中国形象的话语权,从前原诚司2005年在美国提出"中国威胁论"[1]到2015年沈大伟重提"中国崩溃论"[2],西方一直在建构他们想象中的"中国形象"。随着中国自身的发展壮大和国际影响力的与日俱增,无论从国家发展的国际战略角度还是社会心理角度,中国都需要争取国际话语权,建构良好的国际形象,为我国及世界各国的共同发展营造良好的国际环境,这是习近平对外传播思想体系中有关国家利益的核心层面。

中国学者张铭清认为,"话语权是传播学概念,指舆论主导力,属于舆论斗争的范畴。国际话语权是指通过话语传播影响舆论,塑造国家形象和主导国际事务的能力,属于软实力范畴"[3]。习近平不但高度重视我国国际话语权的理论问题,而且还提出了获取国际话语权的运作机制和具体方法,他在2013年中共中央政治局第十二次集体学习中提出"要努力提高国际话语权,要加强国际传播能力建设,精心构建对外话语体系,发挥好新兴媒体作用,增强对外话语的创造力、感召力、公信力,讲好中国故

---

[1] 《前原诚司为其"中国威胁"言论辩解》,载《中国青年报》2005年12月13日。
[2] David Shambaugh, *The Coming Chinese Crackup*, Wall Street Journal-Eastern Edition, 2015, pp. C1-C2.
[3] 张铭清:《话语权刍议》,载《中国广播电视学刊》2009年第2期。

事,传播好中国声音,阐释好中国特色"①。掌握国际话语权,要改变被动建构的格局,实施主动传播战略,而主动传播需要在认清现实的国内外环境的基础上,采取合理的传播策略,传播适于受众接受的内容,要"创新对外宣传方式,着力打造融通中外的新概念新范畴新表述"②。

中国的国际话语权需要用中国自己的声音去打造与中国相符合的中国国际形象。2013年中共中央政治局第十二次集体学习中,习近平对我国的国家形象提出了全面而系统的阐释,即"要注重塑造我国的国家形象,重点展示中国历史底蕴深厚、各民族多元一体、文化多样和谐的文明大国形象,政治清明、经济发展、文化繁荣、社会稳定、人民团结、山河秀美的东方大国形象,坚持和平发展、促进共同发展、维护国际公平正义、为人类作出贡献的负责任大国形象,对外更加开放、更加具有亲和力、充满希望、充满活力的社会主义大国形象"③。向世界各国人民呈现良好的中国形象,是习近平对外传播思想的重要内容,他更是身体力行,通过他自己的声音,主动向世界传播中国的这一形象。2014年习近平在中法建交50周年纪念大会上说,"中国这头狮子已经醒了,但这是一只和平的、可亲的、文明的狮子"④;2014年在中国国际友好大会暨中国人民对外友好协会成立60周年纪念活动上,他说,"中国的先人早就知道'国虽大,好战必亡',中华民族的血液中没有侵略他人、称霸世界的基因,中国人民不接受'国强必霸'的逻辑,愿意同世界各国人民和睦相处、和谐发展,共谋和平、共护和平、共享和平"⑤。

国家形象是一个集合概念。从地缘学说和行政管理理论来看,国家形象是由不同地区形象和各省市自治区形象集合而成的。其间,随着我国城市化进程前所未有地加快,城市形象则成为国家形象这一"集合体"

---

① 《建设社会主义文化强国 着力提高国家文化软实力》,载《人民日报》2014年1月1日。
② 同上。
③ 同上。
④ 《习近平在中法建交50周年纪念大会上的讲话(全文)》,新华网,http://www.xinhuanet.com//world/2014-03/28/c_119982956.htm。
⑤ 《习近平:在中国国际友好大会暨中国人民对外友好协会成立60周年纪念活动上的讲话》,中国网,http://news.china.com.cn/2014-05/15/content_32398930.htm。

中的突出代表。城市形象,是一个城市通过媒体、人际沟通、宣传公关等各种传播渠道来影响和改变人们对一个城市印象的能力,体现为一个城市对其整体形象体系的构造能力,体现为城市对其形象的传播和推介的水平和力度。城市的对外传播,最终体现为一个城市的知名度和美誉度能否得到国际间的双重认同与赞赏。作为城市传播主渠道的广播电视台,在这方面责无旁贷。

四、深层的文化与文明交流是城市广播电视台对外传播的关键

文化交流和文明交流是不同的国家与民族之间的深层次交流,也是弱化"政治性"或"隐含政治性"的交流,是对外传播中极其重要的方面。在人类历史上,不同文明间的交流和冲突从来就没有停止过,塞缪尔·亨廷顿曾强调文明冲突的重要影响,尽管已饱受批判①,但其的确呈现出了人类文明的一个方面。在世界各国谋求合作与共同发展的今天,推动文化、文明的交流不仅有利于经济、政治层面的交流,也有利于营造和平安定的国际环境。文化与文明交流的理念是习近平对外传播思想的重要组成部分,其立足于推进我国文化的发展,从整个人类文明的高度,去审视全球化视域中的文化和文明问题,并涉及价值、共识等相关方面。

习近平说,"让文明交流互鉴成为增进各国人民友谊的桥梁、推动人类社会进步的动力、维护世界和平的纽带"②。文明和文化是不可分割的,文明的交流和文化的交流是相辅相成的。习近平提出,"在中外文化沟通交流中,我们要保持对自身文化的自信、耐力、定力,潜移默化,滴水穿石。只要我们加强交流,持之以恒,偏见和误解就会消于无形"③。"一带一路""命运共同体"需要在经济共同繁荣、政治互相包容的同时,不断促进文明间和文化间的交流,寻求价值理念的共识。

推动文化、文明交流的另一个重要方面在于提升我国的软实力。约

---

① 汤一介:《评亨廷顿的〈文明的冲突〉》,载《哲学研究》1994年第3期。
② 同上。
③ 《习近平同德国汉学家、孔子学院教师代表和学习汉语的学生代表座谈》,载《人民日报》2014年3月30日。

瑟夫·奈认为,国家的软实力主要来自三个方面:文化、政治价值观和外交政策①。在我国的对外传播思想中,软实力主要侧重于文化软实力。如何通过文化和文明的交流提升我国的文化软实力,是习近平对外传播思想关注的重要方面。习近平指出,"提高国家文化软实力,关系'两个一百年'奋斗目标和中华民族伟大复兴中国梦的实现"②,文化软实力的重要性要求对外传播必须重视文化发展的战略问题。为此,习近平提出,"对我国传统文化,对国外的东西,要坚持古为今用、洋为中用,去粗取精、去伪存真"③,在交流中汲取其他文化的营养,是提升我国文化的重要途径,同时,我们也需要主动向世界传播我国的文化。习近平提出四个"讲清楚",即"要讲清楚每个国家和民族的历史传统、文化积淀、基本国情不同,其发展道路必然有着自己的特色;讲清楚中华文化积淀着中华民族最深沉的精神追求,是中华民族生生不息、发展壮大的丰厚滋养;讲清楚中华优秀传统文化是中华民族的突出优势,是我们最深厚的文化软实力;讲清楚中国特色社会主义植根于中华文化沃土、反映中国人民意愿、适应中国和时代发展进步要求,有着深厚历史渊源和广泛现实基础"④。文化的对外传播需要传播主体采取适当的传播策略,积极主动地向世界传播,以增进其他国家和民族对中华文化的了解和理解,这是在文化价值理念方面取得共识的基础。

在文明和文化的交流上,城市凝聚了一个城市的传统、风俗、人文、艺术等各种文化成分和各类文明底蕴,这种文化和文明能够被世界范围内更多人所接受和青睐。从城市形象片,到城市专题片;从城市文化纪录片,到城市文明各类节目,向世界展示这些、向世界传播这些,恰恰是我们城市广播电视台可以发挥突出作用的。

五、新媒体革命为城市广播电视台提供了对外传播的新契机

以互联网为代表的新兴媒体深刻地改变了人类的生活方式、生产方

---

① [美]约瑟夫·奈:《软力量:世界政坛成功之道》,吴晓辉、钱程译,东方出版社2005年版,第11页。
② 《建设社会主义文化强国 着力提高国家文化软实力》,载《人民日报》2014年1月1日。
③ 《胸怀大局把握大势着眼大事 努力把宣传思想工作做得更好》,载《人民日报》2013年8月21日。
④ 同上。

式、传播方式,甚至是思维方式。卡斯特曾说,"网络社会代表了人类经验的性质变化"①,也就是说,网络给人类带来了根本性的变革。我们或许可以认为,新兴媒体带来的是一场伟大的"人类交往革命",当今社会的各个领域都必须重视这场革命,并因而作出改变,对外传播也不例外。

　　大众媒介是对外传播的重要渠道和方式,在互联网的巨大影响下,其结构和运行机制已经被重构,大众媒介已经被深刻地互联网化了。习近平提出,"要加强国际传播能力建设,精心构建对外话语体系,发挥好新兴媒体作用"②,"推动传统媒体和新兴媒体融合发展,要遵循新闻传播规律和新兴媒体发展规律,强化互联网思维。推动传统媒体和新兴媒体在内容、渠道、平台、经营、管理等方面的深度融合,着力打造一批形态多样、手段先进、具有竞争力的新型主流媒体"③。"互联网思维"是我国对外传播思想根据时代变革作出的重大理论发展,这就要求我们的城市广播电视台的对外传播充分利用新兴媒体,特别是互联网,进行及时、有效、形象、全面的传播。

　　对于一个现代国家、一座现代城市而言,人往往无法直接相互接触,必须要借助媒介来实现接触,所以媒介之于现代城市,不仅是社会沟通的主要桥梁,更是国际交往的重要纽带。在过去,媒体尤其是广播电视等主流媒体,在建构城市形象等方面都发挥了巨大作用。然而,随着互联网的普及和社会媒体的迅猛发展,传统主流媒体的公信力、影响力和传播力都遭遇了重大挑战,其纽带功能和沟通功能也被大大削弱。在此影响之下,政府与媒体、组织与媒体、民众与媒体的关系,都发生了明显改变,这种改变在对外传播中更加突出。如何充分运用好新媒体,就成为重构当下城市与对外传播工作的关键环节。在习近平大力推进"传统媒体与新兴媒体"的号召下,城市广播电视台的对外传播在这方面已经出现了可喜的局面,有了许多创新之举。我们希望,新媒体能成为我国城市广播电视台对

---

① [美]曼纽尔·卡斯特:《网络社会的崛起》,夏铸九、王志弘等译,社会科学文献出版社2001年版,第577页。
② 《建设社会主义文化强国　着力提高国家文化软实力》,载《人民日报》2014年1月1日。
③ 《习近平:强化互联网思维　打造一批具有竞争力的新型主流媒体》,新华网,网址 www.xinhuanet.com/zgjx/2014-08/19/c_133566806.htm。

外传播的全新推动力。通过我们对新媒体认知和使用的不断创新,将我国城市粘聚成一个美好的生活共同体,让我国的城市汇聚起更多的软实力,最终让我们的城市为实现中华民族伟大的复兴绽放出朵朵异彩。

中国梦的话语阐释与民间想象*

——基于新浪微博 16 万余条原创博文的数据分析

从笛卡尔"我思故我在"开始,话语的生产已脱离其最初的主体而存在,并在不断的传播、阐释与解读中完成着复杂的想象与建构。多元化的传播者跟特定的社会语境和自身情况相结合,不断赋予最初的话语以新的意义,甚至在挪用、误读中实现着对原有话语的解构与重构。也正如有关学者所言,"话语没有明确的边界,因为在历史的发展过程中,人们总是改变旧话语,创造新话语,争夺话语边界。……话语往往在与其他话语的共谋和斗争中得以界定,因此话语会随着社会中其他话语的出现或消亡而发生变化"①。

一、基于"大数据"的话语分析

"中国梦"作为新一届领导集体的执政理念和中国转型期的一种官方话语表述,依然面临着为不同的叙述主体所阐释的问题。自 2012 年 11 月 29 日习近平提出这一概念的完整表述——"实现中华民族伟大复兴,就是中华民族近代以来最伟大梦想","中国梦"的叙述话语就开始在各类信息传播平台和载体上得到不断的传播,并在传播中进行着与特定主体

---

* 本文为孟建与孙祥飞合著,原文发表于《新闻与传播研究》2013 年第 11 期。
① [美]詹姆斯·保罗·吉:《话语分析导论:理论与方法》,杨炳钧译,重庆大学出版社 2011 版,第 32~33 页。

相勾连的阐释与再造。

（一）大数据时代的样本选择

2012年11月29日，习近平总书记提出"中国梦"的概念，此后在主流媒体上引起强烈反响并成为全社会普遍关注的焦点话题，以微博为代表的社会化媒体也进行了持续的关注。根据数据挖掘显示，2013年1月1日到2013年6月30日，新浪微博上共出现了224 515条原创博文①，这些博文分别涉及政务微博、媒体微博、个人认证微博等若干的传播主体。研究假定，不同的传播主体虽然都对中国梦进行了大量的聚焦，但其阐释和传播的内容及策略则各有不同，"中国梦"的叙述话语从官方的主流媒体拓展到以微博为代表的社会化媒体，必然经历了从叙事风格到叙事边界的拓展。

话语分析要对文本的"语言运用单位进行清晰的、系统的描写"，这种"描写"有两个主要的视角——"文本视角"和"语境视角"②。然而，传统的话语分析往往偏重于对单条或少量样本的解读，在大数据时代，传统的话语分析依然有其经典的参考价值，只不过在样本的选择及具体的操作层面需要进行某些革新。诚如舍恩伯格所言，"当数据处理技术已经发生了翻天覆地的变化时，在大数据时代进行抽样分析就像在汽车时代骑马一样。一切都改变了，我们需要的是所有的数据，'样本＝总体'"③。国内学术界自2012年开始掀起一股"大数据"的热潮，基本上遵循了舍恩伯格所提出的三个分析原则，"不是随机样本，而是全体数据""不是精确性，而是混杂性""不是因果关系，而是相关关系"④。然而，在社会科学的研究领域，我们依然不能放弃对"精确性"的追求，事实证明，"精确的测量结果比不精确的测量结果要优异。使用不精确的测量绝不会比使用精确的测量能得到更优异的结论"⑤。

---

① 本研究中的数据若非特殊说明，皆由合肥学堂信息技术有限公司提供，特此致谢。
② ［荷］托伊恩·A.梵·迪克：《作为话语的新闻》，曾庆香译，华夏出版社2003年版，第27页。
③ ［英］维克托·迈尔-舍恩伯格、肯尼思·库克耶：《大数据时代》，周涛译，浙江人民出版社2013年版，第27页。
④ 同上书，第27、45、67页。
⑤ ［美］艾尔·巴比：《社会研究方法（第10版）》，邱译奇译，华夏出版社2005年版，第137页。

本研究初步采集到的中国梦全体样本为 224 515 条,并非所有的样本皆有效,在多次观察和分析后,去掉了大量与本研究所聚焦的"中国梦"话题无关的内容,以及虽然聚焦于"中国梦"但属于重复性且没有实质内容的"投票"信息、"分享"信息和营销信息,以上筛选掉的信息共计 55 963 条,剩余有效样本数量为 168 552 条。同时,微博作为碎片化的传播平台,不同的博文有着不同的覆盖度和传播力,在进行深度数据分析时,必然要考虑"琐碎的多数"和"重要的少数"同时兼顾的问题。

(二) 以"中国梦"为分析对象

"中国梦"话题具有普遍且广泛的社会关注度,根据对《人民日报》的数据检索,自 2012 年 11 月 30 日至 2013 年 6 月 30 日,《人民日报》共刊发 1 019 篇相关报道,其中有 302 篇在标题中出现"中国梦"字样,根据百度搜索引擎对新闻标题的检索,共有 1 230 000 篇相关新闻。

本研究选取的"中国梦"话题以微博这一新型的传播平台为分析对象,微博所具有的"后现代"特质——反传统、去中心化、反权威、碎片化一直为学界关注,也为"中国梦"的研究提供了丰富、多元的信息内容。与此同时,媒介用户因技术的开放性和传播介质的"弱审查"化而赋权,他们的呼声在某种意义上建构出当前中国的"民间舆论场",以体制内媒体为代表的传统媒体则进行各种尝试,以图"卫冕"曾经的荣耀与辉煌,致力于捍卫"官方舆论场"的权威性。中国梦的叙述话语就在微博这一后现代语境下展开了大量的传播。

学者谢立中曾经在《走向多元话语分析》一书中论及后现代思潮中所蕴含的一套颇有借鉴意义的研究模式,这种研究模式是基于如下的立场提出——"人们对世界的一切感知、一切言说、一切书写,都是以特定的话语系统为前提的……实际上归根结底知识从某个或某些特定的话语系统转换而来的关于客观或主观世界及客观或主观世界某个方面、某个部分的具体话语或文本而已。"[①]因此,本研究将"中国梦"界定为一整套的话语表述系统,是通过各种语言符号建构的并为不同的叙述主体所传播、阐释

---

① 谢立中:《走向多元话语分析》,中国人民大学出版社 2009 年版,第 34 页。

的对象。

根据中国互联网信息中心第 32 次统计报告数据,"截至 2013 年 6 月底,我国微博网民规模为 3.31 亿,较 2012 年底增长了 2 216 万,增长 7.2%。网民中微博使用率达到了 56.0%,较上年底增加了 1.3 个百分点"[1]。据此可见,微博已经成为中国目前重要的信息传播平台和信息获取渠道,而新浪微博"在活跃度方面……成为中国最活跃的微博网站"[2]。据此,本研究选取 2013 年 1 月 1 日至 6 月 30 日新浪微博中带有"中国梦"字眼的 168 552 条有效原创博文,致力于探讨两方面问题:第一,作为一个象征性的带有集体色彩的叙述符号,"中国梦"的宏大话语如何在复杂的社会语境下为不同的主体所阐释;第二,作为一个全民族的信仰,它如何跟社会的具体实践相勾连,进而被赋予具体化、可感知、可把握的意义。

二、"中国梦"话题的传播态势

自 2013 年 1 月 1 日至 2013 年 6 月 30 日,新浪微博一共出现 224 515 条带有"中国梦"字眼的原创博文。经过数据的筛选和过滤去掉与本研究无关的样本之后,共得到有效样本计 168 552 条。累计获得转发 3 736 938 条,累计获得评论 3 269 728 条。

(一)"中国梦"话题的叙述主体分析

研究统计表明,16 万余条微博由 107 324 个账号发出,平均每个账号发布微博 1.57 条。这些账号中共有认证用户 13 191 个,占用户总数的 12.32%;未认证用户 93 893 个,占用户总数的 87.68%。这 107 324 个用户的身份分别是:个人认证用户 4 887 个,普通个人用户 94 117 个,政府认证用户 3 091 个,媒体认证用户 695 个,企业认证用户 2 284 个,校园认证用户 2 070 个,另有社会组织(如各类行业协会)用户 170 个。107 324 个微博账号中,粉丝数最多的是杨澜,拥有 3 380 多万;粉丝数超过 1 000 万的有 8 个账号;排名前 20 位的账号中,有 8 个账号是媒体账号,12 个是

---

[1] 中国互联网信息中心:中国互联网络发展状况统计报告(第 32 次)。
[2] 唐绪军主编:《中国新媒体发展报告(2013)》,社会科学文献出版社 2013 年版,第 32 页。

个人认证账号。

据数据统计,普通个人用户发布 129 986 条博文,占样本 77.12%;政务类账号用户发布 18 471 条博文,占样本 10.96%;个人认证用户发布 7 860 条博文,占样本 4.66%;校园认证用户发布 5 965 条博文,占样本 3.38%;企业认证用户发布 3 451 条博文,占样本 2.05%;媒体认证用户发布 2 441 条博文,占样本 1.45%;社会团体认证用户发布 378 条博文,占样本 0.22%。具体如表 1 所示。

表 1　不同用户发布"中国梦"原创博文的数量对比(N=168 552)

对比情况	用户类型	普通用户发布的微博	认证用户发布的微博						合计
			媒体	校园	政务	个人	企业	社团	
博文发布	条数	129 986	2 441	5 965	18 471	7 860	3 451	378	168 552
	百分比	77.12%	1.45%	3.38%	10.96%	4.66%	2.05%	0.22%	100%

根据表格中的数据可以看出,"中国梦"的叙述话语在社会各类群体中引发普遍的共鸣。在经过认证的用户中,微博发布数量排行由高到低依次是政务微博、个人认证用户、校园用户、企业用户、媒体用户和社会团体用户,政务微博的账号最为活跃,发布的"中国梦"博文条数最多,其数量占据了认证用户所有微博条目的 47.89%。根据国家行政学院电子政务研究中心发布的《2012 年中国政务微博客评估报告》公布的统计数据显示,"截至 2012 年 12 月 20 日,在新浪网、腾讯网、人民网、新华网四家微博客网站上认证的政务微博客账号总数为 176 714 个,其中党政机构微博客账号 113 382 个……在新浪网认证的党政机构微博客账号 37 508 个"[1]。数据表明政务类微博用户已经成为微博用户的重要群体之一,这一数据也与本次研究中的发现较为一致。

不同身份的用户发布关于"中国梦"的博文数量并不一致,不同类型账号所发布微博的影响力和互动情况也不相同。研究根据"中国梦"微博

---

[1] 国家行政学院电子政务研究中心:《2012 年中国政务微博客评估报告》,国家行政学院出版社 2013 年版,第 6 页。

发布者的身份属性就微博的发布条数、转发及评论数等进行分类统计分析。表2中是107 324个微博账号的信息发布数量排行的前15位。

表2 微博账号发布的"中国梦"原创博文的
数量排行前15位(N=107 324)

排名	昵称	认证	认证类型	微博数	转发数(条)		评论(条)	
					总转发	均转发	总评论	均评论
1	共青团大渡口区委	是	政府	474	141	0.30	25	0.05
2	江财工商学术部	否	普通	416	135	0.32	10	0.02
3	江财工商外联部	否	普通	411	71	0.17	2	0.00
4	共青团锦州市委	是	政府	309	43	0.14	11	0.04
5	徐州鼓楼共青团保护母亲河	否	普通	303	26	0.09	12	0.04
6	共青团呼和浩特市新城区委	是	政府	275	310	1.13	36	0.13
7	黄冈团委	是	政府	273	49	0.18	23	0.08
8	遂宁射洪团县委	是	政府	227	408	1.80	283	1.25
9	湖北网络广播电视台	是	媒体	207	36	0.17	18	0.09
10	河北共青团	是	政府	206	77 076	374.16	91 407	443.72
11	海南省琼州学院团委	是	政府	181	68	0.38	11	0.06
12	周口共青团	否	普通	174	127	0.73	6	0.03
13	辽宁共青团	是	政府	154	1 510	9.81	467	3.03
14	欲饮世情	否	普通	149	550	3.69	135	0.91
15	绥化共青团	是	政府	144	5	0.03	7	0.05

在发布"中国梦"相关微博数量最多的前15名账号中,有九个账号是认证为"政府类"的政务微博,有一个账号为媒体类微博,有五个账号为普通的未认证微博,值得注意的是在这五个未认证的账号中,包括了"徐州鼓楼共青团保护母亲河""周口共青团"两个共青团类账号,而大部分的共青团类账号在新浪的认证体系中通常计算在政务微博中。发布微博数量

最多的为共青团大渡口区委,共发布微博474条。

此上研究表明,"中国梦"的叙述话语带有较强的社会关注度和公众参与度,而也正是因为有全国各个地区不同阶层、群体的参与,使"中国梦"在阐释中拥有了不同的解读维度,并为其叙述边界的拓展提供了可能。

(二)"中国梦"话题的时空分布分析

初步研究表明,自习近平总书记提出"中国梦"的概念以来,以微博为代表的社会化媒体对中国梦进行了大量的传播和讨论,其中以北京、广东、江苏等发达地区的微博数量最多,各类媒体、政务微博、校园微博、舆论领袖、普通民众纷纷关注"中国梦"话题,就其内涵展开多元化的讨论。其话题热度伴随党和政府的重要会议、党和国家领导人的重要活动及重要的社会事件呈现出不断变化的特点。下图1是"中国梦"话题的地理分布状况。

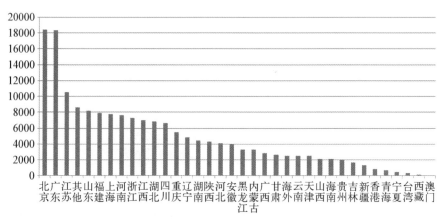

图1 "中国梦"话题原创博文的地域分布(N=168 552)

根据微博发布者所归属的省、自治区、直辖市、港澳台等地区及海外的地理分布统计,北京地区累计发布博文18 426条,占样本总数11%,位居第一名;广东地区发布博文18 317条,占样本总数的11%;北京、广东、江苏、山东、福建、上海、河南、浙江、江西和湖北进入发布数量前10名。此外,统计显示,来源于海外用户的博文共2 548条,占比约1%,位居第23名。

2013年3月17日有6 121条原创微博,为六个月中数据的峰值,因新浪发起的"微博议♯两会♯,140字里的中国梦"带动信息量骤增;5月3

日青年节来临之际,各地高校举办与"中国梦"有关的主题活动,带动了信息量的增加,并持续到5月10日(详见图2)。

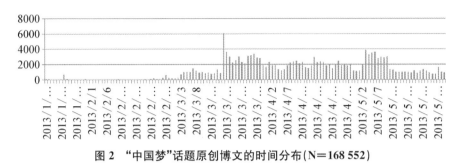

图2 "中国梦"话题原创博文的时间分布(N=168 552)

数据显示,在这一时间段内数据走势出现若干个阶段性的峰值,根据观察发现,此类的峰值皆与中央的重要会议、领导人的重要言行、社会上的热点事件直接相关。例如,2013年1月22日习近平同志在中纪委全会上发表重要讲话,引发次日微博上密集的关注,当日相关微博有684条,其中有246条强调了"反腐败是实现'中国梦'前提"这一信息,使1月23日的数据呈现阶段性峰值。这一研究也证明,微博可以看作社会现实动向的"晴雨表",它既关注和回应了社会现实,又以微博平台的传播特质再造了社交媒体的传播个性与特色,微博虚拟空间上的话题传播与社会现实中的重要动态建构起了直接的相关性。

(三)"中国梦"话题的信息形态分析

新浪微博提供了投票、长微博、图片、音乐、视频等多种传播形态。数据统计表明,168 552条原创博文中有66 991条博文运用了图表、照片、漫画、"长微博"等配图的传播手法,其占比为39.75%;未配图的微博有101 561条,占比60.25%。其中,由认证用户发出的38 483条博文中,有16 634条配图,占比43.22%;由未认证用户发出的130 069条博文中,有50 304条博文采用配图的方式进行传播,占比38.67%。研究发现,去掉"有奖转发"的博文后,转发次数在500次以上的博文共有325条,其中以配图作为传播方式的博文有240条,占73.85%。一般而言,采用"长微博"易于传播更大的信息量,而采用漫画、图片的方式能增强公众的阅读趣味从而强化传播效果,是一种有效提升信息传播力的方法。以认证用户和非认证用户配图的对比情况来看,显然前者更倾向于采用配图的方式进行传播。

此外,研究发现,采用手机等移动客户端发布的微博共有 8 219 条,占样本总数的 4.88%;来源于"微活动"的微博有 1 235 条,占样本总数的 0.73%;来源于"皮皮时光机"的有 4 816 条,占比 2.86%;来源于各类资讯平台分享的有 8 629 条,占比 5.12%。这组数据表明,微博用户在微博发布的方式、信息来源的采用上具有多样性。

三、"中国梦"话语的叙述边界

"要对话语进行全面有效的描述也必须对话语的产生和理解、社会文化情境中的社会互动行为的认知过程进行描述。"[1]某一观念、某种表述、某种行为都是特定语境下的产物,它必须与不同的社会权力及权利主体相勾连才具有意义。追溯"中国梦"的传播轨迹,可以断定的一个基本路径是:最初,这个概念作为一个国家领导人的表述出现在中国主流的媒体中,并在多次重大的会议、讨论和报告中借助于主流媒体的话语扩散优势不断地丰富和深化其内涵;进而,这一话语表述借助网络媒体进行进一步的扩散,也同样是在网络媒体上,这一被不断丰富和完善的话语表述,开始发生错位、挪移,甚至是解构和重构。这一过程是两个舆论场各自利用其平台和受众优势,对于同一个话语进行的边界拓展和命题的再定义的过程。

(一)"中国梦"话题的叙述逻辑分析

"社会学本身不能只简单地考虑社会的性质,而必须去揭示并描述那些藏在看起来似乎是行政或技术范畴之后的各种社会情境和社会关系。……我们应该将这个社会体现为各种冲突的社会关系的一个场域,而这些冲突的社会关系可能会造成各种政治分裂,或导致相对稳定的和解的谈判。"[2]因而,我们不能仅仅关注某一概念的合法性是如何被确立的,还应该关注不同的权力主体是如何争夺这一概念的合法性并赋予其不同意义的。而

---

① [荷]梵·迪克:《作为话语的新闻》,曾庆香译,华夏出版社 2003 年版,第 32 页。
② [法]阿兰·图海纳:《行动者的归来》,舒侍伟 许甘霖 蔡宜刚译,商务印书馆 2008 年版,第 153 页。

且,更为重要的是,将微博当作一个平台,当作一个权力和权利争夺的场域,去探讨和考察它是如何与不同的权力主体勾连使"中国梦"的叙事话语发生挪移、解构与重构的。

研究根据微博获得的转发次数排序,去掉"转发抽奖"类的信息后选取转发500次以上的博文计240条。研究发现,这240条博文共涉及以农民工弱势群体、嫖宿幼女与未成年人权益保护、火箭提拔与社会公平、高房价与"中国梦"、官员的雷人表述(穷人生孩子是作孽)、拆迁自焚事件、"宪政梦""奶粉限购""宇宙真理"等若干话题。整体而言,情绪偏于负面。其中,微博表述中带有"公平"字样的有18条,带有"民族复兴"的有四条,谈到"社会主义"的有八条,谈到"改革"的有11条,谈到"宪政"的有七条,谈到"住房"或"房价"的有27条,谈到"贪腐"或"腐败"的有八条。根据深入研究,这240条微博在叙事的逻辑框架上存在着以下四种类型。

第一,沿用官方表述,结合社会案例进行反讽与挪揄。"中国梦"在官方媒体的多次表述中强调了"民族复兴"与"个人梦"的关联,而转型期的社会矛盾折射到微博这一去权威化、反传统的社会化平台上就引申为对"中国梦"的反讽。网名为"眼睛在说谎amy"的微博用户结合官员"穷人生孩子就是作孽"的"雷人"语录后发评论说,"穷,不谓志短;穷,更应享受国家进步带来的改变。今日的中国更加关注社会公平和分配改革,梦想正在照进现实。'中国梦'不会抛弃暂时的弱者,'穷二代'将随时上演'逆袭'。新江淮电缆后力爆出经典语录,元芳你怎么看?"[①]这一评论首先肯定官方对中国梦内涵的表述,进而陈举反面案例以显示某种反讽或挪揄。其叙事的逻辑框架为:"中国梦"是每个中国人的梦,"中国梦"不会抛弃弱者,但个别官员却抛出了与此相反的言论,显然与"中国梦"的精神相悖。这条博文获得22 412次转发。

第二,重新定义"中国梦"的内涵。"中国梦"的最初表述聚焦于民族复兴、国家富强等若干个维度,也就是说在这一表述产生后,其话语在官方话语系统中的内涵基本已经确定,部分微博用户在叙事过程中直接摈

---

① 眼睛在说谎 any:新浪微博,https://weibo.com/u/2041140144?refer-flag=1005055013_&is_all=1。

弃原有的内涵,重新赋予新的意义。例如,一篇标题为"中国梦,宪政梦"的博文将"中国梦"这一话语界定为"宪政梦",其表述为"宪政能有效实现制度制衡,从而真正把权力关进笼子里。没有宪政,既找不到关权力的笼子也无法把权力关进去。宪政才能形成服务型政府,官员才能真正为百姓做事,吃穿住行和呼吸才能有真正安全。宪政才有真正的公平正义,平民才能有'咸鱼翻身'机会。没有宪政,中国梦都是白日梦。"其叙事的逻辑是,"中国梦"的实现需要若干前提,而这些"前提"的达成则必须依赖"宪政",为此,"宪政梦"就是"中国梦"。① 这条微博获得了 7 124 次转发。

第三,对"中国梦"的内涵进行循环论证。沿用"中国梦"官方叙事话语的最初表述,不对其外延进行实质性地延展,仅以在意义和情感上相类、相同的用词重复解读官方的既有表述。例如,某微博用户发布观点说,"同一个世界,几十亿个梦想;同一个中国,十几亿个梦想。每一个中国人,都有自由、空间和机会,去追寻属于自己的与众不同的梦想……合在一起,就是个伟大的中国梦。中国梦绝不单一,中国梦绝不狭隘。甚至,一个中国学生,选择去外国学习发展,实现了美国梦澳洲梦欧洲梦……②某种意义上来说,也是中国梦。"其叙事的逻辑依然没有超越官方最初的框架。

第四,"批评—建构"型的"中国梦"表述框架。沿用官方话语的最初表述,表述中国梦与社会上各类负面事件的不相容性,同时提出理性的应对策略。这是在微博上颇受欢迎的一类表述方式,以《人民日报》法人微博的"你好!明天"系列微博为典型案例。例如,其针对唐慧案件发表评论说,"一审败诉,掩面而泣。今天,'上访妈妈'唐慧再次触动公众心弦。这是对一位母亲的同情,更是对公平正义的关切。中国梦的感召力,不仅在于国家的强大,更在于个体的幸福与尊严。唐妈妈的泪水,不该成为中国梦的痛点。期待公正审理,期待改革给力,让法治阳光温暖每一个人。安。"③其叙事的框架可以概括为"援引案例+适度批评+理性建构",以颇具人情味的方式实

---

① 一品贫民 3 的博客:http://blog.sina.com.cn/s/blog_b354874801016f39.html。
② 成都市航空港法人微博:https://weibo.com/2116568340/zrkEcfhAq?from=page_1001062116568340_profile&wvr=6&mod=weibotime&type=comment。
③ 《人民日报》法人微博:https://weibo.com/2803301701/zrRF50hC2?from=page_1002d2803301701_profile&wvr=6&mod=weibotime&type=comment#_rnd1562041769607。

现了对社会情绪的关照。这条微博引发8 881次转发,获得2 739条评论。

根据以上研究,"中国梦"的话语意义随时处在不停地变化过程中,它不是由一两个作者所赋予的,更不是凝滞在某一个历史的结点永不变迁,而是随着主体的变化、空间的变化和时间的变化而发生着不停地借用、挪移、错位,甚至解构或重构。源于话语产生时的原始意义,"中国梦"在公众认知过程中被一次次赋予新的意义。

(二)"中国梦"话题的话语边界分析

传统的话语分析或舆情研究往往聚焦于"官方舆论场"和"民间舆论场"这两种形态,为了进一步探讨两个舆论场在具体的话语维度存在的共性和差异性,本研究结合词汇使用范畴的不同,将话语体系进一步细分为主流话语、公众话语、民生话语和诉求话语四类,进行对比分析。以本次研究所获取的168 552条微博样本的词频统计的排行情况为参考,研究选择了部分能够反映社会动向的40个词汇,进行对比分析(详见表3)。

表3 不同叙事主体的四类话语对比分析(N=168 552)

词汇		政务微博		媒体微博		认证个人	
		词频	概率①	词频	概率	词频	概率
主流话语	社会主义	761	6.718 5‰	101	5.281 9‰	281	6.461 4‰
	中华民族	2 225	19.643 3‰	184	9.622 6‰	514	11.819 1‰
	民族复兴	568	5.014 6‰	51	2.844 9‰	126	2.897 3‰
	美丽中国	207	1.941 7‰	37	2.064 0‰	114	2.457 5‰
	中国特色	460	4.061 1‰	59	3.291 2‰	153	3.518 1‰
	改革开放	166	1.465 5‰	25	1.394 6‰	57	1.310 7‰
	和谐社会	17	0.168 8‰	3	0.177 8‰	21	0.513 1‰
	小康社会	284	2.664 0‰	37	2.064 0‰	77	1.659 9‰
	三个代表	6	0.059 6‰	0	0.000 0‰	38	0.054 6‰

---

① 表格中的"概率"指每1 000个汉字中出现某一词汇的概率,计算方法为:词汇出现的频次/文本总字数×1 000‰,如"社会主义"在政务微博中出现了761次,政务微博一共有1 812 319字,其计算的方法为:761/1 812 319×4×1 000‰=6.718 5‰。

(续表)

词汇		政务微博		媒体微博		认证个人	
		词频	概率①	词频	概率	词频	概率
公众话语	自由	228	2.264 5‰	22	1.227 2‰	262	6.024 5‰
	民主	436	4.089 8‰	62	3.458 5‰	386	8.875 8‰
	法制	83	0.824 4‰	13	0.770 5‰	50	1.221 6‰
	法治	155	1.453 9‰	36	2.008 2‰	194	4.182 1‰
	宪法	25	0.248 3‰	34	2.015 2‰	77	1.659 9‰
	社会建设	23	0.228 4‰	0	0.000 0‰	4	0.005 7‰
	改革	485	4.281 8‰	221	12.328 0‰	374	8.599 9‰
	普世价值	3	0.001 7‰	5	0.331 2‰	17	0.415 3‰
	公民社会	0	0.000 0‰	1	0.003 5‰	9	0.245 8‰
诉求话语	贫富分化/不均	1	0.000 6‰	2	0.139 5‰	0	0.000 0‰
	言论自由/新闻自由	0	0.000 0‰	0	0.000 0‰	20	0.028 7‰
	维稳/处突	3	0.001 7‰	6	0.397 5‰	21	0.482 9‰
	权贵	5	0.002 8‰	2	0.132 5‰	28	0.684 1‰
	选举	33	0.309 5‰	12	0.711 2‰	39	0.952 8‰
	毛泽东	82	0.814 4‰	6	0.355 6‰	89	2.174 4‰
	特权	5	0.049 7‰	6	0.376 5‰	46	1.123 8‰
	二奶	0	0.000 0‰	1	0.003 5‰	2	0.054 6‰
	腐败	44	0.437 0‰	21	1.244 7‰	125	2.874 3‰
	宪政	18	0.009 9‰	40	2.510 2‰	534	12.278 9‰
	"文革"	1	0.000 6‰	1	0.069 7‰	14	0.362 2‰
	五毛	0	0.000 0‰	0	0.000 0‰	19	0.027 3‰
	革命	548	4.838 0‰	12	0.669 4‰	58	1.417 0‰
民生话语	城管	42	0.023 2‰	15	0.941 3‰	44	1.075 0‰
	拆迁	12	0.006 6‰	4	0.265 0‰	31	0.757 4‰
	农民工	106	0.994 3‰	18	1.066 8‰	32	0.735 8‰

(续表)

词汇		政务微博		媒体微博		认证个人	
		词频	概率[①]	词频	概率	词频	概率
民生话语	污染	35	0.347 6‰	32	1.896 6‰	68	1.465 9‰
	医疗	45	0.422 1‰	19	1.126 1‰	49	1.126 7‰
	物价	10	0.005 5‰	11	0.728 7‰	31	0.757 4‰
	房价	46	0.025 4‰	156	9.789 9‰	237	5.109 0‰
	就业	168	1.668 6‰	53	2.956 5‰	88	2.023 5‰
	教育	2017	17.807 0‰	267	14.894 0‰	566	13.014 8‰
样本	文字数量	1 812 319 字		286 826 字		695 825 字	
	微博条数	184 72 条		2 441 条		7 868 条	

数据统计发现，在主流话语的应用中，三类传播主体具有很强的一致性，所列出的九个词汇在各类微博平台上都有较高体现，而其运用的次数也明显增高。这表明微博对于主流话语的扩散起到了一定的积极作用。以公众话语的呈现来看，在所列出的九个关键词中，三类传播主体除了对"改革"一词具有较强的一致性外，对"自由""民主""法治""宪法"的关注度也较高。在13个诉求话语的关键词中，政务微博的关注度普遍较低，而"腐败"和"宪政"成为媒体比较关注的与"中国梦"进行对比阐释的两个热点。公众所关注的话题，除了"革命""腐败""宪政"外，还有"特权"和"毛泽东"两个频率较高的用词。其中"特权"一词主要跟"腐败"相勾连，而"毛泽东"则与当前社会思潮中出现的一些如何看待历史人物的争论有关。从民生话语的用词来看，在九个与民生相关的关键词中，首先，"教育"一词因其内涵丰富而为三类群体使用最多；其次，由于"就业"问题跟学生群体高度相关，故在政务微博中的共青团微博账号中有较多采用；最后，反映社会民生问题的医疗、城管、房价、环境等问题在媒体和个人账号里较为突出，而这类词汇在政务微博中使用较少。

在不同的话语平台上，"中国梦"作为一个复杂的话语表征，因主体结构、社会语境、立场视角的不同而存在着差异。也就是说，"中国梦"最开始的意义是与"民族复兴"结合在一起的,随着语境的变化,受主体的多样性以及社会背景的复杂性等因素的制约和影响,使"中国梦"已经成为一个具有多样性的"能指"的话语符号。相较而言,政务微博在叙述边界上保持了话语诞生之始最初的边界,这种循环论证和重复叙述的阐释策略,虽然在其表述在数量上占据了较大的优势,但阐释的维度却没有边界的拓展或延伸。

研究发现,通过对四类话语的对比,政务微博在阐释中国梦时,更多地与表述民族身份、群体认同的概念相勾连,强调"中国梦"的集体意识、主流意识、大局意识,其话语中的高频词表征是"社会主义""中华民族""民族复兴""美丽中国""中国特色""改革开放"等表示主流话语的抽象概念。而公众话语、诉求话语和民生话语往往跟环境、廉政、房价等民生问题进行勾连,脱离了"中国梦"最初话语的论证方式和叙述边界,以更加可感知、可把握的具体内涵来阐释中国梦,尤其与转型社会中各类突出的问题和矛盾相结合进行捆绑论证。

研究发现,在以微博为代表的社会化媒体上,得益于新媒体技术的赋权和公众的加冕,"中国梦"的信息生产脱离了某种可掌控性,在很大程度上改变了"中国梦"的叙述框架和话语表述逻辑,并重新赋予了"中国梦"以不同的意义,进而拓展了其叙述的边界。

四、"中国梦"的传播策略研判

面对官方话语相对封闭的叙述边界,媒体和个人话语却在不断赋予"中国梦"以具体可感知的意义,就某种程度而言是对官方最初话语固守其本源意义——实现中华民族伟大复兴,就是中华民族近代以来最伟大梦想——的一种挑战或威胁,因而,不同的叙述主体分别采用了不同的传播策略以增强其阐释力。

(一)"中国梦"的传播策略分析

通过对不同类型微博传播的比较分析发现,不同类型的微博在传播方式和策略上存在较大的差异,对"中国梦"的解读也呈现出不同的视角。更进一步可以说,"中国梦"已经不仅仅是一个单纯的描述民族身份认同的符号,而是变成了一个不同群体争夺话语权力、进行自我想象、表达利益诉求的平台。具体如表4所示。

表4 不同传播主体的传播策略对比(N=168 552)

传播主体	阐释策略	典型案例			
		发布者	内容	转发数	评论数
政务微博	重复叙述、有奖参与	河北共青团	♯我的中国梦♯回首近代以来中国波澜壮阔的历史,展望中华民族充满希望的未来,我们得出一个坚定的结论:实现"中国梦"必须走中国道路,这就是中国特色社会主义道路。关注@河北共青团 转发本条微博就有机会获50元充值卡哦!http://t.cn/zTt1jRQ	37 387	48 084
媒体微博	捆绑话题、放大官媒细节	人民日报	【工人的午觉】这两个大爷也许太困了,就直接躺在地下睡着了,从他们衣服上的泥点可以想象,他们刚从建筑工地辛苦归来,困意上来,于是枕着烟盒,就么沉沉地睡着了。不禁感叹:中国梦,有时候只是小小的一张床。@河南商报	5 937	1 971
认证个人	捆绑话题、放大官媒细节、网络段子	袁裕来律师	【老百姓的中国梦】网传老帖:1. 上学不收费;2. 就业不求人;3. 医生不卖药;4. 食品不带毒;5. 新闻不说谎;6. 教授不白痴;7. 当官不受贿;8. 城管不打人;9. 脱裤不走红;10. 吹牛不出名;11. 房子不强拆;12. 百姓不畏权;13. 环境不污染;14. 领导不特权。	16 152	2 701
企业微博	有奖转发	长城汽车运动	♯哈弗十年 感恩有礼♯十年前,赛弗圆了一代中国人的SUV梦;十年后,哈弗SUV走向了世界100多个国家和地区,圆了自主品牌走向世界的中国梦!一个梦想,百万车主,见证哈弗十年成长。即日起关注@长城汽车运动 @三位好友并转发此微博即有机会获得感恩好礼!http://t.cn/zTvUB7P	399 525	447 178

(续表)

传播主体	阐释策略	典型案例			
		发布者	内　容	转发数	评论数
校园微博	校园活动＋有奖参与	学活前的白杨树	当"中国梦"从习主席的口中传出，实现民族复兴的梦想让2013的春天变得飞扬热烈。首都师范大学的童鞋们，你们的梦想是什么？我们对学校、对祖国的未来有怎么的期许呢？快来和我们一起用微博描绘出千千万万个中国梦我的梦吧！http://t.cn/zT2P8gH	2 723	3 476

　　研究发现，政务及校园微博的内容以重复叙述和循环论证为主，即在发布的信息中不聚焦社会问题，不主动建构议题，而是重复官方话语最初的表述进行循环式的论证——以强调中国梦与民族复兴的关系，强调中国特色的社会主义道路，强调对青年群体积极向上的精神风貌，体现出政务微博颇为高远的宏大叙述和群体认同意识。从传播策略的角度来说，政务微博的话题传播更为抽象，更为宏观，没有具体的指向性，以对中国梦的主流阐释和各类仪式性的活动为主。倾向于采用有奖转发等物质性的激励来提升其影响力和覆盖面，因而其微博发布的来源多以"微活动"、投票等为主。统计发现，政务微博在转发量排名前15位的微博账号中有四条信息采用了"转发并@好友"即"有机会获得奖品"的传播策略。校园微博与政务微博在话题设计、解读视角与传播策略上具有较高的一致性。

　　媒体类微博较多地倾向于不主动发表自己的观点，而是提炼主流媒体已经发布的新闻消息，进行观点的再次分享，企业微博则倾向于与自己经营的品牌进行捆绑以此实现市场营销。相较而言，个人微博在内容和策略上往往以各类"段子"、对最新社会热点事件的解读等进行话题捆绑。以转发量前15名的微博计算，仅有一条采用了"有奖参与"这一传播策略，其余微博均以放大官方媒体上所传播的热点、焦点话题的细节为主。例如，《河南商报》的农民工话题，被《人民日报》法人微博以《工人的午觉》为题得出"中国梦，有时候只是小小的一张床"的结论。媒体类微博所涉及的话题更具多样性,尤其是关于民生的话题更成为媒体类微博解读和观察"中国梦"的焦点,没有纯粹的抽象性、概念性的解读博文。在叙述过程中,"中国梦"往往与弱势群体、官员腐败、群体事件、火箭提拔、高房价等社会和网络热点话题进行捆绑解读。"中国梦"的内容更为具体化,不再局限于抽象化的阐释。

个人认证账号较关注社会和民生话题,善于结合媒体报道和社会热点进行个人化的观点提炼,其话题内容既涉及环保、就学、就业等具体民生问题,宪政、火箭提拔等制度性问题,还涉及阶层流动、保护儿童权益等社会性问题。从传播策略的角度来看,曝光率较高的博文倾向于采用捆绑焦点社会话题、放大传统媒体报道细节、编辑及传播批判性和反思性的网络段子三种传播策略。以政务微博、媒体微博和个人认证微博三者的比较来看,其具体的可感性逐步增强,话题的范围逐步拓广,个人化语言、表态性阐释逐步丰富。

此外,企业微博更多地将"中国梦"与自己的品牌进行结合,将企业所生产的产品解读为"中国梦"的一部分,或者是帮助个人实现"中国梦"的方法,如汽车行业将"中国梦"诠释为"汽车梦"等。从曝光率较高的博文来看,企业微博将企业的营销行为跟"中国梦"进行了捆绑,采用转发、点评获得抽奖机会的方式来获得关注和影响力。

(二)"中国梦"的传播效果对比

为了探讨不同类型的微博用户影响力的情况,研究以六类微博用户主体作为统计对象,以这些用户原创的累计 38 566 条原创博文的转发量和评论数作为评价标准,进行对比分析(详见表5)。

表5 "中国梦"话题传播的效果对比分析(N=168 552)

类别	数量	转 发 数					评 论 数				
		平均数	中位数	众数	最小值	最大值	平均数	中位数	众数	最小值	最大值
政务微博	18 471	8.67	.00	0	0	37 387	7.23	.00	0	0	48 084
个人认证	7 860	49.65	.00	0	0	24 631	20.27	.00	0	0	29 245
媒体微博	2 441	256.06	3.00	0	0	331 920	192.88	1.00	0	0	362 577

(续表)

类别	数量	转发数					评论数				
		平均数	中位数	众数	最小值	最大值	平均数	中位数	众数	最小值	最大值
校园微博	5 965	4.20	1.00	0	0	2 723	1.58	.00	0	0	3 476
企业微博	3 451	640.89	.00	0	0	399 525	681.79	.00	0	0	447 178
组织微博	378	46.29	.00	0	0	14 999	3.23	.00	0	0	456

数据统计发现,政务微博所发布的18 471条微博中,评论数为0的有13 600条,占比73.63%;转发为0的有9 904条,占比53.62%;转发为0的微博中,粉丝最多的有224万多个;粉丝超过10万的有225个,占比2.27%;粉丝超过一万的有2 762个,占27.88%;评论为0的微博中,粉丝最多的有254万多个,过百万的用户有151个,过10万的用户有835个,过一万的有4 466个;评论数过100的有22个,占比0.12%;转发过100的有77个,占0.42%。

媒体微博所发布的2 441条微博中,转发为0的有799条,占比32.73%;评论为0的有1 096条,占比44.90%;转发为0的微博中,粉丝数最多的有163多万,粉丝过100万的有五个账号,粉丝过10万的有625个账号;粉丝过一万的有185个账号,占比7.58%;评论数为0的微博中,粉丝数最多的近597万,粉丝数超过100万的有37个;粉丝数超过10万的账号有212个,粉丝数超过1万的账号有398个;评论数超过100(含,下同)的博文有172条,占比7.05%;转发超过100的博文有323条,占比13.23%。媒体微博所发布的2 441条微博中,转发数和评论数都为0的博文有729条,占比29.86%;转发和评论数都在100条及以上的博文有170条,占比6.96%%。

个人认证微博发布的7 860条微博中,转发为0的账号有4 208条,占比53.48%;评论为0的账号有4 426条,占比56.25%;转发为0的微博中,账号粉丝数最多的有117万,粉丝超过100万的账号有18个,粉丝超过10万的账号有199个,粉丝超过一万的账号有802个,占比10.19%;评论数为0的微博中,账号粉丝数最多的有105万,粉丝数过100万的账号有 14 个,粉丝数超过 10 万的账号有 207 个,粉丝数超过 1 万的账号有 871 个,占比 11.07%;评论数超过 100 的有 188 条,占比 2.38%;转发超过 100 的有 360 条,占比 4.68%;转发和评论数都为 0 的有 729 条,占比 9.27%;转发和评论数都在 100 条以上的有 170 条,占比 2.16%。

校园微博所发布的 5 965 条博文中,转发为 0 的有 2 691 条,占比 45.11%;评论为 0 的有 3 910 条,占比 65.55%;转发为 0 的微博中,账号粉丝最多的有 25 万多,粉丝超过 10 万的账号有四个,粉丝过一万的账号有 73 个;评论为 0 的微博中,账号粉丝最多的有 25 万,粉丝超过 10 万的账号有八个,粉丝超过一万的账号有 116 个,占比 1.94%;转发和评论都为 0 的有 2 249 条,占比 37.70%;转发和评论在 100 条及以上的有 2 条,占比 0.03%。

企业微博所发布的 3 451 条博文中,转发为 0 的有 2 021 条,占比 58.56%%;评论为 0 的有 2 395 条,占比 69.40 条%;转发为 0 的微博中,账号粉丝最多的有 25 万多,粉丝超过 10 万的账号有四个,粉丝过一万的账号有 73 个;评论数为 0 的微博中,账号粉丝最多的有 24 万,粉丝超过 10 万的账号有 86 个,粉丝超过一万的账号有 479 个,占比 13.88%;转发和评论都为 0 的有 1 850 条,占比 53.61%;转发和评论在 100 条及以上的有 28 条,占比 0.81%。

研究发现,政务微博和校园微博的转发量和评论数情况偏低,这主要因为在"中国梦"的传播和解读中,两者更多地聚焦于"中国梦"的抽象化和概念化的叙述,强调"中国梦"的集体属性、奋斗精神和历史责任等。相比而言,媒体微博、个人认证微博和企业微博效果较强,因其内容、角度相对多元,不再局限于对"中国梦"的抽象化传播和概念的重复解读,而是赋予"中国梦"以更为具体化、更具实在性的内涵。

根据观察,以各项指标看政务微博所发布的"中国梦"话题数量最多,而其传播力明显偏弱,仅优于校园微博账号;媒体账号虽然发布的数量相对较少但其传播力偏强。这表明,相较于"中国梦"的重复性论证而言,公众对微博所传播的话题具有一定的筛选和关注取向,话语阐述在信息数量的增加并不能从整体上带动话语本身的阐释力和传播力。这也正如汤普森所言,"证明一项解释有理,就要预想到一项无强加原则,并在这一原则确立的广阔轮廓内提出具体背景下的论点以便根据这种探究背景下可能提出的证据和根据来辩解或批评一项特定的解释,以表明它可信或不可信、有理或没有理"①。这意味着,话语的阐释力和影响力来源于话语本身所具有的"无强加原则",即表述的数量和物质的激励并不构成一则话语表述具有影响力的内在动因。相较而言,媒体微博用户和个人认证用户在曝光率较高的博文中大都体现出"无强加原则",即博文的高曝光度不以物质激励或行政命令的方式实现,而是源于博文内容自身的优势。

五、结论:作为话语的"中国梦"

"如果不同时创造一个理想,那么一个社会就既不能创造它自身,也不能再造它自身……一个社会并不仅仅由构成它的个体们的集合所组成,还有他们所占据的土地、他们所使用的东西以及他们所进行的运动,但是首要的是它构成它本身这一观念。"②"中国梦"作为中华民族和中国精神的一个表述性的符号,缔造了中国在改革开放新时期的身份属性和集体观念,也成为转型中国当前的社会理想。然而,任何的语言不可能离开主体而存在,也不可能离开语境而独立具有意义,相反,任何的语言都表明了一种关联——语言与社会之间的关联,主体与内容之间的关联,"当我们理解一个语篇的种种'意向'时,我们在某种意义上是把它解释为是有指向的,是被构造出来以获取某种效果的;而这些没有一丝一毫是可以离开这一语言在其中互动的那一实际情况而能够被把握住的"③。

"中国梦"作为年度热词在社会化媒体上引起强烈的反响,在六个月的时间内,有超过 10 万个活跃的微博账号通过新浪微博发布与"中国梦"相关的讨论。一方面,政务微博、媒体微博、认证个人微博、校园微博、企业微博以及普通微博等不同类型的微博都对"中国梦"进行了广泛的涉及和传播,基本实现了微博群体的全面覆盖。另一方面,在传播方式和传播

---

① [英]约翰·B.汤普森:《意识形态与现代文化》,高铦等译,译林出版社 2012 年版,第 348 页。
② [法]埃米尔·涂尔干:《宗教生活的基本形式》,载《社会生活中的交换与权力》,第 345 页。
③ [英]特雷·伊格尔顿:《二十世纪西方文学理论》,北京大学出版社 2007 年版,第 99 页。

策略的使用上,微博传播中原创、转发、评论等多种方式得到了广泛的运用,一定程度上提升了"中国梦"的传播效果。本研究的基本结论如下。

第一,"中国梦"包含集体、民生和个人三大维度。研究发现,不同身份的微博用户往往根据自己的理解对"中国梦"进行表态,并赋予了"中国梦"多个维度的含义。"中国梦"的传播尽管在政务微博、校园微博等为代表的官方舆论场上体现出相当的"正能量",但以政务类为代表的官方舆论场与个人认证微博、普通网民微博为代表的民间舆论两者之间缺乏共鸣,高曝光率和关注度的话题交叉性不足。首先,作为宏观层面及集体身份的"中国梦",这与民族复兴、国家富强的信念,社会主义道路相勾连,为"神舟飞天""蛟龙探海"等重大的社会事件所深化,带来较强的正能量。其次,作为中观层面及"大民生"概念的"中国梦",这与"可靠的生活保障""更高水平的医疗卫生服务""更舒适的居住条件""更优美的环境"相勾连,反映出社会各个层面强烈的民生需求。最后,作为微观层面及"个体化"概念的"中国梦",与个人基于合法奋斗的有效性相勾连,表明对"获得更好的教育""更高的收入""更稳定的工作"的急迫诉求,从而带有较为浓郁的人性关怀和人文色彩。

第二,"中国梦"在不同群体中得到了广泛的传播。研究发现,在研究样本中,无论何种传播主体,都对"中国梦"表现出高度的关注。代表主流话语或者与主流话语一致的政务微博、校园认证微博等,通过自上而下的视角传播和解读"中国梦"。以个人认证为主的民间微博,则基于个体的体验,自下而上地仰视"中国梦"。在认证用户中,对"中国梦"传播和参与度,依次是政务微博、认证个人用户、校园认证用户、企业认证用户、媒体认证用户、社会团队认证用户。一方面,其中以各类党政机关为主的政务微博在传播和宣传"中国梦"中最为活跃,发布数量占据所有认证用户的近半。但是,另一方面,受身份、立场等因素的影响,不同主体在解读和传播"中国梦"的策略上存在明显的差异。在认证用户中,政务、校园微博因其主体多为各级党政机关以及校园共青团组织,多沿用官方话语体系的叙述习惯,倾向以自上而下的视角来传播"中国梦",而个人微博用户,则习惯于采用自下而上的视角感知和体验"中国梦"。

第三,"中国梦"的主流阐释和多维解构同时并存。研究发现,主流话语体系利用以政务微博为代表社会媒体平台,积极传播和建构"中国梦"。但是,从研究分析来看,其信息被淹没在无数解构"中国梦"或批评现实的信息中,从而导致官方话语的阐释力不足,传播力不足,传播效果被大大削弱。首先,"中国梦"的主流阐释主要局限于集体性的维度。官方语境下的"中国梦"是民族复兴、国家富强抽象化了的代名词,亦是一种集体的身份认同。因而,官方主流话语的阐释是闭合式的,即以不同的视角阐释去论证、解读"中国梦"的合理性,在具体的描述中,这种合理性往往与社会上的正能量相联系。受这种观念的影响,官方主流话语对"中国梦"的表征是领导的讲话、崇高的向往、美好的事实、先进的典型、优秀的个案。其次,"中国梦"的民间阐释主要局限于个人和民生的维度。民间舆论中的"中国梦"强调对个体的关注,其诉求为"中国梦"的具体化、可感知、可把握,其解读是发散式的,即将"中国梦"这一内涵延伸出若干不同的话题,并跟社会上出现的一些负面现象进行捆绑,并据此进行解读和阐释。民间话语对"中国梦"的表征是健康的环境、廉政的官员、低廉的房价等。因而,民间的阐释,易与复杂的社会矛盾相勾连,倾向于将社会上的一些有失公平、正义、平等的现象引申为对"中国梦"的嘲讽、指责。

中国城市软实力评估体系的构建与运用*

——基于中国大陆 50 个城市的实证研究

一、城市软实力的概念与应用

随着"软实力"研究的深入,特别是其在国家战略中的运用,软实力理论被越来越多地运用到除国家以外的其他层面上。"城市软实力"则是一个十分重要的方面。

从现有文献看,学者倪鹏飞较早涉及了城市软实力的概念。在《中国城市竞争力理论研究与实证分析》一书中,他首次明确地将城市竞争力分为硬力和软力。虽然,他没有明确采用"城市软实力"的提法,但"软力"和"软实力"在本质上是一样的,只是表述方式不同而已。

陈志等学者将城市软实力界定为"城市以其文化和哲学为精髓的文化软实力、社会软实力和环境软实力之和",并相继定义了"文化软实力""社会软实力"和"环境软实力"[①]。

马庆国等学者对城市软实力下了相对完整的定义:城市软实力是指在城市竞争中,通过文化、政府管理、市民素质等非物质要素的建设,不断增强文化的影响力、政治上的吸引力、市民的凝聚力以及城市形象的亲和力,充分发挥它们对城市社会经济运作系统的协调、扩张和倍增效应,从而全面

---

* 本文为孟建与裴增雨、陶建杰等合著,原文发表于《对外传播》2010 年第 3 期。中国城市软实力调查研究课题组组长为孟建,主要成员还有裴增雨、陶建杰、孙少晶、钱海红、卜昱、邱凌、焦妹等,他们为此研究做出了许多贡献。

① 陈志:《城市软实力》,广东人民出版社 2008 年版,第 131 页。

提升城市经济、社会、政治的发展水平,塑造良好的城市形象,提高城市竞争力,为城市经济社会的和谐、健康发展提供有力的"无形有质"的动力①。

课题组认为,"城市软实力"是基于"国家软实力"基础上提出的十分重要的概念。"城市软实力"是体现国家软实力极为重要的部分。对"城市软实力"的概念界定,需将国家软实力的诸要素特别是核心要素,投射到城市层面,并根据城市的具体特点,最终实现"创造性的转换"。

根据"投射法",课题组将"城市软实力"定义为:城市软实力是反映城市在参与发展和竞争中,建立在城市文化、政府服务、人口素质、社会和谐、形象传播等非物质要素之上的,体现为城市文化感召力、环境舒适力、城市凝聚力、科技创新力、区域影响力、参与协调力等的一种特殊力量。

值得注意的是,美国学者约瑟夫·奈最近又提出了"元软实力"(meta soft power)概念,即元软实力就是那些能够产生软实力的资源要素。这有利于将"软实力"引入正式的科学研究范畴,以摆脱目前的概念大众化倾向;也可以使资源层具体化,增强对软实力的操作性研究。

受约瑟夫·奈的"元软实力"启发,马庆国等学者总结出软实力概念包含三个层次:目的层、表现层、资源层②。课题组吸收了马庆国等人的"层次理论"的研究成果,采用"投射法",描绘出了"城市软实力"的"投射模型"(如图 1 所示)。

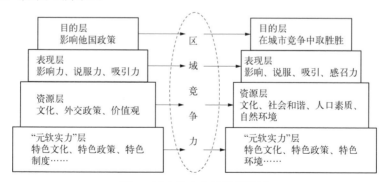

图 1　城市软实力的投射模型

---

① 马庆国等:浙江省丽水市"十一五"软实力建设研究课题总报告。浙江大学管理学院课题组,2006 年。
② 马庆国等:《区域软实力的理论与实施》,中国社会科学出版社 2007 年版,第 12 页。

从城市软实力的另一个相关理论——城市竞争力理论看,绝大多数研究者已经自觉或者不自觉地将"软实力"纳入城市竞争力的综合体系中。我们仅考察城市竞争力评价的指标体系,就可以发现这一特点(如表1所示)。

表1 主要城市竞争力指标体系中涉及软实力的相关指标[①]

城市竞争力指标 体系提出者	城市软实力相关指标
倪鹏飞	管理水平、文化水平、制度水平、开放水平等
郁玉兵	对外开放程度、科技文化水平等
高志刚	森林覆盖率、城镇化水平、财政自给率、公路与铁路网密度等
孙 耀	失业率、百人互联网用户数、绿化覆盖率等
周德群	地理区位指数、城市历史文化指数、政府效率指数等
林 琳	高等学校数、人均绿地面积、绿化覆盖率、互联网用户数等
左继宏	就业率、外资企业数、人均教育支出、每万人拥有专业技术人员数等
郭秀云	外贸依存度、出口区位、专利数、平均预期寿命等
杨冬梅	价值取向、创业精神取向、交往操守指数、政府推销能力等
肖庆业	文化素质、健康素质、政府调控能力、政府管理水平等
……	……

可见,不同的学者在设定城市竞争力的指标体系时,虽然有不同的侧重面,但无论如何,在各指标体系中,均或多或少地涉及"城市软实力"的相关指标。这一共同点,暗合了"软实力"在城市竞争力中的重要性已得

[①] 资料来源:作者根据以下文献整理:倪鹏飞:《中国城市竞争力报告 No.1——推销:让中国城市沸腾》,社会科学文献出版社 2003 年版;孙耀:《我国三大城市群城市竞争力实证分析》,载《经济与社会发展》2006 年第 12 期;郁玉兵、曹卫东:《安徽省城市竞争力比较研究》,载《国土与自然资源研究》2007 年第 1 期;高志刚:《基于组合评价的中国区域竞争力分类研究》,载《经济问题探索》2006 年第 1 期;周德群、樊群、钟卫东:《城市竞争力:一个系统分析框架及其应用》,载《经济地理》2005 年第 1 期;林琳、于伟、陈烈:《基于城市竞争力分析的城市定位——以青岛市为例》,载《经济地理》2007 年第 5 期;左继宏、胡树华:《区域竞争力的指标体系及评价模型研究》,载《商业研究》2005 年第 16 期;郭秀云:《灰色关联法在区域竞争力评价中的应用》,载《统计与决策》2004 年第 11 期;杨冬梅、袁岩:《城市竞争力综合测评指标体系的构建及评价方法》,载《价值工程》2006 年第 9 期;肖庆业、张贞:《城市竞争力综合评价指标体系及评价方法研究》,载《江西农业大学学报(社会科学版)》2006 年第 3 期。

到了学者们自觉和不自觉的学术认同。

二、城市软实力评价体系构建

中国城市软实力测评课题组成立后,立即展开了《测评体系》的设计工作。

为了保证指标体系的系统性和科学性,能够客观反映城市软实力建设的历史和现状,在课题组设计的城市软实力测评初步指标的基础上,课题组邀请了海内外经济、社会、文化、统计等方面的专家学者,并邀请了相关政府部门的管理人员参与,每次8~10人,累计召开了三次焦点小组调研(包括德尔菲法),就什么是城市软实力、如何测评城市软实力、测评指标分值如何配置等问题进行了深入讨论,充分、详尽地听取了与会者的意见和建议。

(一)指标选取方法

在选取指标时,课题组综合考虑以下六个方面。

第一,针对性强。选取的每一个指标都能从一个侧面反映城市软实力的某个要素。

第二,系统全面。城市软实力是一个复杂的系统,涉及有形、无形、主观、客观等多方面,软实力的指标应该能系统、全面、综合地反映出城市软实力涉及的各个方面。

第三,互相独立。每个指标,尽可能地代表要素某个方面的特质,而某个特质,尽可能用少而精的指标来反映,避免指标间出现"多重共线性"。

第四,有代表性。本质上,指标并不是所反映事物的本身,而只是其可测量、可观察的外显表现。因为指标本身仅仅是所反映因素的代表,所以指标必须能反映其所代表的因素的特性。

第五,便于获取。必须确保所选指标的数据能够准确、有效地收集,而且不同个体的同一指标数据口径要一致,确保可比性。有些指标虽然从理论上看非常理想,但考虑到实际操作成本和获得的难易度,也只能放弃。这也正是目前大多数软实力的测评研究,仅停留于理论阶段而不能进行实践检验的根本原因。

第六,动态变化。城市软实力的关注重点,会随着城市规模、城市发展阶段、城市定位、城市竞争方式等的变化而变化。所以,指标应尽量争取能反映动态的过程,确保在一个较长的时间段内,依然适用。

(二) 指标赋权原理

本研究采用"层次分析法"(AHP)为城市软实力各评价指标赋权。层次分析法是美国运筹学家、匹兹堡大学教授 T. L. Saaty 于 20 世纪 70 年代中期提出的。具体实施过程如下。

1. 建立递阶层次结构

递阶层次结构的复杂程度与分析问题的详尽程度有关,在每一层次中的元素一般不超过九个。因为太多的元素会给两两比较判别带来困难。

根据上述要求,结合本课题组对城市软实力的定义,城市软实力评价指标体系的层次图如图 2 所示。

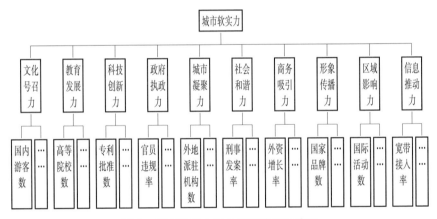

图 2 城市软实力评价指标体系层次图

2. 构造两两比较判别矩阵

在建立完递阶层次结构后,通过对同一层次的元素进行相对重要性比较,为每一个元素进行赋值,取值范围为 1~9,其含义见表 2。

表 2 判别矩阵元素赋值表

序号	重要性等级	赋值
1	i,j 两元素同等重要	1
2	i 元素比 j 元素稍重要	3

(续表)

序号	重要性等级	赋值
3	i元素比j元素明显重要	5
4	i元素比j元素强烈重要	7
5	i元素比j元素极端重要	9
6	i元素比j元素稍不重要	1/3
7	i元素比j元素明显不重要	1/5
8	i元素比j元素强烈不重要	1/7
9	i元素比j元素极端不重要	1/9
10	2、4、6、8、1/2、1/4、1/6、1/8 为上述相邻判断的中值	

如果i元素比j元素比较相对重要性赋值为$a_{i,j}$，则j元素比i元素比较相对重要性赋值为$1/a_{i,j}$。这样得到了两两比较的判别矩阵A：

$$A=(a_{i,j})_{n*n}$$

3. 计算各元素的相对权数

利用判别矩阵$A=(a_{i,j})_{n*n}$，计算其最大特征根对应的特征向量W，将W正规化后得到各元素的相对权数。具体的计算方式，在不要求特别精确的前提下，可以采用根法、和法等完成。

4. 对判别矩阵进行一致性检验

判别矩阵是一致矩阵的充分必要条件是其最大特征根与矩阵的阶数相等，实际计算时，最大特征根与矩阵的阶数不一定相等。可分三步对判别矩阵进行一致性检验。

首先，计算一致性指标CI：

$$CI=\frac{\lambda_{\max}-n}{n-1}$$

其次，查表得到一致性指标均值RI，一致性指标均值见表3。

表 3 一致性指标均值表

维数	1	2	3	4	5	6	7
RI	0.00	0.00	0.52	0.89	1.12	1.26	1.36
维数	8	9	10	11	12	13	14
RI	1.41	1.46	1.49	1.52	1.54	1.56	1.58

最后,求出随机一致性比率 CR:

$$CR=CI/RI$$

当 CR 的值小于 0.1 时,可以认为判别矩阵具有满意的一致性;否则,就需要调整判别矩阵,使之具有满意的一致性。

5. 综合各层次的权数,求出各层次指标对综合指标的权数

利用分层的判别矩阵,可以计算出各个指标相对于上一层的权数,将每一个层次各个指标的权数进行综合,即可得到各个指标在综合指数中的权数,将其代入各个指标的观测值,可以计算出综合评价指数。

三、数据搜集和指标运用

硬指标的数据获取主要由各城市的统计部门和宣传部门配合,汇报相关指标的最新数据。所汇报数据经过这些部门相关人审定,加盖公章确保严肃性。针对少数提供数据不全或者没有提供数据的城市,组委会组织专门力量通过查阅统计年鉴等方式予以补全。软指标的获取,通过两种途径——电话调查和网络调查。课题组委托零点调查公司,通过电话号码随机抽样的方式,对 50 个城市,根据城市规模的不同,每个城市分别选取 95～120 个样本进行公众电话调查(住宅电话)。网络调查通过让公众点击由课题组设计的《瞭望东方》网站上的"中国城市软实力"调查网页来完成。下面是电话调查的具体实施过程。

本次电话调查于 2008 年 7～8 月进行,为提高住宅电话的有效接通率,调查在上述时间段内,每天下午 6 点后执行。为了保证每个区域内的住宅电话号码被抽中的机会基本相同,既使得住宅电话多的局号被抽中

的机会多,同时也考虑到了访问实施工作的操作性,在各区域内住宅电话号码的抽取按以下步骤进行:

抽取全部固定电话局号,生成一定数量的四位随机数,与区号和电话局号相结合,构成号码库(区号+局号+四位随机数);对所生成的号码库进行随机排序;拨打随机排序后的号码库,如果是住宅电话(含小灵通)、单位宿舍电话或学生宿舍电话,则进行访问,否则拨打下一个号码。依次类推,直到完成有效样本量。

样本包括:上海、北京、广州、大连、武汉、成都、合肥、哈尔滨、西安、昆明 10 个城市,每个城市 120 个样本;深圳、无锡、苏州、佛山、青岛、天津、杭州、东莞、宁波、济南、厦门、南京、中山、长沙、沈阳、常州、烟台、淄博、威海、福州、鞍山、南昌、南宁、长春、珠海、绍兴、徐州、唐山、扬州、石家庄、泰安、重庆、台州、温州、郑州、兰州、包头、呼和浩特、海口、泉州 40 个城市,每个城市 95 个样本。

零点在进行电话调查时执行多于规定要求 50% 的访问量,以保证最终有足够的应答。调查对象满足以下条件:年龄为 20~65 周岁(包括 20 周岁和 65 周岁);在当地居住三年及以上;在受访前六个月内没有参加过任何形式的市场调查活动;本人及家人不在相关行业工作(市场调查机构或公司的市场研究部门、广告策划公司或公司的广告策划部门、电视、广播、报社、杂志等媒体机构)。

四、数据分析和结果

本调查选择了中国城市竞争力前 50 强城市,对其软实力按测量指标和方法进行了排名。因广州、深圳两个城市,指标缺失值较多,无法计算得分,故不纳入排名范围,最终共有 48 个城市进入软实力及各分项排名。

根据上述数据的获取原则和赋权原理,采用 AHP 法和因子分析法相结合,得到每个城市的软实力标准分值。然后,再通过公式:软实力最终得分(百分制)=CDF.NORM(软实力的标准分值)×100,计算出各城市软实力的最终得分。

（一）2008年中国城市软实力总排名（见表4）

表4 2008年中国城市软实力排名表

排名	城市	得分	排名	城市	得分
1	北京	88.36	25	绍兴	68.24
2	上海	84.02	26	济南	67.69
3	成都	80.47	27	常州	67.6
4	杭州	78.53	28	鞍山	67.54
5	苏州	77.92	29	包头	67.27
6	西安	76.99	30	温州	67.11
7	长沙	76.24	31	无锡	67.1
8	青岛	76.14	32	扬州	66.94
9	昆明	75.88	33	沈阳	66.73
10	天津	75.36	34	珠海	66.45
11	大连	73.25	35	南宁	65.95
12	武汉	73.22	36	唐山	65.79
13	南京	72.85	37	福州	65.68
14	厦门	71.64	38	南昌	65.54
15	宁波	69.86	39	徐州	65.53
16	重庆	69.75	40	中山	65.5
17	哈尔滨	69.74	41	台州	65.37
18	海口	69.7	42	佛山	64.9
19	泉州	69.35	43	淄博	64.58
20	长春	69.2	44	合肥	64.33
21	石家庄	68.85	45	东莞	64.16
22	威海	68.38	46	呼和浩特	62.75
23	烟台	68.27	47	泰安	62.62
24	郑州	68.25	48	兰州	59.11

其中,直辖市软实力排名为:北京、上海、天津、重庆;除直辖市以外的城市,软实力前10位依次是:成都、杭州、苏州、西安、长沙、青岛、昆明、大连、武汉、南京。综合这些城市,城市软实力排名前20位的如图3所示。

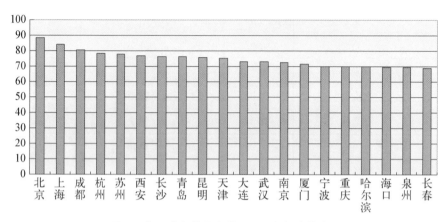

图3 中国城市软实力前20强(包括直辖市)

(二)2008年中国城市软实力分排名

1. 客观调查部分(见表5)

表5 2008年中国城市软实力分排名(客观调查部分)

排名	城 市	得 分	排名	城 市	得 分
1	北京	95.98	11	青岛	70.07
2	上海	87.78	12	大连	66.9
3	苏州	78.43	13	南京	66.3
4	重庆	76.67	14	武汉	63.98
5	天津	76.15	15	宁波	63.65
6	成都	74.05	16	无锡	63.46
7	昆明	72.57	17	泉州	63.27
8	西安	71.78	18	郑州	63.18
9	杭州	71.58	19	东莞	63.12
10	长沙	70.79	20	福州	62.85

(续表)

排名	城市	得分	排名	城市	得分
21	海口	62.73	35	淄博	59.93
22	沈阳	62.61	36	合肥	59.88
23	济南	62.56	37	唐山	59.77
24	石家庄	62.55	38	兰州	59.72
25	厦门	62.04	39	包头	59.64
26	烟台	62.02	40	绍兴	59.49
27	哈尔滨	61.99	41	呼和浩特	59.46
28	长春	61.55	42	扬州	59.36
29	温州	61.35	43	台州	59.2
30	南昌	61.07	44	珠海	58.88
31	徐州	60.73	45	鞍山	58.26
32	南宁	60.22	46	中山	58.22
33	常州	60.15	47	威海	58.03
34	佛山	60.08	48	泰安	56.8

其中,直辖市"材料审核"指标排名为:北京、上海、重庆、天津;除直辖市以外的城市,软实力"材料审核"指标的前10位依次是:苏州、成都、昆明、西安、杭州、长沙、青岛、大连、南京、武汉。综合这些城市,中国城市软实力"材料审核"部分排名前20位的如图4所示。

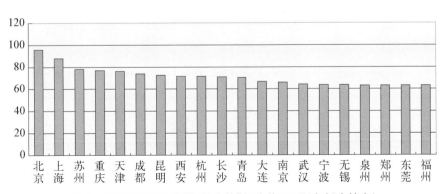

图4 中国城市软实力"材料审核"部分前20强(包括直辖市)

2. 主观调查部分(见表6)

表6 2008年中国城市软实力分排名(主观调查部分)

排名	城 市	得 分	排名	城 市	得 分
1	成都	95	25	泉州	78.5
2	杭州	94.7	26	烟台	78.4
3	北京	93.8	27	包头	78.3
4	上海	92.8	28	郑州	77.9
5	大连	92.4	29	珠海	77.1
6	厦门	90.7	30	济南	76.9
7	南京	89	31	中山	76.5
8	青岛	88.6	32	温州	76.4
9	西安	88	33	昆明	76.2
10	长沙	87.5	34	无锡	75.5
11	苏州	87.5	35	台州	74.8
12	威海	83.6	36	沈阳	74.8
13	宁波	82.9	37	唐山	74.2
14	武汉	82.7	38	南昌	74.1
15	天津	82.1	39	南宁	73.6
16	哈尔滨	81.5	40	佛山	73.4
17	长春	81.4	41	徐州	73
18	绍兴	81.1	42	合肥	71.7
19	鞍山	80.8	43	福州	71
20	石家庄	79.8	44	泰安	70
21	常州	79.7	45	东莞	69.7
22	扬州	79.6	46	淄博	68.5
23	海口	79.5	47	呼和浩特	67.1
24	重庆	78.6	48	兰州	59.1

其中,直辖市"主观调查"指标排名为:北京、上海、天津、重庆;除直辖市以外的城市,软实力"主观调查"指标的前10位依次是:成都、杭州、大连、厦门、南京、青岛、西安、长沙、苏州、威海。综合这些城市,中国城市软实力"主观调查"部分排名前20位的如图5所示。

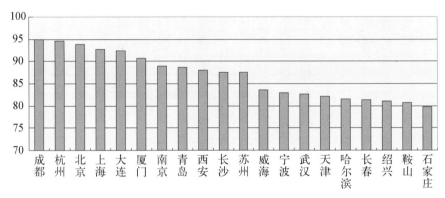

图5 中国城市软实力"主观调查"部分前20强(包括直辖市)

(三)分指标排名

城市软实力指标体系,是由文化号召力、教育发展力、科技创新力、政府执政力、城市凝聚力、社会和谐力、商务吸引力、形象传播力、区域影响力、信息推动力这10个大类组成。这10个大类,分别反映了城市在软实力各方面的优势和不足,因此有必要对这10大类进行细化排名,以使各城市发现自身的软实力长处和短板。

1. 文化号召力

文化号召力,凝聚了一个城市的传统、风俗、人文、艺术等各种文化成分,这种主题文化能够被更多人所接受和青睐。它体现为一个城市文化底蕴的积淀和丰厚,能够激荡起市民的文化自豪感;体现为一个城市包容、吸纳多元文化的广度与深度,能够促进该城市多元文化的构成;体现为一个城市文化基础设施的完备与完善,能够提供文化事业大发展的足够空间;也体现为一个城市文化产业(产品)的数量与品质,能够显现初步完善的文化产业体系。

"文化号召力"排名前10的城市依次是:北京、上海、杭州、苏州、成都、西安、南京、长沙、天津、绍兴(参见图6)。其中,北京优势比较明显,既体现出其长期以来京派文化影响力的优势,以体现出其历史文化古都的特点。

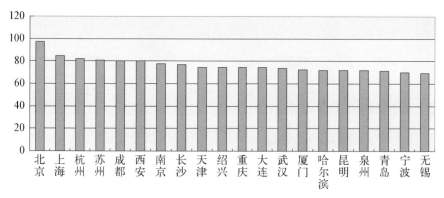

图 6 "文化号召力"前 20 强(包括直辖市)

2. 城市凝聚力

城市凝聚力,是一个城市的居民把对城市的认同和对自身的认同连接在一起,城市的发展、进步和外界口碑被城市市民内化为自我认同的一分子。它体现为一个城市的市民对所在城市的认同程度和热爱程度,也体现为一个城市对外部民众的深深吸引和令人神往的程度。城市凝聚力最终要体现为全体市民对该城市强烈的归属感。

"城市凝聚力"排名前 10 的城市依次是:苏州、长沙、昆明、北京、成都、西安、海口、上海、泉州、杭州(参见图 7)。但是,各个城市之间差别并

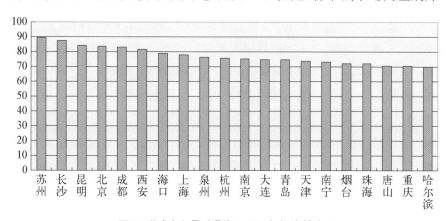

图 7 "城市凝聚力"前 20 强(包括直辖市)

288

不是非常显著。

3. 形象传播力

形象传播力,是一个城市通过媒体、人际沟通、宣传公关等各种传播渠道来影响和改变人们对一个城市印象的能力。它体现为一个城市对其整体形象体系的构造能力,体现为城市对其形象的传播和推介的水平和力度。形象传播力最终体现为一个城市的知名度和美誉度能否得到双重体现。

"形象传播力"排名前 10 的城市依次是:北京、上海、青岛、苏州、大连、杭州、成都、天津、厦门、长沙(参见图 8)。北京的优势比较明显,某种意义上也体现出其是众多国家级媒体所在地的特点。

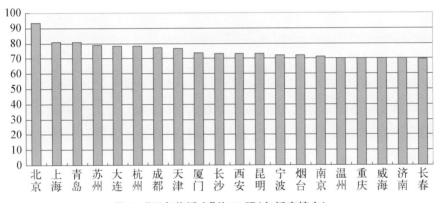

图 8 "形象传播力"前 20 强(包括直辖市)

4. 政府执政力

政府执政力,是政府在一个城市的经济发展、文明建设等诸方面体现出的综合管理、协调、领导能力。它体现为一个城市的政府民主执政、科学执政、依法执政的水平和水准,体现为一个政府执政的效率高低与廉洁程度,也体现出一个政府对负面因素和危机事件的处理和预防能力。政府执政力最终要体现为广大市民对所在城市的政府是否执政为民、是否高效廉洁的满意程度。

"政府执政力"排名前 10 的城市依次是:昆明、成都、上海、杭州、北京、大连、青岛、厦门、西安、南京(参见图 9)。总体上来看,大多数城市之间的差距不是非常明显。

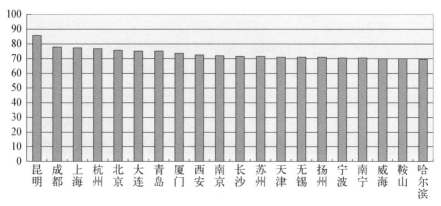

图 9 "政府执政力"前 20 强(包括直辖市)

5. 社会和谐力

社会和谐力,是一个城市人与人之间、人与社会之间、人与自然之间的总体和谐,各种社会利益冲突得到协调的程度。它体现为城市与人的和谐:城市市民的安全感和幸福感;体现为人与人的和谐:市民的宽厚包容和亲情爱心;体现为人与自然的和谐:山更青、水更绿、天更蓝。

"社会和谐力"排名前 10 的城市依次是:青岛、成都、北京、大连、杭州、昆明、海口、南京、西安、上海(参见图 10)。在这个指标上,中小型城市反而体现出一定优势。

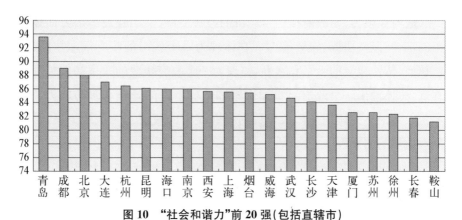

图 10 "社会和谐力"前 20 强(包括直辖市)

6. 教育发展力

教育发展力,是一个城市教育结构的设施、人员素质、人才培养等综合能力的体现。它体现为一个城市已基本构建起多层次的完备教育体系,体现为一个城市能够培养大量的富有创造力的人才。教育发展力还体现为一个城市极为关注并努力培养市民的现代文明素养。

"教育发展力"排名前 10 的城市依次是:北京、上海、西安、南京、长沙、成都、杭州、长春、大连、武汉(参见图 11)。北京体现出其是全国重要教育中心的优势,拉开其跟其他城市的差距。

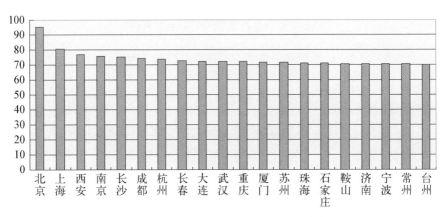

图 11 "教育发展力"前 20 强(包括直辖市)

7. 科技创新力

科技创新力,是一个城市在各种科技产品的开发、研发、使用等方面体现出的革新与创造能力。它体现为一个城市全面厚实的科技创新基础,体现为一个城市浓郁的科技创新的氛围;体现为一个城市不断涌现的科技创新人才,体现为一个城市不断产出的一流科技创新成果。

"科技创新力"排名前 10 的城市依次是:上海、北京、苏州、天津、成都、南京、杭州、大连、南京、重庆、青岛(参见图 12)。总体来看,前 10 位城市之间的差距不是非常大。

8. 商务吸引力

商务吸引力,是一个城市在投资、消费、贸易等方面的吸纳能力,是一个城市经济活力的体现,也是外界对一个城市经济发展环境评价的体现。

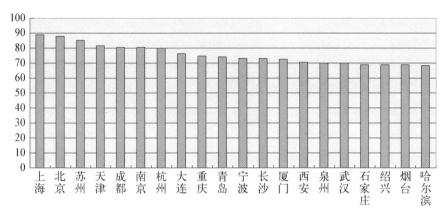

图 12 "科技创新力"前 20 强（包括直辖市）

它体现为一个城市具有较为成熟的法制环境,体现为一个城市务实诚信的商业体系,体现为一个城市便捷的交通网络,体现为一个城市完善的现代商务服务体系。

"商务吸引力"排名前 10 的城市依次是：成都、上海、北京、青岛、杭州、西安、武汉、大连、天津、长沙(参见图 13)。总体来看,大型城市在此指标上具有一定优势。

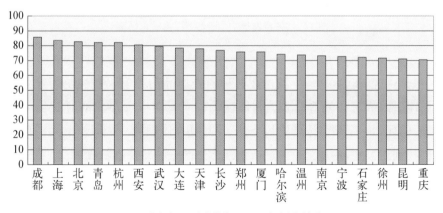

图 13 "商务吸引力"前 20 强（包括直辖市）

9. 区域影响力

区域影响力,是一个城市对其地理上相近城市和相近地区的影响和辐射能力,它是一个城市在一个城市圈和区域圈中所处地位的体现。它体现为一个城市在相关区域中的首位程度,体现为一个城市在相关区域中的协调能力,体现为一个城市对相关区域的影响和辐射能力。

"区域影响力"排名前 10 的城市依次是:上海、北京、青岛、西安、天津、成都、苏州、长沙、杭州、武汉(参见图 14)。前 10 位城市基本上代表了不同的区域,苏州、杭州、上海都进前 10,表明几个地理相近城市可以形成区域合力。

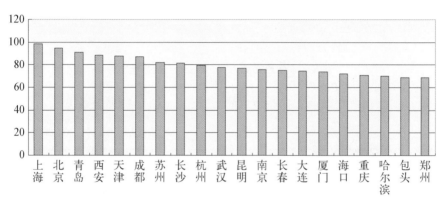

图 14 "区域影响力"前 20 强(包括直辖市)

10. 信息推动力

信息推动力,是一个城市在信息基础建设和信息产业发展方面的动力。它体现为一个城市信息发展现代化的程度,体现为一个城市信息技术的普及程度,体现出一个城市市民和领导对信息技术的重视程度和使用效度。

"信息推动力"排名前 10 的城市依次是:上海、北京、苏州、成都、东莞、重庆、杭州、天津、长沙、昆明(参见图 15)。总体来看,前 16 位城市和其他城市在此指标上差距明显,表明中国在信息产业方面的发展存在严重的地区不平衡。

五、结论和建议

(一)各地政府高度重视软实力的学习和实践

尽管软实力(soft power)作为较新的概念,其诞生以及舶来中国的时

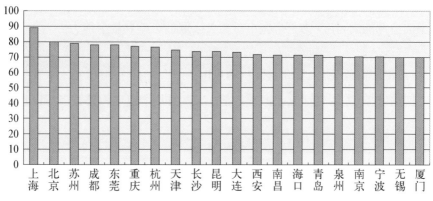

图 15 "信息推动力"前 20 强(包括直辖市)

间并不长,但其形象的表述与深刻的内涵,受到中国政界和学界的高度关注。特别是党的"十七大"将"文化软实力"写进了党的纲领性报告之后,各地不光在掀起的学习"十七大"热潮中高度关注了软实力问题,而且有相当一些城市都试图进行一些软实力实践的探索。

课题组在调研中发现,北京、上海、郑州、宁波等一批城市已经将软实力建设上升到政府战略的层面。例如,2008 年 8 月郑州市委九届九次全会上,河南省委常委、郑州市委书记王文超在报告中指出,要牢牢把握城市发展的新动向,全面提升郑州市软实力。并指出,在信息化时代的今天,要想真正实现经济跨越式发展的目标,仅仅依靠硬实力的基础是远远不够的,必须大力提升并充分利用软实力。提升软实力,就是提升郑州形象。提升郑州形象,无疑有助于提升郑州的硬实力,并促进郑州政治、经济、文化的全面发展①。

课题组在调研中发现,尽管许多城市对软实力的理解和应用存在着泛化现象,甚至存在将软实力与硬实力混用甚至误用的情况,但这也从另一个角度反映了许多城市对软实力理论和实践的急需和重视。课题组特别关注到,许多的城市领导都反映十七大报告提出了文化软实力建设的重大战略部署,但是,如何实践却是一个非常迷茫的问题。这次全国城市

---

① 本报评论员:《提升软实力提升郑州形象》,载《郑州晚报》2008 年 8 月 7 日。

软实力的评估给了他们以非常大的启示。许多城市领导说现在已经初步知道软实力建设究竟要做些什么了,也初步知道该怎么去做了,城市软实力的建设应当成为践行科学发展观的重大举措。

(二)各地市民普遍关注软实力

近些年,许多城市都围绕提高市民文化和文明素质做了大量系统性的工作。各地政府通过塑造和弘扬城市精神,提升市民文化和文明素质,强化公共文化建设等内容,在增强市民对居处城市的荣誉感、认同感、归属感和凝聚力的同时,也整体提升了城市的市民素质,提高了城市文化的品质和品位。这些工作已经成为各地推进城市软实力建设的一个重要基础。

课题组在相关城市的调查过程中发现,尽管大部分市民对何为软实力知之甚少,但当提及软实力所包含的具体方面,特别是课题组对城市软实力所作的量化指标,如城市文化、城市创新、科教水平、政府执政水平、城市凝聚力、城市形象、社会和谐等指标时,很多被调查者都表现出了强烈的兴趣和关注。经过一些基本的了解之后,多数市民表示城市软实力确实与每一个市民都息息相关,并认为,评估城市软实力有助于更加全面科学地认识一个城市。

(三)区域、规模、政策等多种因素影响城市软实力

目前,关于城市的研究分析多数仍注重如城市现代化研究、城市综合竞争力研究、城市产业竞争力研究、城市循环经济研究等,以及城市品牌、城市创新力等更为具体的研究。受指标体系侧重于硬性经济基础、规模、层级等因素影响,城市之间的横向比较往往呈现为明显的区域和区位的差别。东部沿海地区的城市,因经济基础、改革开放的时间及程度等优势,相比较中西部城市往往占据了很大的优势,反映在软实力研究的成果上,排在前列的往往是东部沿海城市。

尽管受经费以及课题组研究力量的限制,在首次中国城市软实力调查中,课题组还不能将全国280多个地级市全部纳入深入调查的范围。但是,从课题组的调查发现来看,城市之间的整体软实力尽管与区域和区位有一定的关系,但总体关系不大。例如,在本次调查的除直辖市外的前

十名城市中,成都、西安、长沙、昆明这些中西部城市占据了四席,显示了中西部城市在软实力方面的整体竞争力。

同时,通过调查研究也发现,有一些城市硬实力与软实力之间甚至出现不同程度的背离。例如,珠三角区域的中山、佛山、东莞等市,虽然综合经济实力在全国同级别城市中排名前列,但在软实力整体排名中却处于相对较后的位置。

(四)部分城市在软实力单项指标上实现率先突破

正如城市之间的经济社会发展不平衡一样,在调查过程中,课题组也发现了城市之间不同软实力指标的发展差异。一些整体软实力并不显著的城市,其部分软实力单项指标却明显实现了率先发展,有力地促进了城市整体软实力的提升。例如,在本次主观调查中市民认为的软实力前10名城市,淄博市高居第八位,仅次于深圳、成都、杭州、北京、上海、大连、厦门之后。同样的例子如在客观指标调查中仅列第49位的威海市,在本地市民的眼中却评价颇高,软实力位列第14位,排名甚至超过了宁波、武汉、天津等市。

在软实力单项指标的调查中,课题组还发现一些城市在单项指标上相当超前甚至遥遥领先。例如,在政府执政力的调查中,昆明排在了所有城市的最前列,而在社会和谐力的调查中,青岛排在了所有城市的最前列。这些单项指标的率先发展,有力地推动了相关城市整体软实力的发展。

(五)重大媒介事件较大程度上提升城市软实力

目前,很多城市已经越来越注重通过公关活动来提升城市软实力。2007年3月,广州、上海同时开始与世界顶级公关公司联系,广州欲借爱德曼、奥美、凯旋先驱、福莱四大顶级公关公司探讨如何用公关手段打造广州国际化中心城市形象;上海市政府也邀请全球最大的五家公关公司来参加一项公关招标活动,帮助策划上海城市整体形象,将上海市作为一项产品进行形象公关。其中,策划和运用重大媒介事件,在诸多公关手段中,效果尤佳。

媒介事件是指经过"组织"(政府、政党、企业、社团等)规划并执行,由媒介向观众传播的、具有特定历史价值的事件。通常媒介事件不仅包括事件本身的行为,也包括媒介在整个过程中的行为。卡茨等阐述了媒介事件区别于一般报道的特征:媒介事件打破了一般报道的常规,所有报道都从预定节目安排中转向重大事件,并用一种极为戏剧化的方式表明将要发生事件的重要性[①]。在城市软实力资源传播中,城市可以和媒介"合谋"一些新闻事件,使其成为"媒介事件",引起公众的广泛关注,借助对新闻事件的集中报道,将城市的历史文化、自然景观、社会发展、人文素质等软实力资源和盘托出。

(六)重大危机事件很大程度上降低城市软实力

我国城市尤其是大中城市已经进入"非稳定状态"的危机高发期。近几年来,较大的城市危机事件有北京 SARS 大逃亡、哈尔滨水污染、拉萨3·14打砸抢事件、石家庄三鹿毒奶粉、阜阳大头婴、临汾溃坝、广元毒柑橘、杭州地铁塌陷、重庆出租车罢运等,举不胜举。频发的危机,对各级政府的危机化解和危机传播能力,提出了新的要求和挑战。

危机事件发生时,变化因素多,相关信息繁杂,正常的沟通渠道往往会堵塞而使"小道消息"盛行,前景和发展态势的扑朔迷离使危机事件总能得到公众的广泛关注。在危机传播中,危机处理者的一举一动,经过传播和扩散,产生"放大效应"。当然,这种放大是"双刃剑",如果处理得好,则成为城市软实力传播的契机;如果处理失当,则对城市软实力造成巨大的伤害。

---

① [美]丹尼尔·戴扬、伊莱休·卡茨:《媒介事件》,麻争旗译,北京广播学院出版社2000年版,第5—9页。

图书在版编目(CIP)数据

传学的哲思/孟建著. —上海:复旦大学出版社,2019.8(2019.10重印)
(复旦大学新闻学院教授学术丛书)
ISBN 978-7-309-14521-2

Ⅰ.①传… Ⅱ.①孟… Ⅲ.①传播学-研究 Ⅳ.①G206

中国版本图书馆 CIP 数据核字(2019)第 164468 号

传学的哲思
孟　建　著
责任编辑/黄　冲

复旦大学出版社有限公司出版发行
上海市国权路 579 号　邮编:200433
网址:fupnet@fudanpress.com　http://www.fudanpress.com
门市零售:86-21-65642857　团体订购:86-21-65118853
外埠邮购:86-21-65109143
上海盛通时代印刷有限公司

开本 787×960　1/16　印张 19.25　字数 263 千
2019 年 10 月第 1 版第 2 次印刷

ISBN 978-7-309-14521-2/G·2013
定价:60.00 元

如有印装质量问题,请向复旦大学出版社有限公司出版部调换。
版权所有　侵权必究